通信工程与自动化系列

U0292927

现代传感器原理与应用

主　编　路敬祎　刘远红　王冬梅

副主编　张彦生　宋金波　胡仲瑞　王　鹏

主　审　邵克勇

哈尔滨工程大学出版社

Harbin Engineering University Press

内 容 简 介

本书主要介绍传感器的基本概念、基本原理、典型应用和技术发展。主要内容包括传感器概述、传感器的特性及标定、电阻式传感器、电容式传感器、电感式传感器、红外传感器、超声波传感器、光纤传感器、图像传感器、生物传感器、智能传感器、网络传感器以及传感器应用案例。本书体系结构合理,内容新颖,重点突出,举例典型,紧扣原理,理论与实践相结合,语言简练,逻辑清晰,可读性强。

本书可作为自动化、电气工程及通信工程等专业的本科生教材,也可供从事传感器设计的研究人员参考。

图书在版编目(CIP)数据

现代传感器原理与应用 / 路敬祎,刘远红,王冬梅
主编. -- 哈尔滨：哈尔滨工程大学出版社, 2024. 8.
ISBN 978-7-5661-4479-9

Ⅰ. TP212

中国国家版本馆 CIP 数据核字第 2024XT4288 号

现代传感器原理与应用
XIANDAI CHUANGANQI YUANLI YU YINGYONG

选题策划	马佳佳
责任编辑	马佳佳
封面设计	李海波

出版发行	哈尔滨工程大学出版社
社　　址	哈尔滨市南岗区南通大街 145 号
邮政编码	150001
发行电话	0451-82519328
传　　真	0451-82519699
经　　销	新华书店
印　　刷	哈尔滨市海德利商务印刷有限公司
开　　本	787 mm×1 092 mm　1/16
印　　张	21.5
字　　数	520 千字
版　　次	2024 年 8 月第 1 版
印　　次	2024 年 8 月第 1 次印刷
书　　号	SBN 978-7-5661-4479-9
定　　价	69.80 元

http://www.hrbeupress.com
E-mail:heupress@ hrbeu. edu. cn

前　言

科学是从测量开始的,没有测量就没有科学。工业发达国家的经验显示,没有成体系的精密和超精密测量能力,就没有充分的精准数据,也就没有精度调控、性能调控和质量调控。要想造得出,必先测得出;要想造得精,必先测得准。测得准的前提就是传感器技术。信息社会高速发展的今天,人们对信息的获取、处理、传输及综合等要求愈加迫切。作为信息获取的功能器件,传感器同人们的关系越来越密切。传感器广泛应用于社会发展及人类生活的各个领域,小到智能手机,大到地震、海啸预警。传感器种类繁多,其原理也各不相同。因此,传感器技术是一门知识密集型技术,它与许多学科相关,已经成为各个应用领域,特别是电子信息工程、电气工程、自动控制工程、机械工程等领域中不可缺少的技术。传感技术与信息技术、计算机技术并列称为支撑现代信息产业的三大支柱。

本书的主要特色是把经典传感器、现代传感器以及传感器在油田中的应用案例组合到一起,把思政教育融入传感器课程的体系中,启发学生用所学传感器知识解决油田实际问题,把物联网技术和人工智能技术巧妙融合来提升实际应用效果,探索将课程思政与现代传感器教材的章节内容融合,寓思政教育于传感器课程的教学目标、教学环节及教学内容中。本书的特点是由浅入深、循序渐进、阐述清晰、编排合理、例题丰富。

本书共分为13章:第1章至第2章介绍传感器的一般特性、分析方法及常用的新型敏感材料;第3章至第7章介绍经典的、应用广泛的传感器,如电阻式传感器、电容式传感器、电感式传感器、红外传感器、超声波传感器,分析它们的基本原理、静动态特性和测量电路;第8章至第12章介绍国外最近几年发展的新型传感器,即光纤传感器、图像传感器、生物传感器、智能传感器、网络传感器;第13章主要列举作者团队近期应用相关传感器解决油田实际应用的案例,这些案例能够对学生做传感器工程应用、现代信号处理以及毕业设计提供非常有价值的参考,能够拓展学生的工程实践视野和提高学生的实际动手能力。

本书由路敬祎、刘远红和王冬梅担任主编。第1章由路敬祎编写,第2章和第4章由宋金波编写,第5章由王冬梅编写,第8章由刘远红编写,第7章和第9章由王鹏编写,第10章由张彦生编写,第11章和第12章由胡仲瑞编写。其中,第3章由路敬祎、王冬梅共同编写,第6章由刘远红、张彦生共同编写,第13章由路敬祎、王冬梅、刘远红、张彦生共同编写。邵克勇教授担任主审并认真、详细地审阅了本书,提出了许多宝贵意见和建议。编者在编写此书的过程中参考了许多相关著作和资料,在此一并表示衷心的感谢!

由于编者水平有限,书中难免有错误和不妥之处,恳请广大读者批评指正。

编　者

2024 年 5 月

目　　录

第1章 传感器概述

人们为了从外界获取信息,必须借助于感觉器官。随着人们需求的增长,单靠人们自身的感觉器官,在研究自然现象和规律以及生产活动中的应用和开发时,其功能就远远不够了。为适应这种情况,传感器应运而生。随着科技的不断进步和发展,传感器技术在现代社会中扮演着重要的角色。尤其是 AI(人工智能)的发展离不开数据,所有的算力、模型、人工智能在各个领域的应用,都以数据为核心。没有了数据,一切无从谈起,而绝大部分数据来源于传感器。可以说,没有传感器,就没有工业 AI 的发展应用,当然也就没有油气工业的 AI。未来的世界是人工智能的世界,未来的世界更是万物互联的世界,油气田成千上万的地面和地下传感器将产生数百万亿的数据,通过 IoT(物联网)为智能中心源源不断地提供信息。而 ChatGPT/GPT-4 可集成油气行业各领域从设备传感器和监控系统中产生的大量数据,开发和维护各领域数据库和知识库,智慧化管理油气行业各领域的传感器数据、内部文档、行业标准、大型工业软件集成和最佳实践等信息,利用现代传感器技术融入人工智能促使整个传统油气行业发生革命性改变,使全产业链各环节、各层面实现实时可视化,人机友好交互和油田自主管控,进入"多个产业链间可感知、自感知、自修复及自决策"的智慧化时代。

传感器课程是制造装备类相关专业的核心课程,先进科技的应用实例蕴含了丰富的思政元素。传感器课堂是渗透思想政治教育,因势利导,切实提高课堂的抬头率,打造铸魂育人的生动课堂,通过传感器的需求与迭代过程培养学生精益求精的科学精神,在未来的工作和学习中追求真理永无止境的进取精神。

1.1 传感器的定义与分类

1.1.1 传感器的定义

传感器的诞生和发展,让物体有了触觉、味觉和嗅觉等感官,让物体变得活了起来,传感器是人类五官的延长。不管是现代传感器还是经典传感器,它们的基本组成都可以理解成与人类的感觉器官相对应的元件,都是以测量某类待测物体的相关信息(如测量长度、温度、厚度、体积、面积、压力以及流量等)为目的,利用相关原理设计某种直接或间接元件,使其通过接收信号或刺激,将特定的待测信号以一定规律、一定精度转换为与之有确定关系的、易于处理的电量(电压或电流)信号输出的元件模块。国家标准《传感器通用术语》(GB/T 7665—2005)对传感器下的定义是:"能感受被测量并按照一定的规律转换成可用输出信号的器件或装置,通常由敏感元件和转换元件组成"。该定义包含以下几方面的意思:

(1)传感器是测量的器件,能完成针对特定场景信号的检测。

（2）传感器的输入端是某一被测量,可能是物理量,也可能是化学量、生物量等。

（3）传感器的输入量是某种物理量,但输出量要便于传输、转换、处理、显示等。

（4）输入和输出有一定的对应关系或者规律,且应有转换精度的要求。

传感器基本组成是敏感元件、转换元件和信号调节转换电路。经典传感器基本组成框图如图1-1所示。

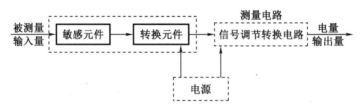

图1-1 经典传感器基本组成框图

敏感元件:是指传感器中能直接感受或响应被测量的部分,它直接感受被测量,并输出与被测量有确定关系的物理量信号。

转换元件:是指传感器中能将敏感元件感受或响应的被测量转换成适于传输或测量的电信号部分。

信号调节转换电路:负责将转换元件输出的电信号进行预处理,使测量到的电信号便于显示、处理和传输。

电源:传感器系统中转换元件和变换电路一般还需要辅助电源供电,辅助电源一般有5 V、12 V及24 V等。

1.1.2 传感器的分类

针对不同的测量需求,人们开发设计了不同类型的传感器,如图1-2所示。近年来,随着电子技术的发展,传感器的种类越来越多,功能越来越全。由于同一被测量可用不同类型的传感器检测,其实是利用不同的转换原理实现的探测,利用物理法则、化学反应或生物效应可设计制作出检测不同被测量的传感器,而功能大同小异的同一类传感器可用于不同的技术领域,故传感器有不同的分类法。

图1-2 不同类型的传感器

（1）根据传感器感知外界信息所依据的基本测量原理，可以将传感器分成以下三大类。物理型：基于物理效应（如光、电、声、磁、热等效应）进行工作的物理传感器（压阻、压电、光电、热释电等）；化学型：基于化学反应（如化学吸附、选择性化学反应等）进行工作的化学传感器（半导体表面控制、催化燃烧、电化学电流型、电化学电位型、混成电位型）；生物型：基于酶、抗体、激素等分子识别功能的生物传感器（场效应管生物传感器、压电生物传感器、光学生物传感器、酶电极生物传感器、介体生物传感器等）。

（2）按工作原理分类，可分为应变式、电容式、电感式、电磁式、压电式、热电式等传感器。

（3）根据传感器使用的敏感材料分类，可分为半导体传感器、光纤传感器、陶瓷传感器、金属传感器、高分子材料传感器、复合材料传感器等。

（4）按照被测量分类，可分为力学量传感器、热量传感器、磁传感器、光传感器、放射线传感器、气体成分传感器、液体成分传感器、离子传感器和真空传感器等。

（5）按能量关系分类，可分为能量控制型传感器和能量转换型传感器两大类。其中，能量控制型传感器是指其变换的能量是由外部电源供给的，而外界的变化（即传感器输入量的变化）只起到控制的作用。如用电桥测量电阻温度变化时，温度的变化改变了热敏电阻的阻值，热敏电阻阻值的变化使电桥的输出发生变化（注意电桥的输出是由电源供给的）。

（6）按输出信号分类，可分为模拟传感器和数字传感器。模拟传感器是将被测量的非电学量转换成模拟电信号；数字传感器是将被测量的非电学量转换成数字输出信号（包括直接和间接转换）。

（7）按传感器是利用场的定律还是利用物质的定律，可分为结构型传感器和物性型传感器。二者组合，即兼有二者特征的传感器称为复合型传感器。场的定律是关于物质作用的定律，例如动力场的运动定律、电磁场的感应定律、光的干涉现象等。利用场的定律做成的传感器，如电动式传感器、电容式传感器、激光检测器等。物质的定律是指物质本身内在性质的规律。例如弹性体遵从的虎克定律、晶体的压电性、半导体材料的压阻、热阻、光阻、湿阻、霍尔效应等。利用物质的定律做成的传感器，如压电式传感器、热敏电阻、光敏电阻、光电管等。

1.2　传感器的作用与地位

"现代热力学之父"开尔文有一条著名结论："只有测量出来，才能制造出来。"谭久彬院士说："没有精密测量，就没有精密产品"。现代传感器技术的发展不断促进着工业制造的换代升级。在当代科技和工业领域，高水平的传感器技术和精密仪器制造能力，不仅反映了一个国家科学研究和整体工业领先程度，更是发展高端制造业的必备条件。随着精密测量技术尤其是现代传感器技术的不断进步，其在科学研究、工程科技、现代工业、现代农业、医疗卫生和环境保护等领域发挥着越来越重要的作用。

人类为了从外界获取信息，必须借助于人体的感觉器官。人类依靠这些器官接收来自外界的刺激训练，再通过大脑反复分析判断，发出命令而动作。随着科学技术的发展和人类社会的进步,人类为了获取更多的外界信息,来进一步认识自然和改造自然,只靠这些人体感觉器官就显得很不够了。

随着物联网技术的发展,人工智能技术的大量应用,尤其是 ChatGPT 的出现,世界开始进入信息时代。在利用海量信息的过程中,大家都认识到了数据为王的问题,首先要解决的就是要获取精确可信的数据,而传感器是获取自然界和油气田等生产领域中数据的主要途径与手段。若将信息社会与人体相比拟,计算机相当于人的大脑,人类的"各个感觉器官"——接受刺激的元件就是传感器,常将传感器的功能与人类 5 大感觉器官相比拟:光敏传感器——视觉,声敏传感器——听觉,气敏传感器——嗅觉,化学传感器——味觉,压敏、温敏、流体传感器——触觉,故称传感器为"电五官"。

传感器把各种待测量(物理量、化学量和状态变量等)转换为便于传输、处理、存储和控制的信号(一般为电量)。在现代工业生产尤其是自动化生产过程中,要用各种传感器来监视和控制生产过程中的各个参数,使设备工作在正常状态或最佳状态,并使产品达到最好的质量。因此可以说,没有众多的优良的传感器,现代化生产也就失去了基础。

在基础学科研究中,传感器更具有突出的地位。现代科学技术的发展,进入了许多新领域,例如在宏观上要观察上千光年的茫茫宇宙,微观上要观察飞米级的粒子世界,纵向上要观察长达数十万年的天体演化,短到 1 秒的瞬间反应。此外,还出现了对深化物质认识、开拓新能源、新材料等具有重要作用的各种极端技术研究,如超高温、超低温、超高压、超高真空、超强磁场、超弱磁场,等等。显然,要获取大量人类感官无法直接获取的信息,没有相适应的传感器是不可能的。许多基础科学研究的障碍,首先就在于对象信息的获取存在困难,而一些新机理和高灵敏度的检测传感器的出现,往往会导致该领域内的突破。一些传感器的发展,往往是一些边缘学科开发的先驱。

传感器早已渗透到诸如工业生产、宇宙开发、海洋探测、环境保护、资源调查、医学诊断、生物工程,甚至文物保护等极其广泛的领域。可以毫不夸张地说,从茫茫的太空,到浩瀚的海洋,以至各种复杂的工程系统,几乎每一个现代化项目,都离不开各种各样的传感器。比如在自动化控制方面,在制造业、交通运输、航空航天等领域,传感器与检测技术被广泛应用于自动化控制系统中。例如,机械制造业中的自动化生产线、自动化机械臂及车载电脑控制等都需要利用传感器与检测技术进行控制。例如在医疗保健方面,传感器与检测技术能够实现人体各项指标的监测与测量,心率、体温、血压、血氧等指标在医疗保健方面具有重要作用。近年来随着智能手环、智能手表的普及,人们利用这些设备进行健康数据监测成为趋势。在安防监控领域,传感器与检测技术可以用于检测温度、光线、声音等环境指标,通过对这些数据的分析,提高安防监控的精确度与效率。在机房中,利用温度传感器进行机房温度的实时监测,如果温度过高则会触发报警。

由此可见,传感器技术在发展经济、推动社会进步方面的重要作用,是十分明显的。"没有传感器就没有现代科学技术"的观点已为全世界所公认。以传感器为核心的检测系统就像神经和感官一样,源源不断地向人类提供宏观与微观世界的种种信息,成为人们认识自然、改造自然的有力工具。未来,相信传感器与检测技术的发展会更加迅速,为人类创造出更多更好的生活体验。

1.3 常用的新型传感器材料

1.3.1 敏感材料

敏感材料(sensing materials)是制造敏感元件的主体材料,是一种能敏锐地感受被测物体的某种物理量的大小和变化,并将其转换成电信号或者是光信号的材料。利用敏感材料制备的各种传感器,在自动控制、自动测量、机器人、汽车工业、计算机外部设备等方面有着广泛应用。传感器通常由敏感器件和转换器件两部分组成,其中,敏感器件(sensing element)是指"传感器中能直接感受或响应被测量的部分";转换器件(transducting element)是指传感器中能将敏感元件感受或响应的被测量转换成适于传输或测量的电信号部分。作为构成传感器的核心,敏感材料的研究包括基础研究(即其物理现象、化学反应和生物效应)、新现象新原理的发现和采用、新工艺和新材料的研发及其新功能和新应用的扩展等。

敏感材料有以下基本特性。

(1)敏感度高

灵敏度高、响应速度快、检测范围宽、检测精度高。对于某种特定被测量具有较高的敏感性,能迅速将指定被测量微小的变化准确地、可重复地变换为相应的电信号输出。

(2)选择性好

在一定条件下,除了对所指定的一种被测量敏感外,对其余变量都不敏感,在环境中同时存在有多种变量的复杂情况下,能准确摄取所指定的被测量信息,选择性好,响应速度快。

(3)可靠性好

耐热、耐磨损、耐腐蚀、耐振动、耐过载。

(4)可加工性好

易成形、尺寸稳定、互换性好。

(5)经济性好

成本低、成品率高、性价比高。

在选择敏感材料时,首先考虑其敏感性,然后再考虑其他特性。

1.3.2 敏感材料的分类

敏感材料的主要功能是接收光、声、电、热、磁、机械、化学等形式的能量信号,并转换成电信号,实现光电、压电、热电、电化学、电磁等功能转换。敏感材料种类较多,主要的分类方法有以下几种。

1. 按工作原理分类

按工作原理可将敏感材料分为结构型、物性型和复合型三类。

(1)结构型敏感材料

结构型敏感材料的原理是利用基本的物理定律,其转换(传感)特性首先取决于材料本身的结构。测量过程中,敏感材料中与结构相关的量(厚度、角度、位置等)在被测量的作用下会发生变化,由此获得与该变化成一定比例的电信号。该类型包括测量压力、位移、流量、温度的力平衡式、电容式、电感式等传感器的敏感材料。

(2)物性型敏感材料

物性型敏感材料是利用材料的某种宏观属性的变化,该属性主要包括物理特性、化学特性和生物特性。

①物理特性敏感材料(如热敏电阻、光敏电阻、巨磁阻效应等)是根据物理特性变化实现信息转换。根据能量形成方式和能量转换特点不同,物理特性敏感材料又可分为能量转换型和能量控制型。能量控制型敏感材料本身并不能进行能量的交换,被测的非电量只是被调节和控制,在信息的变换构成中,能量须由外电源提供,所以称为"有源敏感材料",如电阻式、电容式、电感式等电路参量的敏感材料,以及基于应变电阻效应、热阻效应、磁阻效应、光电效应、霍尔效应等达到传感目的的敏感材料都属于此类。能量转换型敏感材料可将非电量直接转换为电能量,不需要外加电源,所以称为"无源敏感材料",如热电偶、超声压电片等。

②化学特性敏感材料是利用电化学反应原理,将物质的组成含量、浓度、pH 值等变化转换成电信号。

③生物特性敏感材料则是利用生物活性物质被选择性识别和测定生物体或化学物质成分及特性而达到目的的,由于敏感器件就是敏感材料本身,不涉及"结构"的变化,所以响应速度快,有利于集成化、智能化的发展特征。

(3)复合型敏感材料

复合型敏感材料主要是在物性型材料的基础上增加了一些中间转换环节,并将其与其他物性敏感材料组合而成。

2. 按功能类型分类(表 1-1)

表 1-1　敏感材料功能类型分类

被测量类别	被测量参数值
几何特性	长度、角度、位移、形状、表面状态、黏度
力学特性	力、力矩、转矩、振幅、加速度、流量、硬度、脆性
温度、湿度特性	温度、热量、热容、热分布、湿度、含水量
电特性	电流、电压、电阻、电容、电感、频率、相位、霍尔效应
磁特性	磁通、磁感应、磁矩、磁场强度、磁阻
声、光特性	噪声、声压、频率、照度、颜色、透明度、图像
射线特性	剂量、剂量率、波长
生物、化学特性	浓度、浊度、含量、pH、血压、脉搏、体温、心电、脑电、血氧饱和度、酶及抗体识别

3. 按检测功能的不同分类

根据感知外界信息的原理不同,敏感材料可分为物理类、化学类和生物类。物理类基于力、热、光、电、磁、声等物理效应;化学类基于化学反应;生物类基于酶、抗体和激素等分子识别功能等。

4. 其他分类

根据需要还可以将敏感材料从其他角度进行分类,比如按照结晶状态可分为单晶、多晶、非晶和微晶类;按电子结构和化学键可分为金属、陶瓷和聚合物三大类;按物理原理可分为电参量式敏感材料、磁电式敏感材料、压电式敏感材料等。

在实际工作中,需要根据实际情况对敏感材料进行分析和研究,最终确定选择应用哪一类。

1.3.3 新型敏感材料简介

1. 光纤

光纤是光导纤维的简写,是一种利用光在玻璃或塑料制成的纤维中的全反射原理而达成的光传导工具。光束在玻璃纤维内传输,信号不受电磁的干扰,传输稳定,具有性能可靠、质量高、速度快、线路损耗低、传输距离远等特点。光纤实际是指由透明材料做成的纤芯和在它周围采用比纤芯的折射率稍低的材料做成的包层,并将射入纤芯的光信号,经包层界面反射,使光信号在纤芯中传播前进的媒体。光纤一般是由纤芯、包层和涂敷层构成的多层介质结构的对称圆柱体。

光纤传感器特点:

(1)光纤传感器具有优良的传光性能,传光损耗小。

(2)光纤传感器频带宽,可进行超高速测量,灵敏度和线性度好。

(3)光纤传感器体积很小,质量轻,能在恶劣环境下进行非接触式、非破坏性及远距离测量。

2. 光子晶体

光子晶体是指两种或两种以上介质周期排列构成的人造晶体,是一种介电常数随空间周期性变化的新型光学微结构材料。按光子晶体折射率变化的周期性,可将其分为一维、二维、三维光子晶体,折射率周期性变化产生光子能带和能隙,使频率(波长、能量)处在禁带范围内的光子禁止在光子晶体中传播。当在光子晶体中引入缺陷使其周期性结构遭到破坏时,光子能隙就形成了具有一定频率宽度的缺陷区。

光子晶体因其结构参数设计的多样性使其具有光子晶体带隙特性、光子晶体局域特性、光子晶体慢光特性等独特的传感特性,不仅可以作为敏感器件替代普通光纤构成传感器,提高现有的光纤传感器的性能,而且能够开发出各种基于自身特点的新型光纤气敏传感器。

3. 光子晶体光纤

光纤传感器具有灵敏度高、抗干扰、结构简单、体积小、质量轻、光路可弯曲、对被测介质影响小、便于形成网络等特点,但是其耦合损耗较大、保偏特性差,并存在交叉敏感问题等,限制了光纤传感器性能的进一步提高。20 世纪 90 年代中期,英国巴斯大学的 Knight 等研制出一种光子晶体光纤,它是一种二维缺陷光子晶体,又称多孔光纤或微结构光纤,结构特点是光纤横截面具有周期性微孔结构,其优点是具有无截止的单模特性、低损耗灵活特性、灵活的色散特性、可控的非线性、极强的双折射效应、可进行微结构设计改造等。

按导光机理来说,光子晶体光纤可分为折射率导光机理和光子能隙导光机理。光子晶体光纤所具有的无截止单模、不同的色度色散、极好的非线性效应、优良的双折射效应、易于实现多芯传输、损耗特性等特性突破了传统光纤光学的局限,大大扩展了光子晶体光纤的应用范围。

4. 聚合物光纤

聚合物光纤又称塑料光纤(plastic optical fiber,POF)。其作为光纤材料的聚合物,为传感器应用有效地附加有利条件和特殊性能开辟了道路。聚合物光纤适用于大量不同种类的尺寸,即使在大的光纤直径下,它们也非常容易弯曲,可以低成本地为耦合器和连接器之类的系统制造所需的光纤和光学元件。

聚合物是由以高折射率的聚合物材料制作的纤芯和以低折射率的聚合物材料制作的皮层所构成的光纤。根据芯区折射率径向分布的不同,可将聚合物光纤分为两类:一类是折射率在纤芯与包层截面突变的光纤,称为阶跃型聚合物光纤(Step-Index POF,SI-POF);另一类是折射率在纤芯内按某种规律逐渐降低的光纤,称为渐变型或梯度型聚合物光纤(Graded-ladex POF,GI-POF)。

聚合物光纤的性能研究重点主要有以下几点。

(1)衰减

聚合物光纤的衰减主要受限于芯包塑料材料的吸收损耗和色散损耗。通常选用低折射率和等温压缩率小的塑料材料,以及通过稳定塑料光纤制造工艺降低结构缺陷。对于塑料材料来说,吸收损耗则是由分子键(碳氢键、碳氟键)伸缩振动吸收和电子跃迁吸收所致的。

(2)色散

当聚合物光纤用作短距离光传输介质时,按其折射率分布形状分为两种:阶跃折射率分布聚合物光纤(由于模间色散作用使入射光发生反复的反射射出的波形相对于入射波形出现展宽,故其传输带宽仅为几十至上百兆赫兹千米)和梯度折射率分布聚合物光纤(从选择低色散的材料出发,在以优化的梯度折射率分布手段,即可将其折射率分布指数在 $0.85 \sim 1.3~\mu m$ 波长范围内选定为 $2.07 \sim 2.33$,从而抑制模间色散,控制出射光波相对于入射光波展宽的效果,进而可制得传输带宽高达几百兆赫兹千米至 $10~GHz \cdot km$ 的梯度折射率分布的聚合物光纤)。

(3)热稳定性

由塑料材料构成的聚合物光纤在高温环境中工作会发生氧化降解,促使电子跳跃加快,进而引起光纤损耗增大。提高聚合物光纤热稳定性通常的做法有:选用含氟或硅的塑料材料来制造聚合物光纤、将聚合物光纤的工作波长选择在大于 660 nm,以达到聚合物光纤热稳定性长期可靠。

聚合物光纤传感器不仅具有光纤传感器的抗电磁干扰、可远距离遥测等优点,其本身还具有柔韧性强、连接容易、价格便宜等特点,使得它在环境污染检测、生物传感中有很好的应用前景。通常根据使用的聚合物光纤的不同,将传感器大致分为传统型聚合物光纤传感器、掺杂型聚合物光纤传感器、聚合物光纤光栅传感器及微结构聚合物光纤传感四种类型。

5. 磁流体

磁流体应用研究现主要集中于密封、阻尼和热传输等领域中。磁流体材料是由强磁性粒子、基液和表面活性剂三者混合而成的一种稳定胶状溶液。除了有固体磁性材料的强磁性和液体的流动性之外,还具有传感器结构所需的许多独有特性,如胶体介质悬浮、弹性稳定、惯性体、比例阻尼、磁性液体伺服环等。

磁流体传感器(magnetic fluid sensor,MFS)是磁流体应用的一个重要方面。1983年,美国ATA应用技术公司开发出了高精度的基于磁流体动力学原理的磁流体传感器,广泛应用于大型机器模态分析、航空器风洞试验中各种振动检测。磁流体材料是由强磁性粒子、基液及表面活性剂三者混合而成的一种稳定胶状溶液,既有固体磁性材料的强磁性,又具有液体的流动性,还有一些其他固体磁性材料与液体物质所不具有的特殊材质。

磁流体的主要特性如下。

(1)磁化特性

磁化特性是磁流体最重要、最具特色的物理性质。磁流体呈现超顺磁特性,但是其磁化机理和普通的顺磁性物质不同。普通顺磁性物质的磁化作用仅仅是物质内做轨道运动的电子(相当于微电流)受到外磁场的作用,其轨道平面在某种程度上按照磁场方向做有序排列的结果。磁流体内的固相颗粒是铁磁性材料,其尺寸非常小,只有单畴或亚畴结构,体系中所有的磁性颗粒均已自发磁化至饱和状态,所以磁流体的磁化是磁畴旋转造成的。磁流体另一种可能的磁化机理是悬浮于载液中的磁性颗粒本身的旋转,旋转的程度取决于磁场能量和热运动能量间的平衡,旋转的速度取决于磁场对固体磁性颗粒产生的力矩与磁流体黏性阻力力矩间的平衡。磁流体根据其磁化过程的不同分为两种:一种是固相颗粒内磁畴的旋转起主导作用,称为内禀的;另一种是固相颗粒在载液中的旋转起主导作用,称为非内禀的或外赋的。磁流体的磁化一般没有磁滞现象,即不存在剩磁和矫顽力,因为磁性颗粒是悬浮于载液中的,当外磁场撤去后,热运动使其变成无规则的状态,即完全退磁。磁流体磁化特性的定量指标是饱和磁化强度 M_s,表示磁流体在外磁场的作用下可产生的最强磁性。

(2)磁弛豫特性

不管是磁流体在外磁场的磁化过程,还是外磁场撤去后磁流体的退磁过程,都是颗粒磁矩的转向弛豫过程,这有两种机理:一是磁性颗粒自身在载液中的转动,而磁性颗粒内的磁矩相对于磁性颗粒固定不动;二是磁性颗粒内磁矩矢量的转动。当外磁场发生变化时,磁流体的磁化强度也发生变化,这个过程称为磁弛豫。第一种过程称为Brown转向弛豫,在此过程中,磁性颗粒的旋转驱动力是分子的碰撞,而阻力是载液的黏性阻力。第二种弛豫过程叫作Neel转向弛豫。铁磁性物质的磁化性能并不是各向同性的,而是在物质的不同方向具有不同的磁化曲线。磁流体中的两种弛豫过程哪一种占主导地位,取决于哪种弛豫过程进行得更快,可用特征时间的长短来衡量。

(3)黏度特性

黏度表示流体的流动特性,是流体力学和流变学的重要参数。磁流体的黏度通常要比载液大得多,主要取决于磁性颗粒的体积百分比、固体颗粒的大小、外磁场和温度。磁流体黏度增大的主要原因是由于固相颗粒和载液间的摩擦,以及外磁场的影响。

(4)热力学性质

磁流体是一种固液两相混合胶体体系,它的热学性质(密度、比热容、传热系数、扩散系数等)通常是其宏观的统计平均值,它是两相的体积分数或质量分数的函数。在考虑这些参数时总是假设磁流体是各向同性的均匀混合物,且两相物质处于平衡态。

（5）光学性质

磁流体大多是暗褐色、不透明的,其光学性质主要包括双折射特性、透射特性、磁色特性、热透镜效应和可调折射率。

6. 液晶

液晶被发现已经有一百多年,但近年来才获得迅速的发展。因为液晶具有光电效应,因此并被广泛地应用在需要低电压和轻薄短小的显示组件上,比如体温卡、电子计数器和计算机显示屏幕等方面,逐渐成为不可或缺的重要材料。

液晶是介于完全规则状态与不规则状态的中间态物质。规则状态在固态晶体中比较常见,它的分子位置和分子轴的方向在三维空间呈规则的排列状态;而不规则状态常见于各向同性液体中。两者之间的状态通常称为液晶相或者介晶相。液晶和液体一样可以流动,但在不同方向上其光学特性不同,显示出类似晶体的性质。某些情况下,液晶出现于具有明显不等轴分子的有机物中。不等轴分子有序化导致的直接结果是力学、电、磁和光的性质的各向异性。液晶是处于液体状态的物质,具有一般流体的部分特征,因此它的分子质心分布是随机的或者是部分有序的,但是分子的取向一定是有序的,即液晶是分子取向有序的流体。按照形成条件和组成来分类,液晶可分为热致性液晶（thermotropic liquid crystals）和溶质性液晶（lyotropic liquid crystals）两类。

热致性液晶的组成大部分是有机物,在高温时是各向同性的液体,低温时是各向异性的固体,相变过程为固体在加热的条件下能够转变为液晶,继续加热转变为液体;同时在冷却的条件下发生可逆的转变。

液晶是处于固态和液态之间,兼有液体流动性、连续性和固体的某种有序排列的中介物质。它的独特性质在于它对各种外界因素（如热、电、磁、光、声、应力、化学气体和辐射等）的微小变化都非常敏感,很小的外界能量就能使它的结构发生变化,从而使其功能发生相应变化。

1.4　传感技术的现状和发展趋势

传感器的历史可以追溯到远古时代,公元前 1000 年左右,中国的指南针、记里鼓车已开始使用。古埃及王朝时代开始使用的天平,一直沿用到现在。利用液体膨胀进行温度测量在 16 世纪前后就已出现。19 世纪电磁学的基础便已建立,当时建立的物理法则直到现在作为各种传感器的工作原理仍在应用着。

以电量作为输出的传感器,其发展历史较短,但是随着真空管和半导体等有源元件的可靠性的提高,这种传感器得到飞速发展。目前只要提到传感器,一般是指具有电输出的装置。由于集成电路技术和半导体应用技术的发展,人们研究开发了性能更好的传感器。随着电子设备水平不断提高以及功能不断加强,传感器显得越来越重要。世界各国都将传感器技术列为重点发展的高新技术,传感器技术已成为高新技术竞争的核心技术之一,并

且发展十分迅速。

传感器技术的发展十分迅速的主要原因如下。

(1)电子工业和信息技术促进了传感器产业的相应发展。

(2)政府对传感器产业发展提供资助并大力扶植。

(3)国防、空间技术和民用产品领域有广阔的传感器市场。

(4)在许多高新技术领域可获得用于开发传感器的理论和工艺。

从市场来看,力、压力、加速度、物位、温度、湿度、水分等传感器将保持较大的需求量。

展望未来,传感器将向着小型化、集成化、多功能化、智能化、系统化、仿生化和网络化的方向发展,由微传感器、微执行器及信号和数据处理器总装集成的系统越来越引起人们的广泛关注。传感器市场将会迅速发展,并会加速新一代传感器的开发和产业化。

1.4.1　开发新型传感器

新型传感器包括:①采用新原理;②填补传感器空白;③研究仿生传感器等方面。它们之间是互相联系的。传感器的工作机理是基于各种效应和定律,由此启发人们进一步探索具有新效应的敏感功能材料,并以此研制出具有新原理的新型物性型传感器件,这是发展高性能、多功能、低成本和小型化传感器的重要途径。结构型传感器发展得较早,目前日趋成熟。结构型传感器,通常结构复杂,体积偏大,价格偏高,而物性型传感器不仅与之相反,且具有不少诱人的优点,加之过去发展也不够。目前世界各国都在物性型传感器方面投入大量人力、物力加强研究,从而使它成为一个值得注意的发展动向。

1.4.2　开发新材料

传感器材料是传感器技术的重要基础,由于材料科学的进步,人们在制造时,可任意控制它们的成分,从而设计制造出用于各种传感器的功能材料。用复杂材料来制造性能更加良好的传感器是今后的发展方向之一,如半导体敏感材料、陶瓷材料、磁性材料、智能材料等。

半导体氧化物可以制造各种气体传感器,而陶瓷传感器工作温度远高于半导体,光导纤维的应用是传感器材料的重大突破,用它研制的传感器与传统的相比有突出的特点。有机材料作为传感器材料的研究,已引起国内外学者的极大兴趣。

1.4.3　新工艺的采用

发展新型传感器,离不开新工艺的采用。新工艺的含义范围很广,这里主要指与发展新型传感器联系特别密切的微细加工技术。该技术又称微机械加工技术,是近年来随着集成电路工艺发展起来的,它是离子束、电子束、分子束、激光束和化学刻蚀等用于微电子加工的技术,目前已越来越多地用于传感器领域。例如利用半导体技术制造出压阻式传感器,利用薄膜工艺制造出快速响应的气敏、湿敏传感器,日本横河公司利用各向异性腐蚀技术进行高精度三维加工,在硅片上构成孔、沟棱锥、半球等各种开头,制作出全硅谐振式压力传感器。

1.4.4 集成化、多功能一体化

为同时测量几种不同被测参数,可将几种不同的传感器元件复合在一起,作成集成块。例如一种温、气、湿三功能陶瓷传感器已经研制成功。把多个功能不同的传感元件集成在一起,除可同时进行多种参数的测量外,还可对这些参数的测量结果进行综合处理和评价,可反映出被测系统的整体状态。

同一功能的多元件并列化,即将同一类型的单个传感元件用集成工艺在同一平面上排列起来,如 CCD 图像传感器。

多功能一体化,即将传感器与放大、运算及温度补偿等环节一体化,组装成一个器件。

1.4.5 智能化

智能传感器是对外界信息具有检测、数据处理、逻辑判断、自诊断和自适应能力的集成一体化多功能传感器,这种传感器具有与主机互相对话的功能,可以自行选择最佳方案,能将已获得的大量数据进行分割处理,实现远距离、高速度、高精度传输等。

智能传感器是传感器技术与大规模集成电路技术相结合的产物,它的实现取决于传感技术与半导体集成化工艺水平的提高与发展。这类传感器具有多功能、高性能、体积小、适宜大批量生产和使用方便等优点,是传感器重要的发展方向之一。

1.4.6 微型化

微型传感器是基于半导体集成电路技术发展的微电子机械系统 MEMS(micro-electro-mechanical systems)技术,利用微机械加工技术将微米级的敏感组件、信号处理器、数据处理装置封装在一块芯片上,具有体积小、成本低、便于集成等明显优势,并可以提高系统测试精度。现在已经开始用基于 MEMS 技术的传感器来取代已有的产品。随着微电子加工技术特别是纳米加工技术的进一步发展,传感器技术还将从微型传感器进化到纳米传感器。微型传感器的研制和应用将越来越受到各个领域的青睐。

1.4.7 仿生化

仿生传感器是通过对人的种种行为如视觉、听觉、感觉、嗅觉和思维等进行模拟,研制出的自动捕获信息、处理信息、模仿人类的行为装置,是近年来生物医学和电子学、工程学相互渗透发展起来的一种新型的传感器。随着生物技术和其他技术的进一步发展,在不久的将来,模拟身体功能的仿生传感器将超过人类五官的能力,完善目前机器人的视觉、味觉、触觉和对目标物体进行操作的能力。

1.4.8 网络化

网络传感器是指传感器在现场通过网络协议,使现场测控数据能够就近进入网络传输,在网络覆盖范围内实时发布和共享。简单地说,网络传感器就是能与网络连接或通过网络使其与微处理器、计算机或仪器系统连接的传感器。

网络传感器的产生使传感器由单一功能、单一检测向多功能和多点检测发展;从被动

检测向主动进行信息处理方向发展;从就地测量向远距离实时在线测控发展;使传感器可以就近接入网络,传感器与测控设备间无须点对点连接,大大简化了连接电路,节省投资,易于系统维护,也使系统更易于扩充。网络传感器特别适于远程分布式测量、监控和控制。

2023年2月6日中共中央、国务院印发了《质量强国建设纲要》,提出了2025年和2035年发展目标,为工业转型升级指明方向。国家新型工业测量体系是质量强国建设的坚实基础,是我国工业,特别是制造业从中低端向中高端跨越的核心支撑,是提升产业核心竞争力的关键。进入中高端制造阶段,精密和超精密测量就成为不可或缺的核心能力,要想造得出,必先测得出,要想造得精,必先测得准,要想测得准,就一定离不开现代传感器技术的发展,也一定会促进现代传感器技术的发展。发展现代传感器技术是实现产业高质量发展的必然选择,也是补齐我国工业,特别是高端装备制造质量短板的必由之路。

贯彻党的教育方针,坚持育人为本、德育为先,大力推进习近平新时代中国特色社会主义思想和党的十九大、二十大精神进教材;加快推进由"思政课程"走向"课程思政"的教育教学改革。把培育和践行社会主义核心价值观融入传感器的教材中来。本书将价值引领、能力培养和知识传授相结合,三位一体,基于课程知识体系和内容结构引入和渗透思政元素。从认知→单一技能→综合技能,由浅入深地对学生进行综合能力培养,以实现"立德树人,滴水穿石,润物无声和价值提升"。

思考与练习

1. 调研自己身边常见的传感器系统,了解该系统用的什么类型传感器? 它由哪几个部分组成? 分别起到什么作用?

2. 调研你所在的行业里面用到了哪些新型传感器技术,思考未来你所在的行业发展动向中会涉及哪几类新型传感器?

3. 调研传感器技术与精密测量技术之间的关系。

4. 调研现代传感器的主要分类方法及未来的发展趋势。

5. 简述传感器、现代传感器与人工智能的关系,传感器在人类世界中的作用?

6. 调研现代传感器对智慧油气田有哪些贡献?

7. 分析一下手机都有哪些类型的传感器,它们的用途和功能,你还能设想出手机上可以增加哪些传感器吗?

第2章　传感器的特性及标定

　　由于输入物理量形式不同,传感器所表现出来的输入-输出特性也不同,因此存在所谓的静态特性和动态特性。传感器所测量的物理量基本上有两种形式:一种是稳态(静态或准静态)的形式,这种形式的被测信号不随时间变化(或者变化很缓慢);另一种是动态(周期性变化或瞬态)的形式,这种形式的被测信号是随时间变化而变化的。不同类型的传感器有着不同的内部参数,它们的静态特性和动态特性表现出不同的特点,对测量结果的影响也各不相同。一个高精度的传感器,必须同时具有良好的静态特性和动态特性,这样它才能完成对信号的无失真测量或转换。以一定等级的仪器设备为依据,对传感器的动态、静态特性进行试验检测的过程称为传感器的动态、静态标定。本章将详细阐述传感器的特性及标定的基础知识。

　　为了方便读者学习和总结本章内容,作者给出了本章内容的思维导图,如图2-1所示。

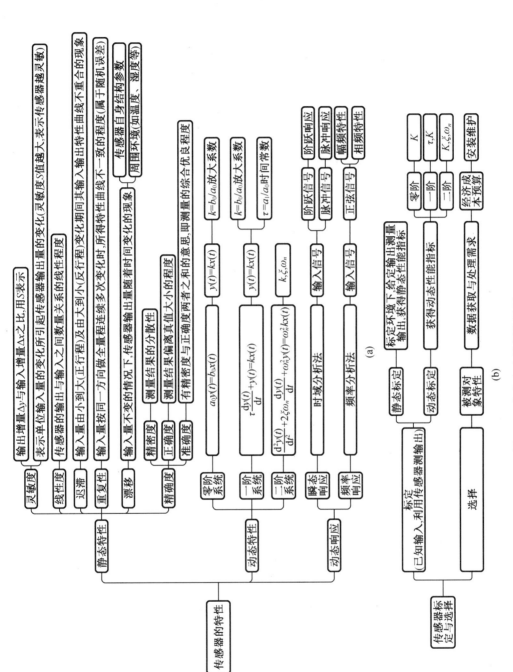

图 2-1 本章内容的思维导图

2.1 传感器的静态特性

传感器的静态特性是指被测量的值处于稳定状态时的输出与输入的关系。如果被测量是一个不随时间变化，或随时间变化缓慢的量，可以只考虑其静态特性，这时传感器的输入量与输出量之间在数值上一般具有一定的对应关系，关系式中不含有时间变量。对静态特性而言，传感器的输入量 x 与输出量 y 之间的关系通常可用如下所示的多项式表示：

$$y = a_0 + a_1 x + a_2 x^2 + \cdots + a_n x^n \tag{2-1}$$

式中　a_0——输入量 x 为零时的输出量；

　　　$a_1, a_2, \cdots, a_n$—— 非线性项系数。

各项系数决定了特性曲线的具体形式。

传感器的静态特性可以用一组性能指标来描述，如灵敏度、线性度、迟滞、重复性、漂移和精确度等。

2.1.1 灵敏度

灵敏度是传感器静态特性的一个重要指标。其定义是输出量增量 Δy 与相应的输入量增量 Δx 之比。用 S 表示灵敏度，即

$$S = \frac{\Delta y}{\Delta x} \tag{2-2}$$

灵敏度表示单位输入量的变化引起传感器输出量的变化，很显然，灵敏度 S 值越大，表示传感器越灵敏。传感器的灵敏度曲线如图 2-2 所示。

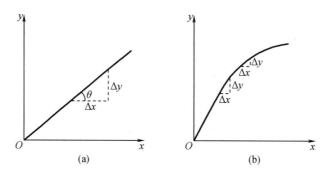

图 2-2　传感器的灵敏度曲线

2.1.2 线性度

传感器的线性度是指传感器的输出与输入之间数量关系的线性程度。输出与输入关系可分为线性特性和非线性特性。从传感器的性能看，希望具有线性关系，即理想的输出与输入关系。但实际遇到的传感器大多为非线性关系（图 2-3）。在实际使用中，为了标定和数据处

理的方便,希望得到线性关系,因此引入各种非线性补偿环节,如采用非线性补偿电路或计算机软件进行线性化处理,从而使传感器的输出与输入关系为线性或接近线性,但如果传感器非线性的方次不高,输入量变化范围较小时,可用一条直线(切线或割线)近似地代表实际曲线的一段,使传感器输入输出特性线性化,所采用的直线称为拟合直线(图2-4)。

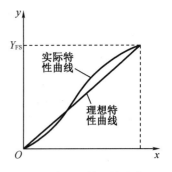

图 2-3　传感器的线性度曲线

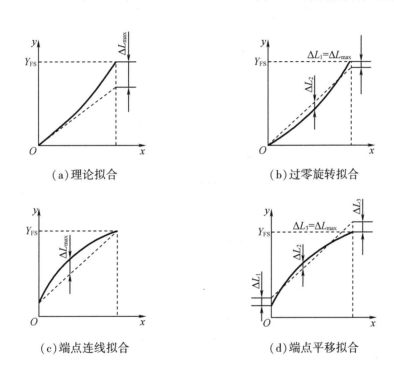

（a）理论拟合　　　　　　　　　（b）过零旋转拟合

（c）端点连线拟合　　　　　　　　（d）端点平移拟合

图 2-4　几种直线拟合方法

传感器的线性度是指在全量程范围内实际特性曲线与拟合直线之间的最大偏差值 $\Delta L_{\max}$ 与满量程输出值 Y_{FS} 之比。线性度也称为非线性误差,用 γ_L 表示,即

$$\gamma_L = \pm \frac{\Delta L_{\max}}{Y_{FS}} \times 100\% \tag{2-3}$$

式中　$\Delta L_{\max}$——最大非线性绝对误差;

　　　Y_{FS}——满量程输出值。

应当指出,对同一传感器,在相同条件下做校准试验时得出的非线性误差不会完全一样。因而不能笼统地说线性度或非线性误差,必须同时说明所依据的基准直线。目前国内外关于拟合直线的计算方法不尽相同,下面仅介绍两种常用的拟合基准直线方法。

1. 端基法

把传感器校准数据的零点输出平均值 a_0 和满量程输出平均值 b_0 连成的直线 a_0b_0 作为传感器特性的拟合直线(图2-5)。其方程式为

$$Y = a_0 + KX \tag{2-4}$$

式中　Y——输出量；

　　　a_0——Y 轴上截距；

　　　K——直线 a_0b_0 的斜率；

　　　X——输入量。

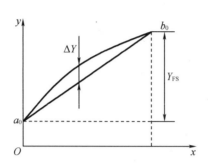

图 2-5　端基线性度拟合直线

由此得到端基法拟合直线方程,按式(2-4)可算出端基线性度。这种拟合方法简单直观,但是未考虑所有校准点数据的分布,拟合精度较低,一般用于特性曲线非线性度较小的情况。

2. 最小二乘法

用最小二乘法原则拟合直线,可使拟合精度最高。其计算方法如下。

令拟合直线方程为 $Y = a_0 + KX$。假定实际校准点有 n 个,在 n 个校准数据中,任一个校准数据 Y_i 与拟合直线上对应的理想值 $a_0 + KX$ 间线差为

$$\Delta_i = Y_i - (a_0 + KX_i) \tag{2-5}$$

最小二乘法拟合直线的拟合原则就是使 $\sum_{i-1}^{n} \Delta_i^2$ 为最小值,亦即使 $\sum_{i=1}^{n} \Delta_i^2$ 对 K 和 a_0 的一阶偏导数等于零,从而求出 K 和 a_0 的表达式。

$$\frac{\partial}{\partial K} \sum \Delta_i^2 = 2 \sum (Y_i - KX_i - a_0)(-X_i) = 0$$

$$\frac{\partial}{\partial a_0} \sum \Delta_i^2 = 2 \sum (Y_i - KX_i - a_0)(-1) = 0$$

联立求解以上二式,可求出 K 和 a_0,即

$$K = \frac{n \sum_{i=1}^{n} X_i Y_i - \sum_{i=1}^{n} X_i \cdot \sum_{i=1}^{n} Y_i}{n \sum_{i=1}^{n} X_i^2 - \left(\sum_{i=1}^{n} X_i \right)^2} \tag{2-6}$$

$$a_0 = \frac{\sum_{i=1}^{n} X_i^2 \cdot \sum_{i=1}^{n} Y_i - \sum_{i=1}^{n} X_i \cdot \sum_{i=1}^{n} X_i Y_i}{n \sum_{i=1}^{n} X_i^2 - \left(\sum_{i=1}^{n} X_i \right)^2} \tag{2-7}$$

式中　n——校准点数。

由此得到最佳拟合直线方程,由式(2-6)可算得最小二乘法线性度。

2.1.3　迟滞

传感器在输入量由小到大(正行程)及输入量由大到小(反行程)变化期间其输入输出特性曲线不重合的现象称为迟滞(图2-6)。也就是说,对于同一大小的输入信号,传感器的正反行程输出信号大小不相等,这个差值称为迟滞差值。传感器在全量程范围内最大的迟滞差值 $\Delta H_{\max}$ 与满量程输出值 Y_{FS} 之比称为迟滞误差,用 γ_H 表示,即

$$\gamma_H = \frac{\Delta H_{\max}}{Y_{FS}} \times 100\% \tag{2-8}$$

产生这种现象的主要原因是由于传感器敏感元件材料的物理性质和机械零部件的缺陷所造成的,例如弹性敏感元件弹性滞后、运动部件摩擦、动机构的间隙、紧固件松动等。

迟滞误差又称为回差或变差。

2.1.4　重复性

重复性是指传感器在输入量按同一方向做全量程连续多次变化时,所得特性曲线不一致的程度(图2-7)。重复性误差属于随机误差,常用标准差 σ 计算,也可用正反行程中最大重复差值 $\Delta R_{\max}$ 计算,即

$$\gamma_R = \pm \frac{(2\sim3)\sigma}{Y_{FS}} \times 100\% \tag{2-9}$$

或

$$\gamma_R = \pm \frac{\Delta R_{\max}}{Y_{FS}} \times 100\% \tag{2-10}$$

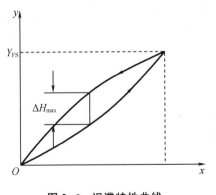

图 2-6　迟滞特性曲线

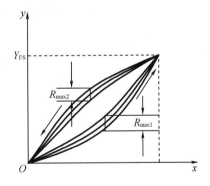

图 2-7　重复性曲线

2.1.5　漂移

传感器的漂移是指在输入量不变的情况下,传感器输出量随着时间变化的现象。产生漂移的因素有两个:一是传感器自身结构参数;二是周围环境(如温度、湿度等)。最常见的漂移是温度漂移,即周围环境温度变化而引起输出的变化,温度漂移主要表现为温度零点

漂移和温度灵敏度漂移。

温度漂移通常用传感器工作环境温度偏离标准环境温度(一般为 20 ℃)时的输出值的变化量与温度变化量之比(ξ)来表示,即

$$\xi = \frac{y_t - y_{20}}{\Delta t} \tag{2-11}$$

式中　Δt——工作环境温度 t 偏离标准环境温度 t_{20} 之差,即 $\Delta t = t - t_{20}$;

　　　　y_t——传感器在环境温度 t 时的输出;

　　　　y_{20}——传感器在环境温度 t_{20} 时的输出。

2.1.6　精确度(精度)

精确度的指标有三个:精密度、正确度和精确度。

1. 精密度(δ)

精密度说明测量结果的分散性。即对某一稳定的对象(被测量)由同一测量者用同一传感器和测量仪表在相当短的时间内连续重复测量多次(等精度测量),其测量结果的分散程度。δ 愈小则说明测量越精密(对应随机误差)。

2. 正确度(ε)

正确度说明测量结果偏离真值大小的程度,即示值有规则偏离真值的程度,指所测值与真值的符合程度(对应系统误差)。

3. 精确度(τ)

精确度有精密度与正确度两者之和的意思,即测量的综合优良程度。在最简单的场合下可取两者的代数和,即 $\tau = \delta + \varepsilon$。通常精确度是以测量误差的相对值来表示的。

在工程应用中,为了简单表示测量结果的可靠程度,引入一个精确度等级概念,用 A 来表示。传感器与测量仪表精确度等级 A 以一系列标准百分数值(0.001,0.005,0.02,0.05,…,1.5,2.5,4.0,…)进行分档。这个数值是传感器和测量仪表在规定条件下允许的最大绝对误差值相对于其测量范围的百分数。它可以用下式表示:

$$A = \frac{\Delta A}{Y_{FS}} \times 100\% \tag{2-12}$$

式中　A——传感器的精度;

　　　　ΔA——测量范围内允许的最大绝对误差;

　　　　Y_{FS}——满量程输出。

传感器设计和出厂检验时,其精度等级代表的误差指传感器测量的最大允许误差。

2.2　传感器的动态特性

传感器的动态特性是指输入量随时间变化时传感器的响应特性。由于传感器的惯性和滞后,当被测量随时间变化时,传感器的输出往往来不及达到平衡状态,处于动态过渡过程之中,所以传感器的输出量也是时间的函数,其间的关系要用动态特性来表示。一个动

态特性好的传感器,其输出将再现输入量的变化规律,即具有相同的时间函数。实际的传感器,输出信号将不会与输入信号具有相同的时间函数,这种输出与输入间的差异就是所谓的动态误差。

为了说明传感器的动态特性,下面简要介绍动态测温的问题。当被测温度随时间变化或传感器突然插入被测介质中,以及传感器以扫描方式测量某温度场的温度分布等情况时,都存在动态测温问题。如把一支热电偶从温度为 t_0 ℃的环境中迅速插入一个温度为 t_1 ℃的恒温水槽中(插入时间忽略不计),这时热电偶测量的介质温度从 t_0 突然上升到 t_1,而热电偶反映出来的温度从 t_0 ℃变化到 t_1 ℃需要经历一段时间,即有一段过渡过程,如图2-8所示。热电偶反映出来的温度与其介质温度的差值就称为动态误差。

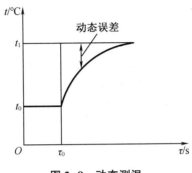

图2-8 动态测温

造成热电偶输出波形失真和产生动态误差的原因,是温度传感器有热惯性(由传感器的比热容和质量大小决定)和传热热阻,使得在动态测温时传感器输出总是滞后于被测介质的温度变化。如热电偶带有套管其热惯性要比裸热电偶大得多。这种热惯性是热电偶固有的,它决定了热电偶测量快速变化的温度时会产生动态误差。任何传感器都有影响动态特性的"固有因素",只不过它们的表现形式和作用程度不同而已。

2.2.1 传感器的基本动态特性方程

传感器的种类和形式很多,但它们的动态特性一般都可以用下述的微分方程来描述:

$$a_n \frac{\mathrm{d}^n y}{\mathrm{d}t^n} + a_{n-1} \frac{\mathrm{d}^{n-1} y}{\mathrm{d}t^{n-1}} + \cdots + a_1 \frac{\mathrm{d}y}{\mathrm{d}t} + a_0 y = b_m \frac{\mathrm{d}^m x}{\mathrm{d}t^m} + b_{m-1} \frac{\mathrm{d}^{m-1} x}{\mathrm{d}t^{m-1}} + \cdots + b_1 \frac{\mathrm{d}x}{\mathrm{d}t} + b_0 x \qquad (2-13)$$

式中,$a_1, a_2, \cdots, a_n, b_1, b_2, \cdots, b_m$ 是与传感器的结构特性有关的常系数。

1. 零阶系统

若式(2-13)中的系数除了 a_0、b_0 之外,其他的系数均为零,则微分方程就变成简单的代数方程,即

$$a_0 y(t) = b_0 x(t)$$

通常将上式写成

$$y(t) = kx(t) \qquad (2-14)$$

式中,$k = b_0/a_0$ 为传感器的静态灵敏度或放大系数。传感器的动态特性可用式(2-14)来描述的就称为零阶系统。

零阶系统具有理想的动态特性,无论被测量 $x(t)$ 如何随时间变化,零阶系统的输出都不会失真,其输出在时间上也无任何滞后,所以零阶系统又称为比例系统。

在工程应用中,电位器式的电阻传感器、变面积式的电容传感器及利用静态式压力传感器测量液位均可看作零阶系统。

例如,图 2-9 所示的线性电位器就是一个零阶传感器。

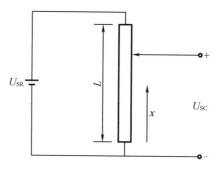

图 2-9 线性电位器

设电位器的阻值沿长度 L 是线性分布的,则输出电压和电刷位移之间的关系为

$$U_{SC} = \frac{U_{SR}}{L}x = Kx \tag{2-15}$$

式中 U_{SC}——输出电压;

U_{SR}——输入电压;

x——电刷位移。

由式(2-15)可知,输出电压 u_{sc} 与位移 x 成正比,它对任何频率输入均无时间滞后。实际上由于存在寄生电容和电感,高频时会引起少量失真,影响动态性能。

2. 一阶系统

若式(2-13)中的系数除了 a_0、a_1 与 b_0 之外,其他的系数均为零,则微分方程为

$$a_1 \frac{dy(t)}{dt} + a_0 y(t) = b_0 x(t)$$

上式通常改写为

$$\tau \frac{dy(t)}{dt} + y(t) = kx(t) \tag{2-16}$$

式中 τ——传感器的时间常数, $\tau = a_1/a_0$;

k——传感器的静态灵敏度或放大系数, $k = b_0/a_0$。

时间常数 τ 具有时间的量纲,它反映传感器的惯性的大小,静态灵敏度则说明其静态特性。用式(2-16)描述其动态特性的传感器就称为一阶系统,一阶系统又称为惯性系统。

如前面提到的不带保护套管的热电偶测温系统、电路中常用的阻容滤波器等均可看作一阶系统。

如图 2-10 所示的一阶测温传感器即为使用不带保护套管的热电偶插入恒温水浴中的测温系统。

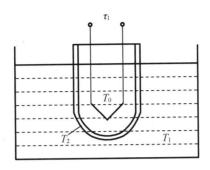

图 2-10 一阶测温传感器

设 m_1 为热电偶质量; C_1 为热电偶比热; T_1 为热接点温度; T_0 为被测介质温度; R_1 为介质与热电偶之间热阻。根据能量守恒定律可列出如下方程组：

$$\begin{cases} m_1 C_1 \dfrac{\mathrm{d}T_1}{\mathrm{d}t} = q_{01} \\ q_{01} = \dfrac{T_0 - T_1}{R_1} \end{cases} \qquad (2\text{-}17)$$

式中　q_{01}——介质传给热电偶的热量(忽略热电偶本身热量损耗)。

将式(2-17)整理后得

$$R_1 m_1 C_1 \frac{\mathrm{d}T_1}{\mathrm{d}t} + T_1 = T_0$$

令 $\tau_1 = R_1 m_1 C_1$。τ_1 为时间常数。则上式可写成

$$\tau_1 \frac{\mathrm{d}T_1}{\mathrm{d}t} + T_1 = T_0 \qquad (2\text{-}18)$$

式(2-18)是一阶线性微分方程,如果已知 T_0 的变化规律,求出微分方程式(2-18)的解,就可以得到热电偶对介质温度的时间响应。

3. 二阶系统

二阶系统的微分方程为

$$a_2 \frac{\mathrm{d}^2 y(t)}{\mathrm{d}t^2} + a_1 \frac{\mathrm{d}y(t)}{\mathrm{d}t} + a_0 y(t) = b_0 x(t) \qquad (2\text{-}19)$$

二阶系统的微分方程通常写为

$$\frac{\mathrm{d}^2 y(t)}{\mathrm{d}t^2} + 2\xi \omega_n \frac{\mathrm{d}y(t)}{\mathrm{d}t} + \omega_n^2 y(t) = \omega_n^2 k x(t) \qquad (2\text{-}20)$$

式中　k——传感器的静态灵敏度或放大系数, $k = b_0 / a_0$;

　　　ξ——传感器的阻尼系数, $\xi = a_1 / 2\sqrt{a_0 a_2}$;

　　　ω_n——传感器的固有频率, $\omega_n = \sqrt{a_0 / a_2}$。

根据二阶微分方程特征方程根的性质不同,二阶系统又可分为二阶惯性系统和二阶振荡系统。

(1)二阶惯性系统

二阶惯性系统的特点是特征方程的根为两个负实根,它相当于两个一阶系统串联。

（2）二阶振荡系统

二阶振荡系统的特点是特征方程的根为一对带负实部的共轭复根。

带有套管的热电偶、电磁式的动圈仪表及 RLC 振荡电路等均可看作二阶系统。

图 2-11 所示的二阶测温传感器即为带保护套管式热电偶插入恒温水浴中的测温系统。

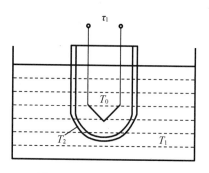

图 2-11 二阶测温传感器

设 T_0 为介质温度；T_1 为热接点温度；T_2 为保护套管温度；$m_1 C_1$ 为热电偶热容量；$m_2 C_2$ 为套管热容量；R_1 为套管与热电偶间的热阻；R_2 为被测介质与套管间的热阻。根据热力学能量守恒定律列出方程组：

$$\begin{cases} m_2 C_2 \dfrac{\mathrm{d}T_2}{\mathrm{d}t} = q_{02} - q_{01} \\[2mm] q_{02} = \dfrac{T_0 - T_2}{R_2} \\[2mm] q_{01} = \dfrac{T_2 - T_1}{R_1} \end{cases} \tag{2-21}$$

式中　q_{02}——介质传给套管的热量；

　　　q_{01}——套管传给热电偶的热量。

由于 $R_1 \gg R_2$，所以 q_{01} 可以忽略。式（2-21）经整理后得

$$R_2 m_2 C_2 \frac{\mathrm{d}T_2}{\mathrm{d}t} + T_2 = T_0$$

令 $\tau_2 = R_2 m_2 C_2$，则

$$\tau_2 \frac{\mathrm{d}T_2}{\mathrm{d}t} + T_2 = T_0 \tag{2-22}$$

同理，令 $\tau_1 = R_2 m_2 C_2$，则

$$\tau_1 \frac{\mathrm{d}T_1}{\mathrm{d}t} + T_1 = T_2 \tag{2-23}$$

联立式（2-22）和式（2-23），消去中间变量 T_2，便得到此测量系统的微分方程式，即

$$\tau_1 \tau_2 \frac{\mathrm{d}^2 T_1}{\mathrm{d}t^2} + (\tau_1 + \tau_2) \frac{\mathrm{d}T_1}{\mathrm{d}t} + T_1 = T_0 \tag{2-24}$$

令

$$\omega_0 = \frac{1}{\sqrt{\tau_1 \tau_2}}$$

$$\xi = \frac{\tau_1 + \tau_2}{2\sqrt{\tau_1 \tau_2}}$$

将 ω_0 和 ξ 代入式(2-24),得

$$\frac{1}{\omega_0} \frac{d^2 T_1}{dt^2} + \frac{2\xi}{\omega_0} \frac{dT_1}{dt} + T_1 = T_0 \qquad (2-25)$$

由式(2-25)可知,带保护套管的热电偶是一个典型的二阶传感器。

2.2.2 传感器的动态响应特性

传感器的动态特性不仅与传感器的固有因素有关,还与传感器输入量的变化形式有关。也就是说,同一个传感器在不同形式的输入信号作用下,输出量的变化是不同的,通常选用几种典型的输入信号作为标准输入信号,研究传感器的响应特性。

1. 瞬态响应特性

传感器的瞬态响应是时间响应。在研究传感器的动态特性时,有时需要从时域中对传感器的响应和过渡过程进行分析,这种分析方法称为时域分析法。传感器在进行时域分析时,用得比较多的标准输入信号有阶跃信号和脉冲信号,传感器的输出瞬态响应分别称为阶跃响应和脉冲响应。

(1) 一阶传感器的单位阶跃响应

一阶传感器的微分方程为

$$\tau \frac{dy(t)}{dt} + y(t) = kx(t) \qquad (2-26)$$

设传感器的静态灵敏度 $k=1$,其传递函数为

$$H(s) = \frac{Y(s)}{X(s)} = \frac{1}{\tau s + 1} \qquad (2-27)$$

对初始状态为零的传感器,若输入一个单位阶跃信号,即

$$x(t) = \begin{cases} 0 & (t \leq 0) \\ 1 & (t > 0) \end{cases}$$

输入信号 $x(t)$ 的拉氏变换为

$$X(s) = \frac{1}{s}$$

一阶传感器的单位阶跃响应拉氏变换式为

$$Y(s) = H(s)X(s) = \frac{1}{\tau s + 1} \cdot \frac{1}{s} \qquad (2-28)$$

对式(2-28)进行拉氏反变换,可得一阶传感器的单位阶跃响应信号为

$$y(t) = 1 - e^{-\frac{t}{\tau}} \qquad (2-29)$$

相应的响应曲线如图 2-12 所示。由图可见,传感器存在惯性,它的输出不能立即复现

输入信号,而是从零开始,按指数规律上升,最终达到稳态值。理论上传感器的响应只在 t 趋于无穷大时才达到稳态值,但通常认为 $t=(3\sim4)\tau$ 时,如当 $t=4\tau$ 时其输出可达到稳态值的 98.2%,可以认为已达到稳态。所以,一阶传感器的时间常数 τ 越小,响应越快,响应曲线越接近于输入阶跃曲线,即动态误差小。因此,τ 值是一阶传感器重要的性能参数。

(2)二阶传感器的单位阶跃响应

二阶传感器的微分方程为

$$\frac{d^2y(t)}{dt^2}+2\xi\omega_n\frac{dy(t)}{dt}+\omega_n^2y(t)=\omega_n^2kx(t)$$

设传感器的静态灵敏度 $k=1$,其二阶传感器的传递函数为

$$H(s)=\frac{\omega_n^2}{s^2+2\xi\omega_ns+\omega_n^2} \tag{2-30}$$

传感器输出的拉氏变换为

$$Y(s)=H(s)X(s)=\frac{\omega_n^2}{s(s^2+2\xi\omega_ns+\omega_n^2)} \tag{2-31}$$

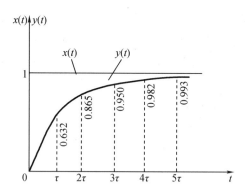

图 2-12　一阶传感器单位阶跃响应曲线

图 2-13 为二阶传感器的单位阶跃响应曲线,二阶传感器对阶跃信号的响应在很大程度上取决于阻尼比 ξ 和固有角频率 ω_n。$\xi=0$ 时,特征根为一对虚根,阶跃响应是一个等幅振荡过程,这种等幅振荡状态又称为无阻尼状态;$\xi>1$ 时,特征根为两个不同的负实根,阶跃响应是一个不振荡的衰减过程,这种状态又称为过阻尼状态;$\xi=1$ 时,特征根为两个相同的负实根,阶跃响应也是一个不振荡的衰减过程,但是它是一个由不振荡衰减到振荡衰减的临界过程,故又称为临界阻尼状态;$0<\xi<1$ 时,特征根为一对共轭复根,阶跃响应是一个衰减振荡过程,在这一过程中 ξ 值不同,衰减快慢也不同,这种衰减振荡状态又称为欠阻尼状态。

阻尼比 ξ 直接影响超调量和振荡次数,为了获得满意的瞬态响应特性,实际使用中常按稍欠阻尼调整,对于二阶传感器取 $\xi=0.6\sim0.7$,则最大超调量不超过10%,趋于稳态的调整时间也最短,为 $(3\sim4)/(\xi\omega_n)$。固有频率 ω_n 由传感器的结构参数决定,固有频率 ω_n 也即等幅振荡的频率,ω_n 越高,传感器的响应也越快。

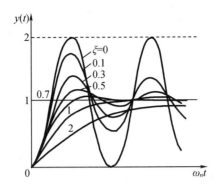

图 2-13 二阶传感器单位阶跃响应

（3）传感器的时域动态性能指标

传感器的时域动态性能指标叙述如下。

① 时间常数 τ：一阶传感器输出上升到稳态值的 63.2% 所需的时间，称为时间常数。

② 延迟时间 t_d：传感器输出达到稳态值的 50% 所需的时间。

③ 上升时间 t_r：传感器输出达到稳态值的 90% 所需的时间。

④ 峰值时间 t_p：二阶传感器输出响应曲线达到第一个峰值所需的时间。

⑤ 超调量 σ：二阶传感器输出超过稳态值的最大值。

⑥ 衰减比 d：衰减振荡的二阶传感器输出响应曲线第一个峰值与第二个峰值之比。

一阶和二阶传感器的时域动态性能指标分别如图 2-14 和图 2-15 所示。

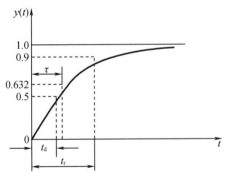

图 2-14 一阶传感器的时域动态性能指标

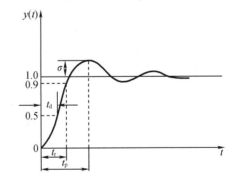

图 2-15 二阶传感器的时域动态性能指标

2. 频率响应特性

传感器对不同频率成分的正弦输入信号的响应特性，称为频率响应特性。一个传感器输入端有正弦信号作用时，其输出响应仍然是同频率的正弦信号，只是与输入端正弦信号的幅值和相位不同。频率响应法是从传感器的频率特性出发研究传感器的输出与输入的幅值比和两者相位差的变化。

（1）一阶传感器的频率响应

将一阶传感器传递函数式（2-27）中的 s 用 $j\omega$ 代替后，即可得如下的频率特性表达式：

$$H(j\omega) = \frac{1}{j\omega\tau + 1} = \frac{1}{1 + (\omega\tau)^2} - j\frac{\omega\tau}{1 + (\omega\tau)^2} \tag{2-32}$$

幅频特性：

$$A(\omega) = \frac{1}{\sqrt{1+(\omega\tau)^2}} \qquad (2-33)$$

相频特性：

$$\Phi(\omega) = -\arctan(\omega\tau) \qquad (2-34)$$

图 2-16 为一阶传感器的频率响应特性曲线。从式(2-33)、式(2-34)和图 2-15 可看出，时间常数 τ 越小，频率响应特性越好。当 $\omega\tau \ll 1$ 时，$A(\omega) \approx 1$，$\Phi(\omega) \approx 0$，表明传感器输出与输入呈线性关系，且相位差也很小，输出 $y(t)$ 比较真实地反映了输入 $x(t)$ 的变化规律。因此减小 τ 可改善传感器的频率特性。除了用时间常数 τ 表示一阶传感器的动态特性外，在频率响应中也用截止频率来描述传感器的动态特性。截止频率反映传感器的响应速度，截止频率越高，传感器的响应越快。对一阶传感器，其截止频率为 $1/\tau$。

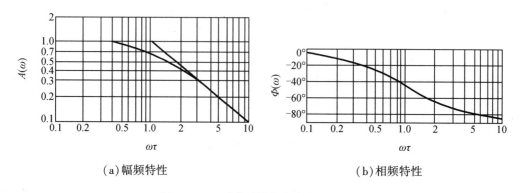

（a）幅频特性　　　　　　　　　　（b）相频特性

图 2-16　一阶传感器频率响应特性曲线

（2）二阶传感器的频率响应

由二阶传感器的传递函数式(2-30)可写出二阶传感器的频率特性表达式，即

$$H(j\omega) = \frac{\omega_n^2}{(j\omega)^2 + 2\xi\omega_n(j\omega) + \omega_n^2} = \frac{1}{1-\left(\dfrac{\omega}{\omega_n}\right)^2 + j2\xi\dfrac{\omega}{\omega_n}} \qquad (2-35)$$

其幅频特性、相频特性分别为

$$A(\omega) = |H(j\omega)| = \frac{1}{\sqrt{\left[1-\left(\dfrac{\omega}{\omega_n}\right)^2\right]^2 + \left(2\xi\dfrac{\omega}{\omega_n}\right)^2}} \qquad (2-36)$$

$$\Phi(\omega) = \angle H(j\omega) = -\arctan\frac{2\xi\dfrac{\omega}{\omega_n}}{1-\left(\dfrac{\omega}{\omega_n}\right)^2} \qquad (2-37)$$

相位角负值表示相位滞后。由式(2-36)及式(2-37)可画出二阶传感器的幅频特性曲线和相频特性曲线，如图 2-17 所示。

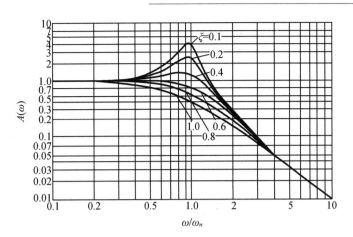

（a）幅频特性

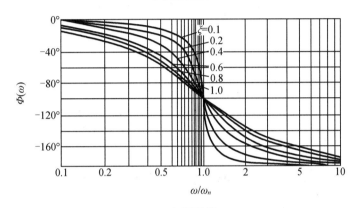

（b）相频特性

图 2-17 二阶传感器频率响应特性曲线

由式（2-36）、式（2-37）和图 2-16 可知，传感器的频率响应特性的好坏主要取决于传感器的固有频率 ω_n 和阻尼比 ξ。当 $\xi<1$，$\omega_n\gg\omega$ 时，$A(\omega)\approx1$，$\varphi(\omega)$ 很小，此时，传感器的输出 $y(t)$ 再现了输入 $x(t)$ 的波形，通常固有频率 ω_n 至少应为被测信号频率 ω 的 3~5 倍，即 $\omega_n\geq(3\sim5)\omega$。

为了减小动态误差和扩大频率响应范围，一般是提高传感器固有频率 ω_n，而固有频率 ω_n 与传感器运动部件质量 m 和弹性敏感元件的刚度 k 有关，即 $\omega_n=(k/m)1/2$。增大刚度 k 和减小质量 m 都可提高固有频率，但刚度 k 增加，会使传感器灵敏度降低。所以在实际中，应综合各种因素来确定传感器的各个特征参数。

（3）频率响应特性指标

传感器的频域动态性能指标如图 2-18 所示。

①通频带 $\omega_{0.707}$：传感器在对数幅频特性曲线上幅值衰减 3 dB 时所对应的频率范围。

②工作频带 $\omega_{0.95}$（或 $\omega_{0.90}$）：当传感器的幅值误差为±5%（或±10%）时其增益保持在一定值内的频率范围。

③时间常数 τ：用时间常数 τ 来表征一阶传感器的动态特性，τ 越小，频带越宽。

④固有频率 ω_n：用二阶传感器的固有频率 ω_n 表征其动态特性。

⑤相位误差：在工作频带范围内，传感器的实际输出与所希望的无失真输出间的相位

差值,即为相位误差。

⑥跟随角 $\Phi_{0.707}$:当 $\omega = \omega_{0.707}$ 时,对应于相频特性上的相角,即为跟随角。

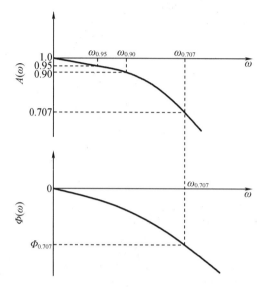

图 2-18　传感器的频域动态性能指标

2.3　传感器的标定与选择

2.3.1　传感器的标定

所谓传感器的标定,就是利用已知的输入量输入传感器,测量传感器相应的输出量,进而得到传感器输入输出特性的过程。

1. 标定的内容

标定一般包括如下内容:

(1)确定一个表达传感器输入输出信号间关系的数学模型。

(2)设计一个标定实验,对传感器施加输入,测量相应的输出。

(3)对标定实验得到的数据进行处理,确定步骤(1)中数学模型的参数及测量误差。

(4)对模型进行分析,确定其是否合适。如不合适,则需要对其加以修正或考虑新的数学模型。

2. 标定的种类

传感器的标定分为静态标定和动态标定。

静态标定就是指没有加速度、振动、冲击(若这些参数本身就是被测物理量则除外)、环境温度为室温(20 ℃±5 ℃)、相对湿度不大于85%,大气压力为标准大气压的情况。静态标定的目的是确定传感器静态特性指标,如线性度、灵敏度、滞后和稳定性等。

传感器的动态标定主要是研究传感器的动态响应。与动态响应相关的参数,一阶传感器只有一个时间常数 τ、二阶传感器则有固有频率 ω_n 和阻尼比 ζ 两个参数。动态标定的目的是确定传感器的动态特性参数,如频率响应、时间常数、固有频率和阻尼比等。有时,根据需要也要对横向灵敏度、温度响应、环境影响等进行标定。

3. 标定实验的设计

标定可采用两种方式:绝对标定及相对标定。绝对标定是将传感器的输出与真实的固定输入值的输出相比较;相对标定是将传感器的输出与已标定好的传感器输出相比较。

相对标定(图2-19)是将两个传感器的输出进行比较而确定被标定传感器性能的方法,因此相对标定的实验设计中,需要两个传感器:一个是被标定的传感器,称为工作传感器;另一个是作为参考基准的传感器,称为参考传感器或基准传感器,后者是经过绝对标定或高一级精度的相对标定法校准过的。

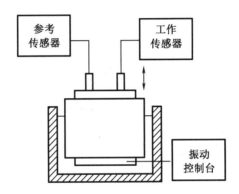

图2-19 用相对标定法确定加速度传感器灵敏度示意图

所采用的传感器为压电式传感器,其输出电压与加速度成正比。被标定的工作传感器与作为参考基准的参考传感器都安装在振动控制台上经受相同的简谐振动。设两个传感器的输出电压分别为 u 和 u_o,参考传感器的灵敏度为 S_0,则工作传感器的灵敏度为

$$S = S_0 \frac{u}{u_o}$$

4. 标定要求

(1)标定应该在与其他使用条件相似的状态下进行。

(2)增加重复标定的次数,以提高测试精度。

(3)传感器需要定期标定,一般为一年。

(4)对重要的实验,需要实验前后标定误差,使误差在允许的范围内。

2.3.2 传感器的选择

现代传感器在原理和结构上差别很大,根据具体的测量目标、测量对象及测量环境合理地选用传感器,是在进行某个量的测量时首先要解决的问题。传感器选择确定后,就可以确定与之相配套的测量方法和测量设备。测量结果的精确度,在很大程度上取决于传感器的选用。

传感器的选择主要参考以下几方面的因素。

1. 测量方面

（1）测量的真正目的是什么？

（2）被测对象是什么？

（3）被测参量是单调增加还是单调减少，或者两者都有？

（4）最终数据显示的测量值的范围如何？

（5）将被测参量以最终数据表示应具有怎样的准确度？

（6）被测参量的动态范围如何？

（7）最终数据中需要反应的频率响应或时间响应特性如何？

（8）被测对象的物理和化学性质如何？

（9）传感器的安装位置、安装方法如何？

（10）传感器的工作环境如何？

2. 数据获取与处理系统

（1）数据获取与处理系统的一般性质是什么？

（2）数据获取与处理系统的主要单元的形式是什么？

（3）数据获取与处理系统与传感器接口的精确性和频率响应特性如何？

（4）传感器输出信号范围如何？

（5）传感器输出对负载阻抗的要求如何？

（6）是否需要对传感器信号进行调理？

（7）数据获取与处理系统需要对传感器进行怎样的检测或校正？

（8）什么样的传感器激励电源最方便使用？

（9）传感器可以从激励电源获得多大的电流？

3. 传感器的可用性

（1）满足全部要求的传感器是否现成可用？

（2）问题（1）的答案是否定的话，需要做如下考虑：

①对现有传感器进行较少的改动还是需要进行较多的改动才能达到要求？

②什么厂家生产类似的传感器？

③传感器能否准时到货以满足安装计划？

4. 成本效果

（1）传感器的成本与其所提供的测量功能是否相符？

（2）传感器的测试、周期性校准、维护及安装等的费用为多少？

（3）传感器的成本主要用在哪项要求上面？

（4）对系统进行何种改进可降低成本？

5. 进行传感器设计时需考虑的因素

（1）传感器的质量、激励、功率消耗和结构方面有什么限制？

（2）传感器的输出端需要连接什么？

（3）传感器应利用哪种转换原理？

（4）传感器必须提供什么样的静态特性、动态特性、环境特性？

（5）被测对象对传感器有什么影响？

（6）传感器是否会影响被测参量的实际值而导致测量误差？

（7）传感器的工作寿命有多久？

（8）国家标准或行业规范对传感器的设计有哪些制约？

（9）传感器失效的形式是什么？失效对与传感器相邻的元件或系统乃至工作人员的潜在危害是什么？

（10）要求每个维护、安装和使用传感器的工作人员应具备的最低技术能力如何？

（11）如何对传感器进行标定和校准？

思考与练习

1. 什么是传感器的静态特性？描述传感器静态特性的主要指标有哪些？

2. 传感器输入–输出特性的线性化有什么意义？如何实现其线性化？

3. 什么是传感器的动态特性？如何分析传感器的动态特性？

4. 描述传感器动态特性的主要指标有哪些？

5. 用某一阶传感器测量 100 Hz 的正弦信号,如要求幅值误差限制在±5%以内,时间常数应取多少？如果用该传感器测量 50 Hz 的正弦信号,其幅值误差和相位误差各为多少？

6 在某二阶传感器的频率特性测试中发现,谐振发生在频率 216 Hz 处,并得到最大的幅值比为1.4,试估算该传感器的阻尼比和固有角频率的大小。

第3章　电阻式传感器

电阻式传感器就是把位移、力、压力、加速度、扭矩等非电物理量转换为电阻值变化的传感器,广泛应用于油田、汽车、起重机械、建材、机械加工、热电、军工、交通等领域,是一种常用的传感器类型,产品具有性能稳定、灵敏度高、维护简便、适用范围广等优点。金属体都有一定的电阻,电阻值因金属的种类而异。同样的材料,越细或越薄,电阻值越大。当加有外力时,金属若变细变长,则阻值增加;若变粗变短,则阻值减小。如果发生应变的物体上安装有金属电阻,当物体伸缩时,金属体也按某一比例发生伸缩,因而电阻值产生相应的变化。实际上电阻式传感器就是利用一定的方式将被测量的变化转化为敏感元件电阻参数的变化,再通过电路转变成电压或电流信号的输出,从而实现非电量的测量。这其实就是一种变通的思想,拓展测量的范围和空间,切实提高传感器技术,做到科技领域的不断改革创新。

电阻式传感器常应用于测力、测压、称重、测位移、测加速度、测扭矩、测温度等测试系统。本章分别介绍了电位器式传感器和电阻式传感器,对几种应变式传感器的应用进行了举例说明,并给出了常用电阻式传感器的使用方法。

为了方便读者学习和总结本章内容,作者给出了本章内容的思维导图(图 3-1)。

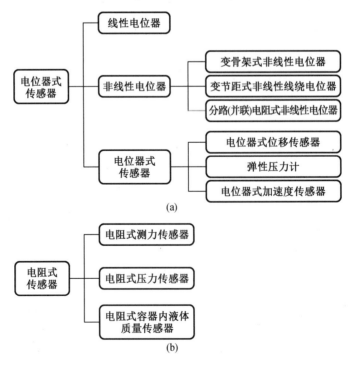

图 3-1　本章内容的思维导图

3.1 电位器式传感器概述

电位器是一种把机械的线位移(直线位移、线位移或角位移)输入量转换为与它成一定函数关系的电阻或电压输出的传感元件,主要用于测量压力、高度、加速度、航面角等各种常见参数,如图 3-2 所示。它是一种常用的机电元件,广泛应用于各种电器和电子设备中。

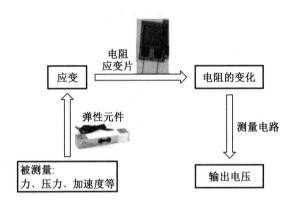

图 3-2　电阻式传感器应用案例

电位器的优点:结构简单,尺寸小,质量轻,价格低,精度高,输出信号大,性能稳定,受环境影响小,容易实现任意函数等。

电位器的缺点:由于有摩擦,要求输出信号能量大,电刷与电阻元件之间容易磨损,可靠性和寿命差,动态特性不好,干扰大,一般用于静态或缓变量的检测。

电位器的种类很多,按其结构形式不同,可分为线绕式、薄膜式、光电式等;按特性不同,可分为线性电位器和非线性电位器。目前常用的为单圈线绕电位器。

3.1.1 线性电位器

电位器由电阻元件、电刷、骨架等组成。形式分为直滑式[图 3-3(a)]和旋转式,旋转式有单圈旋转式[图 3-3(b)]和多圈旋转式[3-3(c)]两种。图 3-3(d)、图 3-3(e)为实物图。电刷由触头、臂、导向及轴承等装置组成,其中触头常用银、铂铱、铂铑等金属制作;电刷臂常用磷青铜等弹性较好的材料制作。骨架常用陶瓷、酚醛树脂及工程塑料等绝缘材料制作。

线性电位器由骨架截面处处相等,且材料和截面均匀的电阻丝等节距绕制。

电位器接负载时,输出特性为负载特性;不接负载或负载无穷大时,输出特性为空载特性。

1. 空载特性

线性电位器的理想空载特性曲线应具有严格的线性关系。图 3-4 所示为电位器式位移传感器原理图。如果把它作为变阻器使用,假定全长为 x_{max} 的电位器其总电阻为 R_{max},电阻沿长度的分布是均匀的,则当滑臂由 A 向 B 移动 x 后,则 A 点到电刷间的阻值为

$$R_x = \frac{x}{x_{max}} R_{max} \tag{3-1}$$

(a)直滑式　　(b)单圈旋转式　　(c)多圈旋转式　　(d)实物图1　　(e)实物图2

1—骨架;2—电刷;3—电阻丝;4—转轴;5—接线端子。

图3-3　电位器原理图

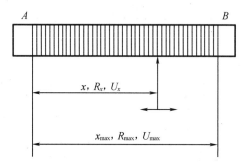

图3-4　电位器式位移传感器原理图

若把它作为分压器使用,且假定加在电位器 A、B 之间的电压为 U_{max},则输出电压为

$$U_x = \frac{x}{x_{max}} U_{max} \qquad (3-2)$$

若作为变阻器使用,则电阻与角度的关系为

$$R_\alpha = \frac{\alpha}{\alpha_{max}} R_{max} \qquad (3-3)$$

图3-5所示为电位器式角度传感器原理图,图3-6为电位器式角度传感器实物图。

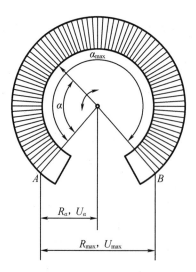

图3-5　电位器式角度传感器原理图

图 3-6　电位器式角度传感器实物图

作为分压器使用,则

$$U_\alpha = \frac{x}{x_{max}} U_{max} \tag{3-4}$$

线性线绕电位器理想的输出、输入关系遵循上述四个公式。因此对如图 3-7 所示的位移传感器来说,有

$$R_{max} = \frac{\rho}{A} 2(b+h)n \tag{3-5}$$

$$x_{max} = nt$$

其灵敏度应为

$$S_R = \frac{R_{max}}{x_{max}} = \frac{2(b+h)\rho}{At} \tag{3-6}$$

$$S_U = \frac{U_{max}}{x_{max}} = I\frac{2(b+h)\rho}{At} \tag{3-7}$$

式中,S_R、S_U 分别为电阻灵敏度、电压灵敏度;ρ 为导线电阻率;A 为导线横截面积;n 为线绕电位器绕线总匝数。

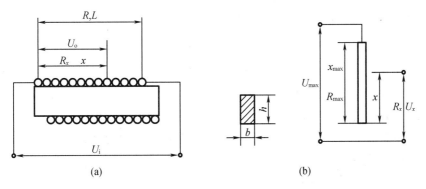

图 3-7　线性线绕电位器示意图

由式(3-6)、式(3-7)可以看出,线性线绕电位器的电阻灵敏度和电压灵敏度除与电阻率 ρ 有关外,还与骨架尺寸 h 和 b、导线横截面积 A(导线直径 d)、绕线节距 t 等结构参数有关;电压灵敏度还与通过电位器的电流 I 的大小有关。

2.阶梯特性、阶梯误差和分辨率

图 3-8 所示为绕 n 匝电阻丝的线性电位器的局部剖面和阶梯特性曲线图。电刷在电位器的线圈上移动时,线圈一圈一圈地变化,因此,电位器阻值随电刷移动不是连续的改变,导线与一匝接触的过程中,虽有微小位移,但电阻值并无变化,因而输出电压也不改变,在输出特性曲线上对应地出现平直段;当电刷离开这一匝而与下一匝接触时,电阻突然增加一匝阻值,因此特性曲线相应出现阶跃段。这样,电刷每移过一匝,输出电压便阶跃一次,共产生 n 个电压阶梯,其阶跃值亦即名义分辨率为

$$\Delta U = \frac{U_{max}}{n} \tag{3-8}$$

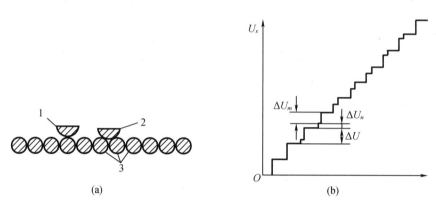

1—电刷与一根导线接触;2—电刷与两根导线接触;3—电位器导线。

图 3-8 局部剖面和阶梯特性曲线

实际上,当电刷从 j 匝移到 $(j+1)$ 匝的过程中,必定会使这两匝短路,于是电位器的总匝数从 n 匝减小到 $(n-1)$ 匝,这样总阻值的变化就使得在每个电压阶跃中还产生一个小阶跃。这个小电压阶跃亦即次要分辨脉冲为

$$\Delta U_\alpha = U_{max}(\frac{1}{n-1} - \frac{1}{n})j \tag{3-9}$$

$$\Delta U = \Delta U_m + \Delta U_n$$

主要分辨脉冲和次要分辨脉冲的延续比,取决于电刷和导线直径的比。若电刷的直径太小,尤其使用软合金时,会促使形成磨损平台;若直径过大,则只要有很小的磨损就将使电位器有更多的匝短路,一般取电刷与导线直径比为 10 可获得较好的效果。

工程上常把图 3-8 的实际阶梯特性曲线简化成理想阶梯特性曲线,如图 3-9 所示。这时,电位器的电压分辨率定义:在电刷行程内,电位器输出电压阶梯的最大值与最大输出电压 U_{max} 之比的百分数,对理想阶梯特性的线绕电位器,电压分辨率为

$$e_{ba} = \frac{\dfrac{U_{max}}{n}}{U_{max}} = \frac{1}{n} \times 100\% \tag{3-10}$$

除了电压分辨率外,还有行程分辨率,其定义为:在电刷行程内,能使电位器产生一个可测出变化的电刷最小行程与整个行程之比的百分数,即

$$e_{by} = \frac{\dfrac{x_{max}}{n}}{x_{max}} = \frac{1}{n} \times 100\% \qquad (3-11)$$

从图3-9中可见,在理想情况下,特性曲线每个阶梯的大小完全相同,则通过每个阶梯中点的直线即是理论特性曲线,阶梯曲线围绕它上下跳动,从而带来误差,这就是阶梯误差。电位器的阶梯误差 δ_j 通常以理想阶梯特性曲线对理论特性曲线的最大偏差值与最大输出电压值的百分数表示,即

$$\delta_j = \frac{\pm(\dfrac{1}{2}\dfrac{U_{max}}{n})}{U_{max}} = \frac{1}{2n} \times 100\% \qquad (3-12)$$

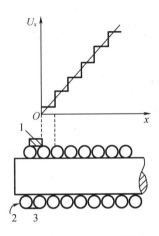

1—电刷;2—电阻线;3—短路线。

图 3-9　理想阶梯特性曲线

阶梯误差和分辨率的大小都是由线绕电位器本身工作原理所决定的,是一种原理性误差,它决定了电位器可能达到的最高精度。在实际设计中,为改善阶梯误差和分辨率,需增加匝数,即减小导线直径(小型电位器通常选0.5 mm或更细的导线)或增加骨架长度(如采用多圈螺旋电位器)。

3.1.2　非线性电位器

空载时输出电压(电阻)与电刷行程之间具有非线性关系。

研究意义:现实中有些对象是指数函数、对数函数、三角函数及其他任意函数。要满足控制系统特殊要求,必须想办法找到与线性控制系统的关系,用线性输出特性解决非线性输出。常见非线性特性有变骨架、变节距、分路电阻或电位给定。

1. 变骨架式非线性电位器

变骨架式电位器是利用改变骨架高度或宽度的方法来实现非线性函数特性。图3-10所示为一种变骨架高度式非线性电位器。

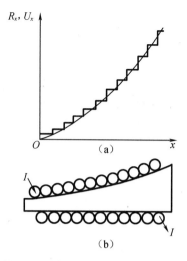

图 3-10　变骨架高度式非线性电位器

(1)骨架变化的规律

变骨架式非线性电位器在保持电位器结构参数 ρ、A、t 不变时,只改变骨架宽度 b 或高度 h 来实现非线性函数关系。这里以只改变 h 的变骨架高度式非线性线绕电位器为例来对骨架变化规律进行分析。在图 3-10 所示曲线上任取一小段,则可视为直线,电刷位移为 Δx,对应的电阻变化就是 ΔR,因此前述的线性电位器灵敏度公式仍然成立,即

$$S_R = \frac{\Delta R}{\Delta x} = \frac{2(b+h)\rho}{At} \tag{3-13}$$

$$S_U = \frac{\Delta R}{\Delta x} = I\frac{2(b+h)\rho}{At} \tag{3-14}$$

当 $\Delta x \rightarrow 0$ 时,有

$$\frac{\mathrm{d}R}{\mathrm{d}x} = \frac{2(b+h)\rho}{At} \tag{3-15}$$

$$\frac{\mathrm{d}U}{\mathrm{d}x} = I\frac{2(b+h)\rho}{At} \tag{3-16}$$

由上述两个公式可求出骨架高度的变化规律为

$$h = \frac{At}{2\rho}\frac{\mathrm{d}R}{\mathrm{d}x} - b \tag{3-17}$$

$$h = \frac{1}{I}\frac{At}{2\rho}\frac{\mathrm{d}R}{\mathrm{d}x} - b \tag{3-18}$$

(2)阶梯误差与分辨率

变骨架高度式电位器的绕线节距是不变的,因此其行程分辨率与线性电位器计算式相同,则

$$e_{by} = \frac{t}{x_{\max}} = \frac{\dfrac{x_{\max}}{n}}{x_{\max}} = \frac{1}{n} \times 100\% \tag{3-19}$$

但由于骨架高度是变化的,因而阶梯特性的阶梯也是变化的,最大阶梯值发生在特性

曲线斜率最大处,故阶梯误差为

$$\delta_j = \pm \frac{1}{2} \frac{\left(\dfrac{\mathrm{d}U}{\mathrm{d}x}\right)_{\max} t}{U_{\max}} \times 100\% \tag{3-20}$$

(3)结构特点

变骨架式非线性电位器理论上可以实现所要求的许多种函数特性,但由于结构和工艺上的原因,对于所实现的特性有一定的限制,为保证强度,骨架的最小高度 $h_{\min} > 3$ mm,不能太小。特性曲线斜率也不能过大,否则骨架高度很大或骨架坡度太高。骨架型面坡度 α 应小于 20°。坡度角太大,绕制时容易产生倾斜和打滑,从而产生误差,如图 3-11(a)所示,这就要求特性曲线斜率变化不能太激烈,为减小坡度可采用对称骨架,如图 3-11(b)所示。

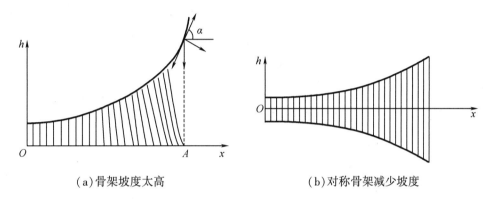

(a)骨架坡度太高　　　　　　　　(b)对称骨架减少坡度

图 3-11　对称骨架式

为减小具有连续变化特性的骨架的制造和绕制困难,也可对特性曲线采用折线逼近,从而将骨架设计成阶梯形的,如图 3-12 所示。

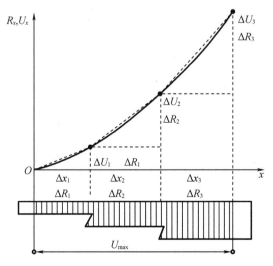

图 3-12　阶梯骨架式非线性电位器

2. 变节距式非线性线绕电位器

变节距式非线性线绕电位器也称为分段绕制的非线性线绕电位器。

(1) 节距变化规律

变节距式电位器是在保持 ρ、A、b、h 不变的条件下,用改变节距 t 的方法来实现所要求的非线性特性,如图 3-13 所示。由式(3-15)、式(3-16),可导出节距的基本表达式为

$$t = \frac{2\rho(b+h)}{A\frac{dR}{dx}} = \frac{2I\rho(b+h)}{A\frac{dU}{dx}}$$

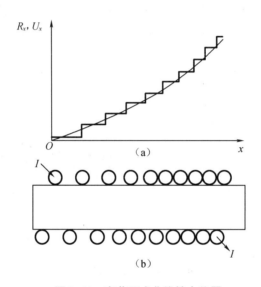

图 3-13 变节距式非线性电位器

(2) 阶梯误差和分辨率

由图 3-13 可见,变节距式电位器的骨架截面积不变,因而可近似地认为每匝电阻值相等,即可以认为阶跃值相等。故阶梯误差计算公式和线性线绕电位器阶梯误差的计算公式完全相同。但行程分辨率不一样,这是由于分辨率取决于绕距,而变绕距电位器绕距是变化的,其最大绕距 t_{max} 发生在特性斜率最低处,故行程分辨率公式与线性线绕电位器不同,不能直接用匝数 n 表示,而应为

$$e_{by} = \frac{t_{max}}{x_{max}} \times 100\% \tag{3-21}$$

(3) 结构与特点

骨架制造比较容易,只适用于特性曲线斜率变化不大的情况,一般

$$\frac{t_{max}}{t_{min}} = \frac{\left(\frac{dU}{dx}\right)_{max}}{\left(\frac{dU}{dx}\right)_{min}} < 3 \tag{3-22}$$

其中可取

$$t_{min} = d + (0.03 \sim 0.04) \text{ mm}$$

3. 分路(并联)电阻式非线性电位器

(1) 工作原理

对于图 3-12 所示的阶梯骨架式非线性电位器通过折线逼近法实现的函数关系,采用分路电阻式非线性电位器也可以实现,如图 3-14 所示。这种方法是在同样长度的线性电位器全行程上分若干段,引出一些抽头,通过对每一段并联适当阻值的电阻,使得各段的斜率达到所需的大小。在每一段内,电压输出是线性的,而电阻输出是非线性的。

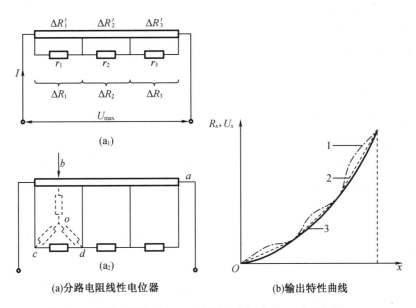

(a)分路电阻线性电位器　　　(b)输出特性曲线

曲线 1—电阻输出特性;曲线 2—电压输出特性;曲线 3—要求的特性。

图 3-14　分路电阻式非线性电位器

图 3-14 中各段并联电阻的大小,可由下式求出:

$$\begin{cases} r_1 // \Delta R_1' = \Delta R_1 \\ r_2 // \Delta R_2' = \Delta R_2 \\ r_3 // \Delta R_3' = \Delta R_3 \end{cases}$$

若仅知要求的各段电压变化 ΔU_1、ΔU_2 和 ΔU_3,那么根据允许通过的电流确定 ΔR_1、ΔR_2 和 ΔR_3,或让最大斜率段电阻为 ΔR_3(无并联电阻时),压降为 ΔU_3,则

$$I = \frac{\Delta U_3}{\Delta R_3}$$

求出 I 后,得

$$\Delta R_2 = \frac{\Delta U_2}{I}$$

$$\Delta R_1 = \frac{\Delta U_1}{I}$$

(2) 误差分析

分路电阻式非线性电位器的行程分辨率与线性线绕电位器的相同。其阶梯误差和电

压分辨率均发生在特性曲线最大斜率段上。

$$\delta_{\mathrm{j}} = \pm \frac{1}{2} \frac{(\frac{\Delta U_2}{\Delta x})_{\max} t}{U_{\max}} \times 100\%$$

$$e_{bd} = \frac{(\frac{\Delta U_2}{\Delta x})_{\max} t}{U_{\max}} \times 100\%$$

（3）结构与特点

分路电阻式非线性电位器原理上存在折线近似曲线所带来的误差，但加工、绕制方便，对特性曲线没有很多限制，使用灵活，通过改变并联电阻，可以得到各种特性曲线。

3.1.4　电位器式传感器

1.电位器式位移传感器

电位器式位移传感器常用于测量几毫米到几十米的位移和几度到360°的角度。图3-15所示推杆式位移传感器可测量5～200 mm 的位移，可在温度为±50 ℃、相对湿度为98%（$t = 20$ ℃）、频率为300 Hz 以内及加速度为300 m/s^2 的振动条件下工作，精度为2%，电位器的总电阻为1 500 Ω。

图3-16 所示替换杆式位移传感器可用于量程为10 mm 到量程为320 mm 的多种测量范围，巧妙之处在于采用替换杆（每种量程有一种杆）。替换杆的工作段上开有螺旋槽，当位移超过测量范围时，替换杆很容易与传感器脱开。需测大位移时可再换上其他杆。电位器2和以一定螺距开螺旋槽的多种长度的替换杆5是传感器的主要元件，滑动件3上装有销子4，用以将位移转换成滑动件的旋转。替换杆5在外壳1的轴承中自由运动，并通过其本身的螺旋槽作用于销子4上，使滑动件3上的电刷沿电位器绕组滑动，此时电位器的输出电阻与杆的位移成比例。

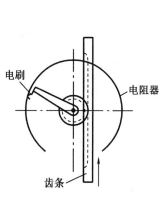

图3-15　推杆式位移传感器

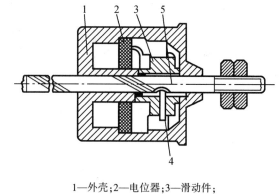

1—外壳；2—电位器；3—滑动件；
4——销子；5—替换杆。

图3-16　替换杆式位移传感器

2.弹性压力计

电位器式弹性压力计信号多采用电远传方式，即把弹性元件的变形或位移转换为电信号输出。电位器式弹性压力计如图 3-17 所示,在弹性元件的自由端处安装滑线电位器,滑线电位器的滑动触点与自由端连接并随之移动,自由端的位移就转换为电位器的电信号输出。

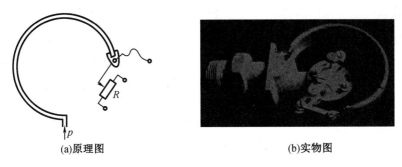

(a)原理图　　　　　　　　　　(b)实物图

图 3-17　电位器式弹性压力计

当被测压力 p 增大时,弹簧管撑直,通过齿条带动齿轮转动,从而带动电位器的电刷产生角位移。

3. 电位器式加速度传感器

电位器式加速度传感器如图 3-18 所示。惯性质量块在被测加速度的作用下,使片状弹簧产生正比于被测加速度的位移,从而引起电刷在电位器的电阻元件上滑动,输出一个与加速度成比例的电压信号。

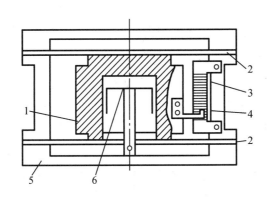

1—惯性质量;2—片弹簧;3—电位器;4—电刷;5—壳体;6—阻尼器。

图 3-18　电位器式加速度传感器

电位器传感器结构简单,价格低廉,性能稳定,能承受恶劣环境条件,输出功率大,一般不需要对输出信号放大就可以直接驱动伺服元件和显示仪表;其缺点是精度不高,动态响应较差,不适于测量快速变化量。

3.2 电阻式传感器原理

电阻式传感器是利用电阻应变片将应变转换为电阻变化的传感器,传感器由在弹性元件上粘贴电阻应变敏感元件构成。当被测物理量作用在弹性元件上时,弹性元件的变形引起应变敏感元件的阻值变化,通过转换电路将其转变成电量输出,电量变化的大小反映了被测物理量的大小。其常作为测力的主要传感器,范围小到肌肉纤维,大到登月火箭,精确度可达到 0.01%~0.1%。

（1）电阻式传感器的优点

①精度高,测量范围广;

②使用寿命长,性能稳定可靠;

③结构简单,体积小,质量轻;

④频率响应较好,可用于静态测量又可用于动态测量;

⑤价格低廉,品种多样,便于选择和大量使用。

（2）电阻式传感器的缺点

①具有非线性,输出信号微弱,抗干扰能力较差,因此信号线需要采取屏蔽措施;

②只能测量一点或应变栅范围内的平均应变,不能显示应力场中应力梯度的变化等;

③不能用于过高温度场合下的测量。

3.2.1 应变效应

导体或半导体材料在外(拉力或压力)力的作用时,产生机械变形,导致其电阻值相应发生变化,这种因形变而使其阻值发生变化的现象称为"应变效应"。

电阻式传感器的核心元件是电阻应变片,也称应变计。1856 年,英国物理学家 W. Tomson 发现了金属材料的应变效应。1937 年,美国科学家 E. Simmons 和 A. Rug 制成了世界上第一片纸基丝绕电阻应变片。1940 年,第一代电阻应变式传感器诞生。

简单地说,应变片实际上就是:一种电阻体,一种金属或非金属的半导体电阻体,一种可以将力形成的变化变形为结构的应变从而产生电阻的变化量。

应变片的类型主要有金属电阻应变片及半导体应变片两种。

3.2.2 金属电阻应变片工作原理

如图 3-19 所示,设有一长度为 L、截面积为 A、半径为 r、电阻率为 ρ 的金属单丝,它的电阻值 R 可表示为

$$R = \frac{\rho l}{A} \tag{3-23}$$

式中　ρ——电阻丝的电阻率,mm^2/m;

　　　l——电阻丝的长度,m;

　　　A——电阻丝的截面积,mm^2。

R 取决于 ρ、l、A 的值,若其中一个值发生变化,R 也发生变化。金属丝受拉时,l 变长、r 变小,导致 R 变大。

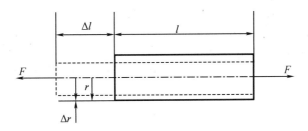

图3-19 金属应变片原理图

如果对电阻丝长度作用均匀应力,则 ρ、l、A 的变化 $\mathrm{d}\rho$、$\mathrm{d}l$、$\mathrm{d}A$ 将引起电阻 $\mathrm{d}R$ 的变化,可以通过对式(3-23)做全微分求得

$$\mathrm{d}R = \frac{\rho}{A}\mathrm{d}L + \frac{l}{A}\mathrm{d}\rho - \frac{\rho l}{A^2}\mathrm{d}A \tag{3-24}$$

其相对变化量为

$$\frac{\mathrm{d}R}{R} = \frac{\mathrm{d}l}{l} - \frac{\mathrm{d}A}{A} + \frac{\mathrm{d}\rho}{\rho} \tag{3-25}$$

若电阻丝是圆形的,则 $A = \pi r^2$,r 为电阻丝的半径,对 r 微分得

$$\mathrm{d}A = 2\pi r\mathrm{d}r$$

则

$$\frac{\mathrm{d}A}{A} = \frac{2\pi r\mathrm{d}r}{\pi r^2} = 2\,\frac{\mathrm{d}r}{r} \tag{3-26}$$

令 $\varepsilon_x = \dfrac{\mathrm{d}l}{l}$ 为金属电阻丝的轴向应变,$\dfrac{\mathrm{d}r}{r} = \varepsilon_y$ 为径向应变,由材料力学知,在弹性范围内,金属丝沿轴向(长度)伸长,沿径向(横向)缩短,反之亦然。即轴向应变 ε_y 和径向应变 ε_x 的关系为

$$\varepsilon_y = -\mu\varepsilon_x$$

式中　μ——电阻丝材料的泊松比;

　　　 ——表示应变方向相反。

即

$$\frac{\mathrm{d}r}{r} = -\mu\,\frac{\mathrm{d}l}{l} = -\mu\varepsilon_x \tag{3-27}$$

将式(3-26)及式(3-27)代入式(3-25)并整理可得

$$\frac{\mathrm{d}R}{R} = (1+2\mu)\varepsilon_x + \frac{\mathrm{d}\rho}{\rho} \quad \text{或} \quad \frac{\frac{\mathrm{d}R}{R}}{\varepsilon_x} = (1+2\mu) + \frac{\frac{\mathrm{d}\rho}{\rho}}{\varepsilon_x} \tag{3-28}$$

通常把单位应变能引起的电阻值变化称为电阻丝的灵敏系数。其物理意义是单位应变所引起的电阻相对变化量,其表达式为

$$K_s = \frac{\frac{\mathrm{d}R}{R}}{\varepsilon_x} = 1 + 2\mu + \frac{\frac{\mathrm{d}\rho}{\rho}}{\varepsilon_x} \tag{3-29}$$

可以看出灵敏系数 K_s 受两个因素影响:一个是应变片受力后材料几何尺寸的变化,即 $1+2\mu$;另一个是应变片受力后材料的电阻率发生的变化,即 $(\mathrm{d}\rho/\rho)/\varepsilon_x$。对金属材料来说,电阻丝灵敏度系数表达式中 $1+2\mu$ 的值要比 $(\mathrm{d}\rho/\rho)/\varepsilon_x$ 大得多,而半导体材料的 $(\mathrm{d}\rho/\rho)/\varepsilon_x$ 项的值比 $1+2\mu$ 大得多。大量实验证明,在电阻丝拉伸极限内,电阻的相对变化与应变成正比,即

$$K_s = 1 + 2\mu = 常数$$

通常金属电阻丝的 $K_s = 1.7 \sim 3.6$。

注 应变片的灵敏系数并不等于其敏感栅整长应变丝的灵敏系数,这是因为在单向应力产生应变时,应变片的灵敏系数除受到敏感栅结构形状、成型工艺、黏结剂和基底性能的影响外,尤其受到栅端圆弧部分横向效应的影响。

3.2.3 半导体电阻应变片工作原理

半导体电阻应变片是用半导体材料制成的,其工作原理是基于半导体材料的压阻效应。沿一块半导体的某一轴向施加压力使其变形时,它的电阻率会发生显著变化,这种现象称为半导体的压阻效应。利用压阻效应制成的传感器称为压阻传感器或半导体电阻应变片。所有材料在某种程度上都具有压阻效应,但半导体的这种效应特别显著,能直接反映出很微小的应变。根据压阻效应,半导体和金属丝一样可以把应变转换成电阻的变化。

当半导体电阻应变片受轴向力作用时,其电阻相对变化为

$$\frac{\frac{\mathrm{d}R}{R}}{\varepsilon_x} = (1 + 2\mu) + \frac{\frac{\mathrm{d}\rho}{\rho}}{\varepsilon_x} \tag{3-30}$$

式中,$\mathrm{d}\rho/\rho$ 为半导体电阻应变片的电阻率相对变化量,其值与半导体敏感元件在轴向所受的应变力有关,其关系为

$$\frac{\mathrm{d}\rho}{\rho} = \pi \cdot \sigma = \pi \cdot E \cdot \varepsilon_x \tag{3-31}$$

式中 π——半导体材料的压阻系数;

σ——半导体材料的所受应变力;

E——半导体材料的弹性模量;

ε——半导体材料的应变。

将式(3-31)代入式(3-30)整理可得

$$\frac{\mathrm{d}R}{R} = (1 + 2\mu + \pi E)\varepsilon_x \tag{3-32}$$

式中,$1+2\mu$ 随几何尺寸变换,πE 为压阻效应,随电阻率变化而变化。实验证明,半导体材料 πE 比 $1+2\mu$ 大上百倍,所以 $1+2\mu$ 可以忽略,因而半导体电阻应变片的灵敏系数为

$$K_s = \frac{\frac{\mathrm{d}R}{R}}{\varepsilon_x} = \pi \cdot E$$

半导体电阻应变片的优点是灵敏系数高,比金属丝式高 50~80 倍,耗电少,有正负两种应力效应;缺点是材料的温度系数大,受温度影响较大,应变时非线性比较严重,使它的应用范围受到一定的限制。

3.2.4 应变片测试原理

用应变片测量应变或应力时,是将应变片粘贴于被测对象上,在外力作用下,被测对象表面发生微小机械变形,粘贴在其表面上的应变片亦随其发生相同的变化,因而应变片的电阻也发生相应的变化,如用仪器测出应变片的电阻值变化 ΔR,可得到被测对象的应变值 ε_x,则根据一维受力应力-应变关系可得到应力值为

$$\sigma = E\varepsilon$$

式中　σ——试件的应力;

　　　E——试件材料的弹性模量;

　　　ε——试件的应变。

综合金属丝式电阻应变传感器和半导体电阻应变传感器的测量原理可知,应力值正比于应变,而应变又正比于电阻值的变化,所以应力正比于电阻值的变化。这就是利用应变片测量的基本原理。

3.3 电阻应变片的结构、类型及参数

3.3.1 电阻应变片的结构

电阻应变片,也称为应变计或应变片,图 3-20 为其构造简图。排列成网状的高阻金属丝、栅状金属箔或半导体片构成的敏感栅 1,用黏合剂贴在绝缘的基底 2 上。敏感栅 1 上贴有盖片(即保护片)3。

电阻丝较细,一般为 0.015 ~ 0.06 mm,其两端焊有较粗的低阻镀锡铜丝(0.1 ~ 0.2 mm)作为引线 4,以便与测量电路连接。图 3-20 中,l 为应变片的标距,也称(基)栅长,a 为(基)栅宽,$l\times a$ 为应变片的使用面积。

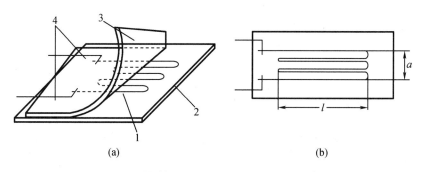

(a)　　　　　　　　　　　　　　　(b)

1—敏感栅;2—基底;3—盖片;4—引线。

图 3-20　电阻应变片构造简图

1. 敏感栅

由金属细丝绕成栅形。电阻应变片的电阻值为 60 Ω、120 Ω、200 Ω 等多种规格,以 120 Ω 最为常用。应变片栅长大小关系到所测应变的准确度,应变片测得的应变大小是应变片栅长和栅宽所在面积内的平均轴向应变量。

对敏感栅的材料的要求如下。

①应变灵敏系数大,并在所测应变范围内保持为常数;

②电阻率高而稳定,以便于制造小栅长的应变片;

③电阻温度系数要小;

④抗氧化能力高,耐腐蚀性能强;

⑤在工作温度范围内能保持足够的抗拉强度;

⑥加工性能良好,易于拉制成丝或轧压成箔材;

⑦易于焊接,对引线材料的热电势小。

对应变片要求必须根据实际使用情况,合理选择。

2. 基底和盖片

基底用于保持敏感栅、引线的几何形状和相对位置,盖片既保持敏感栅和引线的形状和相对位置,还可保护敏感栅。基底的全长称为基底长,宽度称为基底宽。

3. 引线

引线是从应变片的敏感栅中引出的细金属线。对引线材料的性能要求为电阻率低、电阻温度系数小、抗氧化性能好、易于焊接。大多数敏感栅材料都可制作引线。

4. 黏结剂

黏结剂用于将敏感栅固定于基底上,并将盖片与基底粘贴在一起。使用金属应变片时,也需用黏结剂将应变片基底粘贴在构件表面某个方向和位置上。以便将构件受力后的表面应变传递给应变片的基底和敏感栅。常用的黏结剂分为有机和无机两大类。有机黏结剂用于低温、常温和中温,常用的有聚丙烯酸酯、酚醛树脂、有机硅树脂、聚酰亚胺等。无机黏结剂用于高温,常用的有磷酸盐、硅酸、硼酸盐等。

对制作应变片敏感元件的金属材料要求如下。

①k_0 大,并在尽可能大的范围内保持常数;

②电阻率 ρ 大,在一定电阻值要求下,同样线径,所需电阻丝长度短;

③电阻温度系数小,高温使用时,还要求耐高温氧化性能好;

④具有良好的加工焊接性能。

常用的敏感元件材料是康铜(铜镍合金)、镍铬合金、铁铬铝合金、铁镍铬合金等。常温下使用的应变片多由康铜制成。

3.3.2 应变片的分类

应变片有很多品种系列:从尺寸上讲,长的有几百毫米,短的仅 0.2 mm;从结构形式上看,有单片、双片、应变花和各种特殊形状的图案;就使用环境来说,有高温、低温、水、核辐射、高压、磁场等;而安装形式,有粘贴、非粘贴、焊接、火焰喷涂等。

应变片主要的分类方法是根据敏感元件材料的不同,可分为金属式和半导体式两大类。从敏感元件的形态又可进一步分类,如图 3-21 所示。

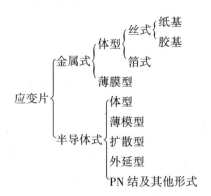

图 3-21 敏感元件的形态

金属式应变片常见的形式有体型、薄膜型等。金属体型应变片又分为丝式和箔式,其中丝式应变片是最早应用的品种。半导体式应变片分为体型、薄膜型、扩散型、外延型、PN 结及其他形式。

1. 金属式体型应变片

(1)金属丝式应变片

金属丝式应变片将电阻丝绕制成敏感栅粘贴在各种绝缘基层上而制成,是一种常用的应变片。弯曲部分可作成圆弧、锐角或直角,如图 3-22 所示。金属电阻应变丝又称为敏感栅,一般敏感栅的直径为 0.015~0.05 mm,常用的为 0.025 mm;电流安全允许值为 10~12 mA 和 40~50 mA;电阻值一般应为 50~1 000 Ω,常用的为 120 Ω;引出线使用直径为 0.15~0.30 mm 的镀银或镀锡铜带或铜丝。

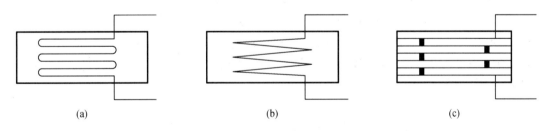

(a)   (b)   (c)

图 3-22 金属丝式应变片常用结构

弯曲部分作成圆弧(U)形是最早常用的一种形式,制作简单但横向效应较大。直角(H)形两端用较粗的镀银铜线焊接,横向效应相对较小,但制作工艺复杂,将逐渐被横向效应小、其他方面性能更优越的箔式应变片所代替。

(2)箔式应变片

箔式应变片利用照相制版或光刻腐蚀的方法,将电阻箔材在绝缘基底下制成各种图形。很薄的金属薄栅(厚度一般为 0.003~0.01 mm)与丝式应变片相比有如下优点。

①工艺上能保证线栅的尺寸正确、线条均匀,大批量生产时可制成任意形状以适应不同的测量要求,阻值离散程度小;

②可根据需要制成任意形状的箔式应变片和微型小基长(如基长为 0.1 mm)的应变片;

③敏感栅截面积为矩形,表面积与截面积之比远比圆断面的大,故黏合面积大,散热好,在相同截面情况下能通过较大电流;

④敏感栅薄而宽,黏结情况好,传递试件应变性能好,它的扁平状箔栅有利于形变的传递;

⑤敏感栅弯头横向效应可忽略,蠕变、机械滞后较小,疲劳寿命高;

⑥散热性能好,允许通过较大的工作电流,从而增大输出信号;

⑦便于批量生产,生产效率高。

其缺点是电阻值分散性大,有的相差几十欧姆,故需要做阻值调整;生产工序较为复杂,因引出线的焊点采用锡焊,因此不适于高温环境下测量;此外,其价格较贵。

图 3-23 给出了几种箔式应变片。

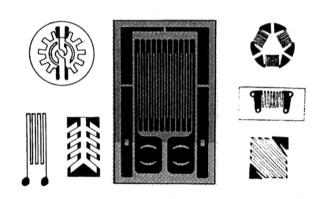

图 3-23　几种箔式应变片

(3)薄膜型应变片

薄膜型应变片是采用真空溅射或真空沉积技术,在薄的绝缘基片上蒸镀金属电阻薄膜(在非常薄的绝缘基片上形成 0.1 μm 以下的金属电阻薄膜的敏感栅,厚度在零点几纳米到几百纳米),再加上保护层制成。其优点是灵敏度高,允许通过的电流密度大,工作温度范围广,可工作于 -197~317 ℃,也可用于核辐射等特殊情况下。缺点是难控制电阻与温度、时间的变化关系。

2. 半导体应变片

半导体应变片应用较普遍的有体型、薄膜型、扩散型、外延型等。体型半导体应变片是将晶片按一定取向切片、研磨,再切割成细条,粘贴于基片上制作而成。体型半导体应变片示意图如图 3-24 所示。

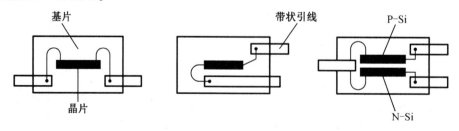

图 3-24　体型半导体应变片示意图

（1）体型半导体应变片

体型半导体应变片是采用 P 型或 N 型硅材料按其压阻效应最强的方向切割成厚度为 0.02~0.05 mm，宽度为 0.2~0.5 mm，长度为几个毫米的薄片，然后用底基、覆盖层、引出线将其组合成应变片。

（2）薄膜型半导体应变片

薄膜型半导体应变片是利用真空沉积技术将半导体材料沉积于绝缘体或蓝宝石基片上制成的。

（3）扩散型半导体应变片

扩散型半导体应变片是将 P 型杂质扩散到高阻的 N 型硅基片上，形成一层极薄的敏感层制成的。

（4）外延型半导体应变片

外延型半导体应变片是在多晶硅或蓝宝石基片上外延一层单晶硅制成的。

半导体应变片有如下优点。

①灵敏度高。比金属应变片的灵敏度大 50~100 倍。工作时，可不必用放大器就可用电压表或示波器等简单仪器记录测量结果。

②体积小，耗电省。

③由于具有正、负两种符号的应力效应，即在拉伸时 P 型硅应变片的灵敏度系数为正值；而 N 型硅应变片的灵敏度系数为负值。

④机械滞后小，可测量静态应变、低频应变等。

3.3.3 应变片型号命名规则

1. 应变片类别

B—箔式；T—特殊用途。

2. 基底材料类别

F—酚醛类；H—环氧类；A—聚酰亚胺；B—玻璃纤维浸胶。

3. 标称电阻（Ω）

60、120、175、350、500、700、1 000、1 500。

4. 应变片的测量方向

应变片根据测量物体在不同方向上的应变变化可命名为 X 方向应变片和 Y 方向应变片。

5. 敏感栅结构形状

AA—单轴片；HA—45°双联片；GB—半桥片；FG—全桥片；KA—圆片。

6. 材料线膨胀系数

铜 Cu—11；铝 Al—23；不锈钢—16。

7. 可自补偿蠕变标号

T5、T3、T1、T8、T6、T4、T2、T0；N2、N4、N6、N8、N0、N1、N3、N5、N7、N9。

蠕变由负到正。

举例：B F 350-3 AA 23 T0。表示：箔式，酚醛类基底材料，标称电阻350 Ω，应变片栅长 3 mm,单轴片,材料线膨胀系数铝 Al—23,可自补偿蠕变标号 T0。

3.3.5 应变片的粘贴

应变片是用黏结剂粘贴到被测件上的。黏结剂形成的胶层必须迅速地将被测件的应变传递到敏感栅上。黏结剂的性能及粘贴工艺的质量直接影响着应变片的工作特性,如零漂、蠕变、滞后、灵敏系数等。可见选择黏结剂和正确的黏结工艺与应变片的测量精度有着极其重要的关系。

1. 黏结剂的选择

黏结剂的主要功能是要在切向准确传递试件的应变。因此,它应满足如下条件。

①与试件表面有很高的黏结强度,一般抗剪强度应大于 $9.8×10^6$ Pa;

②弹性模量大,蠕变、滞后小,温度和力学性能参数要尽量与试件匹配;

③抗腐蚀,涂刷性好,固化工艺简单,变形小,使用简便,可长期储存;

④电绝缘性能、耐老化与耐温、耐湿性能均良好。

一般情况下,粘贴与制作应变片的黏结剂是可以通用的。但是,粘贴应变片时受到现场加温、加压条件的限制。通常在室温工作的应变片多采用常温、指压固化条件的黏结剂;非金属基应变片若用在高温工作时,可将其先粘贴在金属基底上,然后再焊接在试件上。

2. 应变片的粘贴

(1)准备

①试件:在粘贴部位的表面,用砂布在与轴向成 45°的方向交叉打磨至 Ra 为 6.3 μm→清洗净打磨面→画线,确定贴片坐标线→均匀涂一薄层黏结剂做底;

②应变片:外表和阻值检查→刻画轴向标记→清洗。

(2)涂胶

在准备好的试件表面和应变计基底上均匀涂一薄层黏结剂。

(3)贴片

将涂好胶的应变片与试件,按坐标线对准贴上→用手指顺轴向滚压,去除气泡和多余胶液→按固化条件固化处理。

(4)复查

贴片偏差应在许可范围内;阻值变化应在测量仪器预调平范围内;引线和试件间的绝缘电阻应大于 200 MΩ。

(5)接线

根据工作条件选择导线,然后通过中介接线片(柱)把应变片引线和导线焊接,并加以固定。

(6)防护

在安装好的应变片和引线上涂以中性凡士林油、石蜡(短期防潮),或石蜡、松香、黄油的混合剂(长期防潮),或环氧树脂、氯丁橡胶、清漆等(防机械划伤)作防护用,以保证应变计工作性能稳定可靠。

常用的黏结剂类型有硝化纤维素型、氰基丙烯酸型、聚酯树脂型、环氧树脂类和酚醛树脂类等。

粘贴工艺包括:被测件粘贴表面处理、贴片位置的确定、贴片、干燥固化、贴片质量检查、引线的焊接与固定,以及防护与屏蔽等。

3.4 电阻式传感器测量电路

金属应变片的电阻变化范围很小,如果直接用欧姆表测量其电阻值的变化将十分困难,且误差很大,同时要把电阻相对变化 $\Delta R/R$ 转换为电压或电流的变化,以便用现成的仪器、仪表进行检测。因此,需要有专用测量电路用于测量应变变化而引起电阻变化的测量电路,通常采用直流电桥和交流电桥。

交流电桥的作用:将应变片产生的应变而引起的电阻变化量 ΔR 转换成电压变化量 ΔV 或电流变化量 ΔI 输出。

直流电桥的优点是电源稳定、电路简单,主要是测量电路;缺点是直流放大器较复杂,存在零漂和工频干扰。

交流电桥的优点是放大电路简单,无零漂,不受干扰,为特定传感器带来方便;缺点是需专用测量仪器或电路,不易取得高精度。

3.4.1 直流电桥

直流电桥电路由连接成环形的四个桥臂电阻 R_1、R_2、R_3、R_4组成,如图 3-25 所示,E 为电源电压,R_L 为负载电阻。

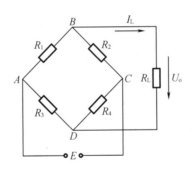

图 3-25 直流电桥电路图

1. 电桥平衡

若输出开路时 $R_L = \infty$,则

$$U_o = E\left(\frac{R_1}{R_1+R_2} - \frac{R_3}{R_3+R_4}\right) = E\,\frac{R_1R_4 - R_2R_3}{(R_1+R_2)(R_3+R_4)} \qquad (3-33)$$

当电桥平衡时,$U_o = 0$,则

$$R_1R_4 = R_2R_3 \quad 或 \quad \frac{R_1}{R_2} = \frac{R_3}{R_4} \qquad (3-34)$$

式(3-34)称为电桥平衡条件。这说明欲使电桥平衡,其相邻两臂电阻的比值应相等,

或相对两臂电阻的乘积相等。

当电阻引起增量时,输出为

$$U_o = \frac{(R_1 + \Delta R_1)(R_4 + \Delta R_4) - (R_2 + \Delta R_2)(R_3 + \Delta R_3)}{(R_1 + \Delta R_1 + R_2 + \Delta R_2)(R_3 + \Delta R_3 + R_4 + \Delta R_4)} E$$

设等臂电桥 $R_1 = R_2 = R_3 = R_4 = R$,则

$$U_o = \frac{R(\Delta R_1 + \Delta R_4 - \Delta R_2 - \Delta R_3) + \Delta R_1 \Delta R_4 - \Delta R_2 \Delta R_3}{(2R + \Delta R_1 + \Delta R_2)(2R + \Delta R_3 + \Delta R_4)} E$$

当 $R \gg \Delta R$ 时

$$U_o = \frac{E}{4}\left(\frac{\Delta R_1}{R} - \frac{\Delta R_2}{R} - \frac{\Delta R_3}{R} + \frac{\Delta R_4}{R}\right) = \frac{EK}{4}(\varepsilon_1 - \varepsilon_2 - \varepsilon_3 + \varepsilon_4) \quad (3-35)$$

式(3-35)表明:

①电桥输出电压与应变成线性关系。

②若相邻两桥臂的应变极性一致,即同为拉应变或压应变时,输出电压为两相邻桥臂之差;若相邻两桥臂的极性不一致时,则输出电压为二者之和。

③若相对桥臂的应变极性一致,输出电压为二者之和;反之为二者之差。

2. 单臂工作

单臂测量电路如图 3-26 所示。

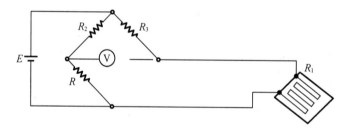

图 3-26 单臂测量电路图

当 $R_L = \infty$ 时,有

$$U_o = \left(\frac{R_1 + \Delta R_1}{R_1 + \Delta R_1 + R_2} - \frac{R_3}{R_3 + R_4}\right) E$$

$$= \frac{\Delta R_1 R_4}{(R_1 + \Delta R_1 + R_2)(R_3 + R_4)} E$$

$$= \frac{\dfrac{\Delta R_1 R_4}{R_1 R_3} E}{\left(1 + \dfrac{\Delta R_1}{R_1} + \dfrac{R_2}{R_1}\right)\left(1 + \dfrac{R_4}{R_3}\right)}$$

令 $n = \dfrac{R_2}{R_1} = \dfrac{R_4}{R_3}$ 为桥臂比,当 $\Delta R_i \ll R_i$ 时,输出电压 U_o 为

$$U_o \approx \frac{n}{(1+n)^2} \cdot \frac{\Delta R_1}{R_1} E$$

电压灵敏度为

$$K = \frac{n}{(1+n)^2}E \qquad (3-36)$$

从式(3-36)分析发现：

①电桥电压灵敏度正比于电桥供电电压,供电电压越高,电桥电压灵敏度越高,但供电电压的提高受到应变片允许功耗的限制,所以要做适当选择,一般电桥电压为1~3 V。

②电桥电压灵敏度是桥臂电阻比值 n 的函数,应恰当地选择桥臂比 n 的值,保证电桥具有较高的电压灵敏度。

当 $n=1$ 时,K 最大。此时

$$U_o = \frac{E}{4} \cdot \frac{\Delta R_1}{R_1}$$

$$K = \frac{E}{4}$$

从上述论证可知,当 E 和电阻相对变化量 $\Delta R_1/R_1$ 一定时,电桥的输出电压及其灵敏度也是定值,且与各桥臂电阻阻值大小无关。

单臂工作的非线性误差为

$$\gamma_L = \frac{U_o - U_o'}{U_o} = \frac{\dfrac{\Delta R_1}{R_1}}{1+n+\dfrac{\Delta R_1}{R_1}}$$

式中,U_o 为实际值,U_o' 为近似值。

$n=1$ 时,有

$$\gamma_L \approx \frac{\Delta R_1}{2R_1}$$

例 2-1 设一应变片,所受应变 ε 为 5 000μ,若取 $K_s=2$,计算非线性误差。

解 $\Delta R_1/R_1 = K_s\varepsilon$

$$\gamma_L = \frac{\dfrac{\Delta R_1}{2R_1}}{1+\dfrac{\Delta R_1}{2R_1}} = 0.5\%$$

若 $K_s = 130$，$\varepsilon = 1\,000$μ，$\gamma_L = 6\%$。

对灵敏度较高的应变传感器,受到较小的应变,非线性误差也会很大。当非线性误差不能满足测量要求时,必须予以消除。

3.半桥(两臂差动)工作

半桥差动电路如图 3-27 所示。

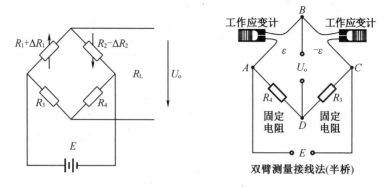

图 3-27　半桥差动电路图

若 $R_L = \infty$ 时，

$$U_o = E\left(\frac{R_1+\Delta R_1}{R_1+\Delta R_1+R_2-\Delta R_2} - \frac{R_3}{R_3+R_4}\right) \tag{3-37}$$

等臂时，当 $R \gg \Delta R$ 时得

$$U_o = \frac{E}{2}\frac{\Delta R}{R}$$

由式（3-37）可知，①U_o 与（$\Delta R_1/R_1$）呈线性关系，差动电桥无非线性误差；②电桥电压灵敏度 $K = E/2$，是单臂工作时的 2 倍；③电桥具有温度补偿作用。

4. 全桥（四臂）工作

若将电桥四臂接入四片应变片，即两个受拉应变，两个受压应变，将两个应变符号相同的应变片接入相对桥臂上，构成全桥差动电路，如图 3-28 所示。

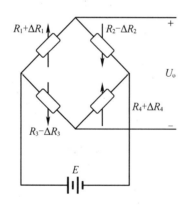

图 3-28　全桥差动电路图

图 3-28 中，R_1、R_4 受拉应变，R_2、R_3 受压应变。

若 $\Delta R_1 = \Delta R_2 = \Delta R_3 = \Delta R_4$，且 $R_1 = R_2 = R_3 = R_4$，则

$$U_o = E\frac{\Delta R_1}{R_1} \quad K = E$$

此时，①全桥差动电路没有非线性误差；②电压灵敏度是单臂时的 4 倍；③电桥仍具有温度补偿作用。

3.4.2 交流电桥

根据直流电桥分析可知,由于应变电桥输出电压很小,一般都要加放大器,而直流放大器易于产生零漂,因此应变电桥多采用交流电桥。

交流电桥的电路结构形式与直流电桥相同,但在电路具体实现上与直流电桥有两个不同点:一是其激励电源是高频交流电压源或电流源(电源频率一般是被测信号频率的10倍以上);二是交流电桥的桥臂可以是纯电阻,但也可以是包括有电容、电感的交流阻抗。

图3-29为半桥差动交流电桥的一般形式,$\dot{U}$ 为交流电压源,由于供桥电源为交流电源,引线分布电容使得二桥臂应变片呈现复阻抗特性,即相当于两只应变片各并联了一个电容,则每一桥臂上复阻抗分别为

$$\begin{cases} Z_1 = \dfrac{R_1}{1+j\omega R_1 C_1} \\[2mm] Z_2 = \dfrac{R_2}{1+j\omega R_2 C_2} \\[2mm] Z_1 = R_3 \\[2mm] Z_4 = R_4 \end{cases} \tag{3-38}$$

式中,C_1、C_2 表示应变片引线分布电容。

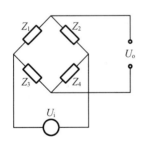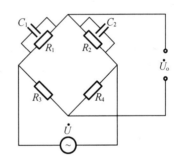

图3-29 交流电桥电路图

由交流电路分析可得

$$\dot{U}_o = \dot{U}\,\frac{Z_1 Z_4 - Z_2 Z_3}{(Z_1+Z_2)(Z_3+Z_4)} \tag{3-39}$$

要满足电桥平衡条件,即 $U_o = 0$,则有

$$Z_1 Z_4 = Z_2 Z_3 \tag{3-40}$$

取 $Z_1 = Z_2 = Z_3 = Z_4$,将式(3-38)代入式(3-40),可得

$$\frac{R_1}{1+j\omega R_1 C_1}R_4 = \frac{R_2}{1+j\omega R_2 C_2}R_3$$

整理得

$$\frac{R_3}{R_1}+j\omega R_3 C_1 = \frac{R_4}{R_2}+j\omega R_4 C_2 \tag{3-41}$$

设式(3-41)中实部、虚部分别相等,整理可得交流电桥的平衡条件为

$$\frac{R_2}{R_1}=\frac{R_4}{R_3} \text{ 及 } \frac{R_2}{R_1}=\frac{C_1}{C_2} \tag{3-42}$$

对这种交流电容电桥,除要满足电阻平衡条件外,还必须满足电容平衡条件。为此在桥路上除设有电阻平衡调节外还设有电容平衡调节。交流电桥平衡调节电路如图 3-30 所示。

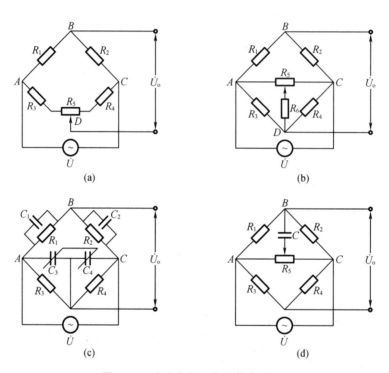

图 3-30 交流电桥平衡调节电路图

当半桥测量,即被测应力变化引起 $Z_1=Z_{10}+\Delta Z$, $Z_2=Z_{20}-\Delta Z$ 变化时(且 $Z_{10}=Z_{20}=Z_0$),则电桥输出为

$$\dot{U}_o=\dot{U}\left(\frac{Z_0+\Delta Z}{2Z_0}-\frac{1}{2}\right)=\frac{1}{2}\dot{U}\frac{\Delta Z}{Z_0}$$

当单臂测量时,输出为

$$\dot{U}_o=\frac{1}{4}\dot{U}\frac{\Delta Z}{Z_0}$$

当全桥测量时,输出为

$$\dot{U}_o=\dot{U}\frac{\Delta Z}{Z_0}$$

3.4.3 电阻应变片的分布与组桥

电阻应变片的分布与组桥应该遵循以下原则。

(1)根据弹性元件受力后的应力、应变分布情况,应变片应该布置在弹性元件产生应变

最大的位置,且沿主应力方向贴片;贴片处的应变尽量与外载荷呈线性关系。

(2)根据电桥的和差特性,将应变片布置在弹性元件具有正负极性的应变区,并选择合理的接入电桥方式,以使输出灵敏度最大,同时又可以消除或减小非待测力的影响,并进行温度补偿。

3.5 电阻式传感器的温度误差及其补偿

3.5.1 应变片的温度误差

把应变片安装在自由膨胀的试件上,即使试件不受任何外力作用,如果环境温度发生变化,应变片的电阻也将发生变化。这种变化叠加在测量结果中将产生很大误差。这种由于环境温度改变而带来的误差,称为应变片的温度误差,又称热输出。

产生应变片温度误差的主要因素有:①电阻温度系数的影响;②试件材料和应变片材料热胀系数不同带来的影响。

设环境引起的构件温度变化为 $\Delta t(℃)$ 时,粘贴在试件表面的应变片敏感栅材料的电阻温度系数为 α_t,则应变片产生的电阻相对变化为

$$\left(\frac{\Delta R}{R}\right)_1 = \alpha_t \Delta t$$

由于敏感栅材料和被测构件材料的线膨胀系数不同,当 Δt 存在时,引起应变片的附加应变,其值为

$$\varepsilon_{2t} = (\beta_e - \beta_g)\Delta t$$

式中　β_e——试件材料线膨胀系数;

　　　β_g——敏感栅材料线膨胀系数。

相应的电阻相对变化为

$$\left(\frac{\Delta R}{R}\right)_2 = K(\beta_e - \beta_g)\Delta t$$

式中　K——应变片灵敏系数。

温度变化形成的总电阻相对变化为

$$\left(\frac{\Delta R}{R}\right)_t = \left(\frac{\Delta R}{R}\right)_1 + \left(\frac{\Delta R}{R}\right)_2 = \alpha_t \Delta t + K(\beta_e - \beta_g)\Delta t$$

相应的虚假应变为

$$\varepsilon_t = \frac{\left(\frac{\Delta R}{R}\right)_t}{K} = \frac{\alpha_t}{K}\Delta t + (\beta_e - \beta_g)\Delta t$$

可见,应变片热输出的大小不仅与应变计敏感栅材料的性能(α_t,β_g)有关,而且与被测试件材料的线膨胀系数(β_e)有关。

3.5.2 电阻应变片的温度补偿方法

1. 电桥补偿法

测量时,工作应变片 R_1 粘贴在被测试件表面上,补偿应变片 R_b 粘贴在与被测试件材料完全相同的补偿块上;二者处于同一温度场;仅工作应变片承受应变。

如图 3-31 所示,电桥输出电压与桥臂参数的关系为

$$U_o = A(R_1 R_4 - R_b R_3)$$

式中　A——由桥臂电阻和电源电压决定的常数。

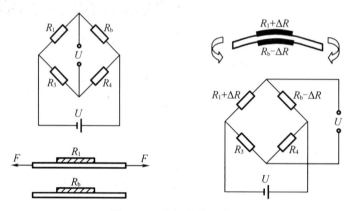

图 3-31　电桥补偿示意图

一般 $R_1 = R_b = R_3 = R_4$ 被测试件不承受应变时,R_1 和 R_b 又处于同一环境温度为 $t\ ℃$ 的温度场中,调整电桥参数使之达到平衡,有

$$U_o = A(R_1 R_4 - R_b R_3) = 0$$

温度变化 Δt 时

$$U_o = A[(R_1 + \Delta R_{1t})R_4 - (R_b + \Delta R_b t)R_3] = 0$$

若此时被测试件有应变 ε,则工作应变片电阻 R_1 又有新的增量 $\Delta R_1 = R_1 K \varepsilon$,而补偿片因不承受应变,故不产生新的增量,此时电桥输出电压为

$$U_o = A R_1 R_4 K \varepsilon$$

应当指出,若实现完全补偿,上述分析过程必须满足以下四个条件。

①在应变片工作过程中, 保证 $R_3 = R_4$。

②R_1 和 R_b 两个应变片应具有相同的电阻温度系数 α、线膨胀系数 β、应变灵敏度系数 K 和初始电阻值 R_0。

③粘贴补偿片的补偿块材料和粘贴工作片的被测试件材料必须一样,两者线膨胀系数相同。

④两应变片应处于同一温度场。

电桥补偿法优点是简单、方便,在常温下补偿效果较好

电桥补偿法的缺点是在温度变化梯度较大的条件下,很难做到工作片与补偿片所处温度环境完全一致,因而影响补偿效果。

2.应变片自补偿法

粘贴在被测部位上是一种特殊应变片,当温度变化时,产生的附加应变为零或相互抵消,这种应变片称为温度自补偿应变片。利用这种应变片来实现温度补偿的方法称为应变片自补偿法。

(1)选择式单丝自补偿应变片

实现温度补偿的条件为

$$\varepsilon_t = \frac{\left(\dfrac{\Delta R}{R}\right)_t}{K} = \frac{\alpha_t}{K}\Delta t + (\beta_e - \beta_g)\Delta t$$

即

$$\varepsilon_t = \frac{\alpha_t \Delta t}{K} + (\beta_e - \beta_g)\Delta t = 0$$

当被测试件的线膨胀系数 β_g 已知时,选择敏感栅材料,使

$$\alpha_t = K(\beta_g - \beta_e)$$

每一种材料的被测试件,其线膨胀系数 β_e 都为确定值,可以在有关的材料手册中查到。在选择应变片时,若应变片的敏感栅是用单一的合金丝制成,并使其电阻温度系数 α_t 和线膨胀系数 β_g 满足上式的条件,即可实现温度自补偿。具有这种敏感栅的应变片称为单丝自补偿应变片。

单丝自补偿应变片的优点是结构简单,制造和使用都比较方便,但它必须在具有一定线膨胀系数材料的试件上使用,否则不能达到温度自补偿的目的。

(2)双丝组合式自补偿应变片

双丝组合式自补偿应变片由两种不同电阻温度系数(一种为正值,一种为负值)的材料串联组成敏感栅,以达到一定的温度范围内在一定材料的试件上实现温度补偿的,如图3-32所示。

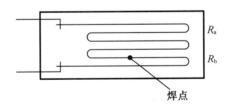

图3-32 双丝自补偿示意图

这种应变片的自补偿条件要求粘贴在某种试件上的两段敏感栅随温度变化而产生的电阻增量大小相等,符号相反,即

$$(\Delta R_a)t = -(\Delta R_b)t$$

有

$$\frac{R_a}{R_b} = -\frac{\left(\dfrac{\Delta R_b}{R_b}\right)_t}{\left(\dfrac{\Delta R_a}{R_a}\right)_t} = -\frac{\alpha_b + K_b(\beta_e - \beta_b)}{\alpha_a + K_a(\beta_e - \beta_a)}$$

通过调节两种敏感栅的长度来控制应变片的温度自补偿,可达±0.45$\mu\varepsilon$/℃的高精度。

3.5.3 辅助测温元件微型计算机补偿法

辅助测温元件微型计算机补偿法的基本思想是在传感器内靠近敏感测量元件处安装一个测温元件,用以检测传感器所在环境的温度。常用的测温元件有半导体热敏电阻及 PN 结二极管等。测温元件的输出经放大及 A/D 转换送到计算机,如图 3-33 所示。

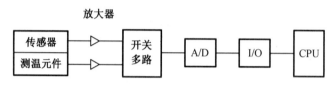

图 3-33 辅助测温元件微型计算机补偿法示意图

图 3-33 中传感器把非电量转变成电量,并经放大,转换成统一信号。测温元件的变化经放大也转换成统一信号。然后经过多路开关,A/D 转换,分别把模拟量变成数字量,并经 I/O 接口读入计算机。计算机在处理传感器数据时,即可把此测温元件温度变化对传感器的影响加以补偿,以达到提高测量精度的目的。

3.5.4 热敏电阻补偿法

热敏电阻补偿法如图 3-34 所示,图中的热敏电阻 R_k 处在与应变片相同温度条件下,当应变片的灵敏度随温度升高而下降时,热敏电阻 R_k 的值也下降,使电桥的输入电压随温度升高而增加,从而提高电桥的输出,补偿因应变片引起的输出下降。选择分流电阻 R_5 的值,可以得到良好的补偿。

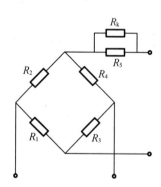

图 3-34 热敏电阻补偿法

3.6 电阻式传感器的应用

3.6.1 电阻式测力传感器

1.柱(筒)式力传感器

柱(筒)式力传感器是称重(或测力)传感器应用较普遍的一种形式,通常分为筒式、柱式,如图3-35所示。在圆筒或圆柱上按一定方式贴上应变片。

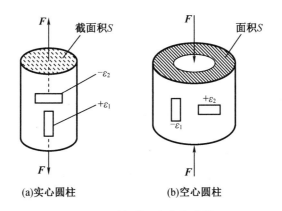

图3-35 柱(筒)式力传感器

柱(筒)式力传感器的弹性元件的分类:实心、空心。

在轴向布置一个或几个应变片,在圆周方向布置同样数目的应变片(取符号相反的横向应变),从而构成了差动对。

根据材料力学知识,在弹性限度内,有

$$\left\{ \begin{array}{l} \varepsilon = \dfrac{\mathrm{d}l}{l} \\[2mm] \sigma = \dfrac{F}{S} \\[2mm] \sigma = E\varepsilon \end{array} \right\}$$

得

$$\varepsilon = \frac{F}{ES}$$

弹性元件将此应变 ε 传递给粘贴在其上的应变片,应变片再将 ε 转换为电阻的相对变化

$$\frac{\Delta R}{R} = K\varepsilon = K\frac{F}{SE}$$

令 $K_z = \dfrac{K}{SE}$,称为柱(筒)式传感器的灵敏度,则

$$\frac{\Delta R}{R} = K_Z F$$

可以看出,柱(筒)式传感器的应变电阻的相对变化与外力 F 成正比。要想提高柱(筒)式传感器的 K_Z 必须减小圆柱的横截面积 S,但 S 减小,传感器的抗弯能力就减弱,并对横向干扰力敏感,所以测量较小力 F 时,采用空心圆柱(横向刚度大,稳定度强)弹性元件上应变片的粘贴和电桥连接,应尽可能消除偏心和弯矩的影响,一般将应变片对称地贴在应力均匀的圆柱表面中部,构成了差动对。

柱(筒)式力传感器粘贴如图 3-36 所示,纵向贴片 R_1 和 R_3 串接、R_2 和 R_4 串接,并置于桥路对臂位置上,以减小弯矩的影响。横向贴片 R_5 和 R_7 串接、R_6 和 R_8 串接,接于另两个桥臂上可提高灵敏度并具有温度补偿作用。

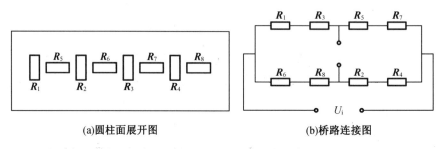

(a)圆柱面展开图　　　　　　(b)桥路连接图

图 3-36　柱(筒)式力传感器粘贴示意图

2. 环式力传感器

与柱(筒)式力传感器相比,环式力传感器应力分布变化较大,且有正有负。如图 3-37 所示,A 处应力为负,B 处应力为正。对 $R/h>5$ 的小曲率圆环,计算 A、B 两点的应变。

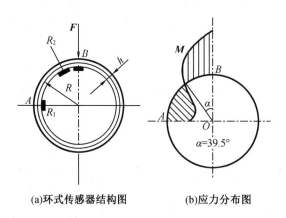

(a)环式传感器结构图　　　　　(b)应力分布图

图 3-37　环式力传感器示意图

轴向应变为

$$\varepsilon_A = -\frac{1.09FR}{bh^2E}$$

圆周方向应变为

$$\varepsilon_B = -\frac{1.91FR}{bh^2E}$$

式中 h——圆环厚度；

b——圆环宽度；

E——材料弹性模量。

图 3-37(b)中 M 为圆环应力分布曲线，R_2 应变片所在位置应变为 0，所以 R_2 起温度补偿作用。

3. 悬臂梁式力传感器

悬臂梁结构如图 3-38 所示。

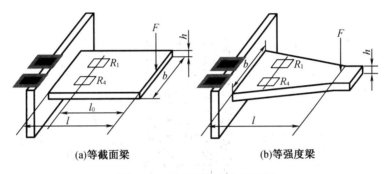

(a)等截面梁　　　　　　　　　(b)等强度梁

图 3-38　悬臂梁梁结构示意图

（1）等截面梁

等截面梁的特点是悬臂梁的横截面积处处相等；当外力 F 作用在梁的自由端时，固定端产生的应变最大，粘贴在应变片处的应变为

$$\varepsilon = \frac{6FL_0}{bh^2E}$$

式中 L_0——悬臂梁受力端距应变中心的长；

b——梁的宽度；

h——梁的厚度。

（2）等强度梁

等强度梁的特点是悬臂梁长度方向的截面积按一定规律变化，是一种特殊形式的悬臂梁；当力 F 作用在自由端时，梁内各断面产生的应力相等。应变片处的应变为

$$\varepsilon = \frac{6FL}{bh^2E}$$

在悬臂梁式力传感器中，一般将应变片贴在距固定端较近的表面，且顺梁的方向上、下各贴两片，上面两个应变片受压时，下面两个应变片受拉，并将四个应变片组成全桥差动电桥。这样既可提高输出电压灵敏度，又可减少非线性误差。

3.6.2　电阻式压力传感器

电阻式压力传感器主要用来测量流动介质的动态或静态压力，如动力管道设备的进出

口气体或液体的压力、发动机内部的压力、枪管及炮管内部的压力、内燃机管道的压力等。

电阻式压力传感器大多采用膜片式或筒式弹性元件。图 3-39 为膜片式压力传感器，应变片贴在膜片内壁，在压力 p 作用下，膜片产生径向应变 ε_r 和切向应变 ε_t，表达式分别为

$$\varepsilon_r = \frac{3p(1-\mu^2)(R^2-3x^2)}{8h^2E}$$

$$\varepsilon_t = \frac{3p(1-\mu^2)(R^2-x^2)}{8h^2E}$$

式中　p——膜片上均匀分布的压力；

　　　R——膜片的半径；

　　　h——膜片的厚度；

　　　x——离圆心的径向距离。

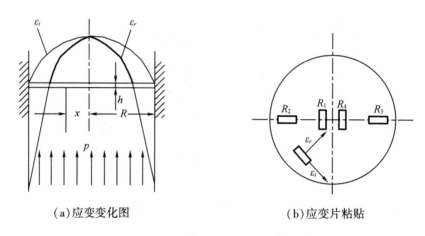

（a）应变变化图　　　　　　　（b）应变片粘贴

图 3-39　膜片式压力传感器

由应力分布可知，膜片弹性元件承受压力 p 时，其应变变化曲线的特点为：当 $x=0$ 时，$\varepsilon_{r\max}=\varepsilon_{t\max}$；当 $x=R$ 时，$\varepsilon_t=0$，$\varepsilon_r=-2\varepsilon_{r\max}$。

根据以上特点，一般在平膜片圆心处切向粘贴 R_1、R_4 两个应变片，在边缘处沿径向粘贴 R_2、R_3 两个应变片，然后接成全桥测量电路。

3.6.3　电阻式容器内液体质量传感器

应变式容器内液体质量传感器示意图如图 3-40 所示，该传感器有一根传压杆，上端安装微压传感器，为了提高灵敏度，共安装了两只。下端安装感压膜，感压膜感受上面液体的压力。当容器中溶液增多时，感压膜感受的压力就增大。将其上两个传感器 R_t 的电桥接成正向串接的双电桥电路，此时输出电压为

$$U_o = U_1 - U_2 = (K_1 - K_2)h\rho g \tag{3-43}$$

式中　K_1、K_2——传感器传输系数。

由于 $h\rho g$ 表征着感压膜上面液体的压强，对于等截面的柱式容器，有

$$h\rho g = \frac{Q}{A} \tag{3-44}$$

式中　Q——容器内感压膜上面溶液的质量；

　　　A——柱形容器的截面积。

将式(3-43)和式(3-44)联立,得到容器内感压膜上面溶液质量与电桥输出电压之间的关系式为

$$U_o = \frac{(K_1 - K_2)Q}{A} \qquad (3-45)$$

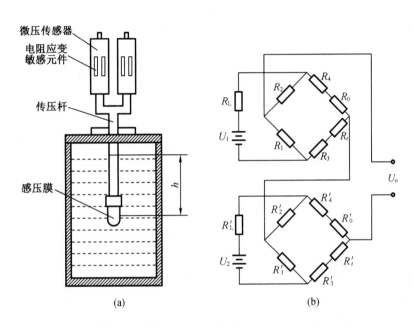

图 3-40　应变式容器内液体质量传感器示意图

式(3-45)表明,电桥输出电压与柱式容器内感压膜上面溶液的质量呈线性关系,因此用此种方法可以测量容器内储存的溶液质量。

3.7　常用电阻式传感器的使用方法

3.7.1　直线位移传感器在安装使用时的注意事项

直线位移传感器也叫电子尺,实际上就是一个滑动变阻器,那么直线位移传感器在使用时应注意哪些事项呢？由于电子尺是作为分压器使用,以相对电压来显示所测量位置的实际位置。因此,这个装置(电子尺)必须满足如下要求。

(1)不能接错电子尺的三条线,1#、3#线是电源线,2#线是输出线,除1#、3#线可以调换外,2#线只能是输出线。上述线一旦接错,将出现线性误差大、控制精度差、容易显示跳动等现象。如果出现控制非常困难,就应该怀疑是接错线。

(2)安装对中性要好,角度容许最大±12°误差,平行度偏差容许最大±0.5 mm 误差,如果角度误差和平行度误差都偏大,就会导致显示数字跳动。在这种情况下,一般可以用万

用表的电压挡测出电压的波动。一定要做角度和平行度的调整。请特别注意:在现场将电子尺的铝合金支架更换成不锈钢支架后,同时应将拉杆牵引安装位升高 2 mm。以免接地问题解决了,又形成了不对中的问题,所以必须同时解决。

(3)供电电源要有足够的容量,如果电源容量太小,容易发生如下情况:合模运动会导致射胶电子尺显示跳动,或熔胶运动会导致合模电子尺的显示波动。特别是电磁阀驱动电源与电子尺供电电源在一起时容易出现上述情况,严重时可以用万用表的电压挡测量到电压的波动。如果在排除了静电干扰、高频干扰、对中性不好的情况下仍不能解决问题,也可以进一步怀疑是电源的功率偏小的问题。

(4)对于使用时间很久的电子尺,由于前期产品无密封,可能有很多杂质,并有油、水混合物,影响电刷的接触电阻,导致显示数字跳动,可以认为是电子尺本身的早期损坏。电子尺显示故障的处理较为简单,设备上只要一只数字式万用表,一段电线即可,只要综合分析,判断问题和解决问题不是困难。

(5)不能有外界的干扰,包括静电干扰和高频干扰。因此,设备的强电线路与电子尺的信号线应分开设线槽。电子尺应使用强制接地支架,且使电子尺外壳(可测量端盖螺丝与支架之间的电阻,应小于 1 Ω 电阻)良好接地,信号线应使用屏蔽线,且在电箱的一端应将屏蔽线接地或接直流电源负极。静电干扰时,一般万用表的电压测量非常正常,但就是显示数字跳动;高频干扰时其现象也一样。验证是不是静电干扰,用一段电源线将电子尺的封盖螺丝与机器上某一点金属短接即可,只要一短接,静电干扰立即消除。但高频干扰就难以用上述办法消除,而且机械手、变频节电器多出现高频干扰,可以用停止机械手或变频节电器的办法验证。

(6)供电电压要稳定,工业电源要求 ±0.1% 的稳定性,比如基准电压 10 V,允许有 ±0.01 V 的波动,否则,会导致显示的较大波动。如果这时的显示波动幅度不超过波动电压的波动幅度,电子尺就属于正常。

3.7.2 电子秤传感器的更换以及常见的维护问题来源

1.电子秤更换电子秤传感器步骤

(1)打开传感器(损坏的)上方盖板,用千斤顶顶起秤台,取下传感器地线。

(2)打开接线盒,将损坏的传感器电缆线与接线盒解脱。在传感器端抽出电缆线。注意:在抽线时,附上一根引线穿过秤体,以便在更换新传感器时,使电缆线穿过秤体进入接线盒。

(3)参照上述第(2)项的方法,将传感器电缆线穿过秤体进入接线盒。

(4)按照接线图将电缆线各芯线固定在接线盒对应的接线柱上。

(5)松开千斤顶,放平秤台,盖上盖板。

(6)更换传感器后,须对汽车衡重新设定和校正。

(7)传感器安装完后,其多余电缆线应扎成捆放置,不得直接放置在基础地面上。

(8)为保证传感器的一致性和互换性,传感器电缆线不得随意截断。

(9)安装和拆卸过程中,不得出现划伤、磕碰传感器现象,并要保护好电缆线。

2. 常见故障

电子秤出现以下几种现象,需怀疑是称重传感器的故障:

(1)电子秤不显示零,显示屏不断闪烁。

(2)电子秤显示零以后,加放砝码,不显示称量数字。

(3)电子秤空载或加载时,显示的数字不稳定,出现漂移或者跳变现象。

(4)电子秤称量不准确,显示的称量数字与加放的砝码数量不一致。

(5)电子秤重复性不好,加放同一砝码,有时称量准确,有时称量不准确。

以上几种现象都有可能是称重传感器的故障。将需要判断的传感器从系统中单独摘除,分别测量输入阻抗、输出阻抗。输入阻抗正常值为 380 Ω,输出阻抗正常值为 350 Ω,如果测量数据不在此范围内,说明该传感器已经损坏。如输入阻抗、输出阻抗有断路,可先检查传感器信号电缆有无断开的地方,当信号电缆完好时,则为传感器应变片被烧毁,通常是因为有大电流进入传感器造成的。当测量输入阻抗、输出阻抗阻值不稳定时,可能为信号线绝缘层破裂,绝缘性能下降,或传感器受潮,使桥路同弹性体绝缘不好。传感器的零点输出信号值,一般为 $-3 \sim 2$ mV。如果远远超出此标准范围,可能是传感器使用中过载而造成弹性体塑性变形,使传感器无法使用。如无零点信号或零点输出信号很小,则可能是称重传感器内的应变片已从弹性体上脱落或有支撑物支撑秤体造成的。

3. 常见系统维护需注意事项

(1)衡器安装后,应妥善保存说明书、合格证、安装图等资料,并经当地计量部门或国家认可的计量部门检定合格后,方可投入使用。

(2)系统加电前,必须检查电源的接地装置是否可靠;停机后,必须切断电源。

(3)衡器使用前应检查秤体是否灵活,各配套部件的性能是否良好。

(4)称重显示控制器须先开机预热,一般为 30 min 左右。

(5)为保证系统计量准确,应有防雷击设施,衡器附近电焊作业时,严禁借秤台做零线接地用,以防损坏电器元件。

(6)对于安装在野外的地中衡,应定期检查基坑内的排水装置,避免堵塞。

(7)要保持接线盒内干燥,一旦接线盒内有湿空气和水滴浸入,可用电吹风吹干。

(8)为保证衡器正常计量,应定期对其进行校准。

(9)吊装计量重物时,不应有冲击现象;计量车载重物时,不应超过系统的额定秤量。

(10)汽车衡轴载与传感器容量、传感器支点距离等因素有关。一般汽车衡禁止接近最大秤量的铲车之类的短轴距车辆过衡。

(11)司磅操作人员和仪表维护人员均需熟读说明书及有关技术文件才能上岗操作。

综合技能实训

1. 电位器式液位传感器设计

要求设计一只电位器式液位传感器,液面上限比下限高 100 mm,当达到液位上限时,一只继电器吸合,发出电流控制信号,而在其余液面高度均要有电压输出。继电器的线圈电阻为 1 250 Ω,吸合电流 5 mA,若要求该液位传感器的非线性误差 $\delta_{max}<0.8\%$,输出电压灵敏度 $U_{sc/l}>60$ mV/mm,试求该电位器的总电阻 R_{max}、总长度 L 和电源激励电压 U_{sr}。

解 要利用已知的非线性误差、电压灵敏度设计电位器总长度及选择符合条件的电压。

电位器式传感器接入负载后存在非线性误差,负载误差推导过程如下:

$$m = \frac{R_{max}}{R_f}$$

$$X = \frac{R_x}{R_{max}} = \frac{x}{x_{max}}$$

则负载时输出电压为

$$U_{xf} = U_{max} \frac{X}{1+mX(1-X)}$$

空载输出电压为

$$U_X = XU_{max}$$

非线性误差为

$$\delta_f = \frac{U_x - U_{xf}}{U_x} \times 100\% = \left[1 - \frac{1}{1+mx(1-x)} \right] \times 100\%$$

当 $X = 1/2$ 时,负载非线性误差最大,即

$$\delta_{max} = \left(\frac{m}{m+4} \right) \times 100\% \leqslant 0.8\%$$

故,$m = 0.032$。

又因为 $R_f = 1\,250\ \Omega$,所以

$$R_{max} = mR_f = 0.032 \times 1\,250\ \Omega = 40\ \Omega$$

$$U_{sr} = IR_f = 5 \times 10^{-3} \times 1\,250\ V = 6.25\ V$$

$$L = 6\,250/60\ mm = 104\ mm$$

所以根据设计要求应选择总阻值为 40 Ω,总长度为 104 mm 电位器,电源激励电压 U_{sr} 为 6.25 V,这样便可构成满足上述要求的电位器式位移测量系统。

2. 汽车前轮转向角的简易测量系统设计

(1)设计任务

利用电位器式角度传感器(模拟汽车前轮转向角的检测信号)、单片机、电子技术等相关知识设计简易汽车前轮转向角测量系统,如图 3-41 所示。

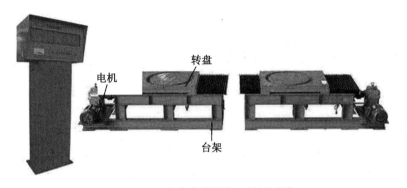

图3-41　汽车前轮转向角检测系统

（2）设计要求

转向角检测系统测量范围是左转角0～50°，右转角0～50°，汽车前轮转向角最小分辨率为0.5°，小数点后只显示5或0，最大的示值误差为1°。

（3）设计提示与分析

根据设计指标，用8位AD（0～255）芯片就可达到要求（当然为了提高精度也可以选择10位甚至24位的AD）。制动过程信号采集通过人员旋动电位器来模拟，假定传感器电压的中间值为固定的0°（实际角度测量系统设计了自动归零处理），朝左旋转为正向角，符号位用0显示，朝右旋转为负向角，符号位用1显示。程序中角度计算可以通过查表，也可以用一个线性化公式来计算。左右转角的显示时间大于1 s。如果没有电位器式角度传感器，可用一个普通旋钮电位器代替。

（4）设计原理

用一个470 Ω旋钮电位器模拟电位器式传感器，其电压变化一般为0～5 V，这样不需要电桥测量电路和仪表放大器就可以对电压信号进行采集。选用51系列单片机（如89系列）也可以选用STM32系列单片机（如STM32F10X系列）作为系统的CPU、ADC0809模数转换器、三位LED显示旋转的角度，转角范围为0～360°。其原理图如图3-42所示。

图3-42　角度指示仪原理图

（5）设计内容

①了解电位器式角度传感器的工作原理、工作特性等。

②当给电位器标准电压时，对转角与输出的电压进行测量，为程序设计的校正做准备。

③设计合理的信号调理电路。

④用单片机和AD芯片对信号进行处理，要用AD软件按硬件接线原理图生成PCB，焊接出实物，利用C语言在单片机开发软件中编写相关程序，并对设计程序做详细解释。

⑤列出制作该装置的元器件，制作实验板，并调试成功设计系统。

思考与练习

1. 金属应变片与半导体应变片在工作机理上有何不同？试比较应变片各种灵敏系数概念的不同物理意义。

2. 从丝绕式应变片的横向效应考虑，应该如何正确选择和使用应变片？在测量应力梯度较大或应力集中的静态应力和动态应力时，还需考虑什么因素？

3. 试述电阻应变片产生热输出（温度误差）的原因及其补偿方法。

4. 试述应变电桥产生非线性的原因及削减非线性误差的措施。

5. 如何用电阻应变片构成电阻式传感器？对其各组成部分有何要求？

6. 一试件受力后的应变为 $2×10^{-3}$；丝绕应变片的灵敏系数为 2，初始阻值 120 Ω，温度系数为 $-50×10^{-6}/℃$，线膨胀系数为 $14×10^{-6}/℃$；试件的线膨胀系数为 $12×10^{-6}/℃$。求温度升高 20 ℃时，应变片输出的相对误差。

7. 为什么常用等强度悬臂梁作为电阻式传感器的力敏元件？现用一等强度梁：有效长 $L=150$ mm，固支处宽 $b=18$ mm，厚 $h=5$ mm，弹性模量 $E=2×10^5$ N/mm²，贴上 4 片等阻值、$K=2$ 的电阻应变片，并接入四等臂差动电桥构成称重传感器。试问：

（1）悬臂梁上如何布片？又如何接桥？为什么？

（2）当输入电压为 3 V，输出电压为 2 mV 时的称重是多少？

第4章 电容式传感器

电容式传感器是以各种类型的电容器作为传感元件,将被测物理量或机械量转换成为电容变化,再经测量电路转换为电压、电流或频率,以达到检测目的的一种转换装置。电容传感器本质上是一个具有可变参数的电容器,广泛用于位移、角度、振动、速度、压力、成分分析、介质特性等方面的测量。电容式传感器的特点是:测量范围大、灵敏度高;动态响应好;小功率、高阻抗;机械损失小;结构简单,适应性强;但寄生电容影响大,而且变间隙式电容传感器存在非线性误差。电容式传感器的分类也是多种多样的:按工作原理可分为变间隙型(变极距型)、变面积型、变介电常数型(变介质型);按极板结构分为平板式和圆柱式;按被测量分为位移、压力、应力、湿度、温度等类型。本章将详细阐述各种类型的电容式传感器测量的基本原理。

为了方便读者学习和总结本章内容,作者给出了本章内容的思维导图(图4-1)。

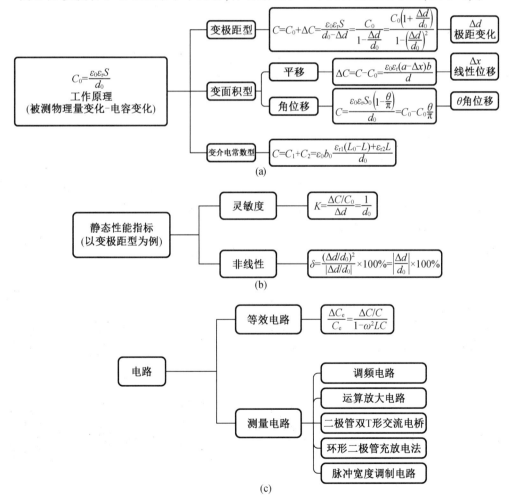

图 4-1 本章内容的思维导图

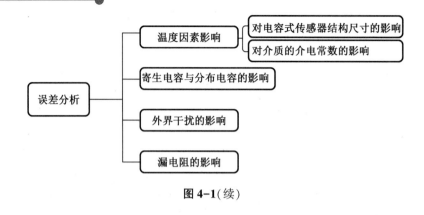

图 4-1（续）

4.1 电容式传感器工作原理

由绝缘介质分开的两个平行金属板组成的平板电容器，如果不考虑边缘效应，其电容量为

$$C = \frac{\varepsilon S}{d} \tag{4-1}$$

式中　ε——电容极板间介质的介电常数，$\varepsilon = \varepsilon_0 \varepsilon_r$，其中 ε_0 为真空介电常数，ε_r 极板间介质的相对介电常数；

　　　S——两平行板所覆盖的面积；

　　　d——两平行板之间的距离。

当被测参数变化使得式（4-1）中的 S、d 或 ε 发生变化时，电容量 C 也随之变化。如果保持其中两个参数不变，而仅改变其中一个参数，就可把该参数的变化转换为电容量的变化，通过测量电路就可转换为电量输出。因此，电容式传感器可分为变极距型、变面积型和变介电常数型三种。图 4-2 所示为常用电容器的结构形式。图（a）和（b）为变极距型，图（c）~（h）为变面积型，而图（i）~（l）则为变介电常数型。

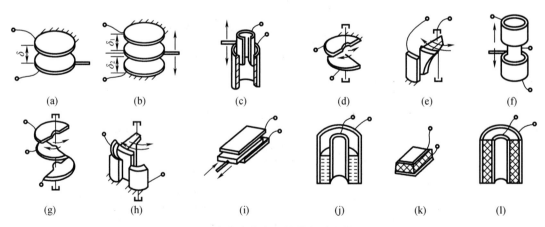

图 4-2　电容式传感元件的各种结构形式

4.1.1 变极距型电容传感器

图 4-3 为变极距型电容式传感器示意图。当传感器的 ε_r 和 S 为常数,初始极距为 d_0 时,由式(4-1)可知其初始电容量 C_0 为

$$C_0 = \frac{\varepsilon_0 \varepsilon_r S}{d_0} \tag{4-2}$$

如图 4-4 所示,若电容器极板间距离由初始值 d_0 缩小了 Δd,电容量增大了 ΔC,则有

$$C = C_0 + \Delta C = \frac{\varepsilon_0 \varepsilon_r S}{d_0 - \Delta d} = \frac{C_0}{1 - \frac{\Delta d}{d_0}} = \frac{C_0\left(1 + \frac{\Delta d}{d_0}\right)}{1 - \left(\frac{\Delta d}{d_0}\right)^2} \tag{4-3}$$

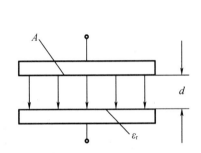

图 4-3 变极距型电容式传感器示意图

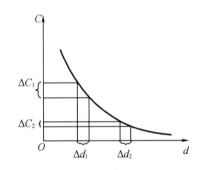

图 4-4 电容量与极板间距离的关系图

在式(4-3)中,若 $\Delta d/d_0 \ll 1$ 时,$1 - (\Delta d/d_0)2 \approx 1$,则

$$C = C_0 + C_0 \frac{\Delta d}{d_0} \tag{4-4}$$

此时 C 与 Δd 近似呈线性关系,所以变极距型电容式传感器只有在 $\Delta d/d_0$ 很小时,才有近似的线性关系。

另外,由式(4-4)可以看出,在 d_0 较小时,对于同样的 Δd 变化所引起的 ΔC 可以增大,从而使传感器灵敏度提高。但 d_0 过小,容易引起电容器击穿或短路。为此,极板间可采用高介电常数的材料(云母、塑料膜等)作介质,如图 4-5 所示,此时电容 C 变为

$$C = \frac{S}{\dfrac{d_g}{\varepsilon_0 \varepsilon_g} + \dfrac{d_0}{\varepsilon_0}} \tag{4-5}$$

式中　ε_g——云母的相对介电常数,$\varepsilon_g = 7$;

　　　ε_0——空气的介电常数,$\varepsilon_0 = 1$;

　　　d_0——空气隙厚度;

　　　d_g——云母片的厚度。

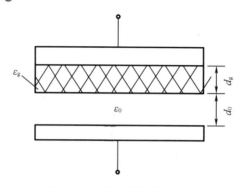

图 4-5　放置云母片的电容器

云母片的相对介电常数是空气的 7 倍,其击穿电压不小于 1 000 kV/mm,而空气仅为 3 kV/mm,因此有了云母片,极板间起始距离可大大减小。同时,式(4-5)中的 $d_g = \varepsilon_0 \varepsilon_g$ 是恒定值,它能使传感器的输出特性的线性度得到改善。

一般变极板间距离电容式传感器的起始电容为 20～100 pF, 极板间距离为 25～200 μm。最大位移应小于间距的 1/10,故在微位移测量中应用最广。

4.1.2　变面积型电容式传感器

图 4-6 是变面积型电容式传感器原理图。被测量通过动极板移动引起两极板有效覆盖面积 S 改变,从而得到电容量的变化。当动极板相对于定极板沿长度方向平移 Δx 时,则电容变化量为

$$\Delta C = C - C_0 = \frac{\varepsilon_0 \varepsilon_r (a - \Delta x) b}{d} \tag{4-6}$$

式中,$C_0 = \varepsilon_0 \varepsilon_r ab/d$,$C_0$ 为初始电容。电容相对变化量为

$$\frac{\Delta C}{C_0} = \frac{\Delta x}{a} \tag{4-7}$$

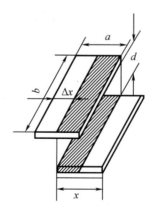

图 4-6　变面积型电容式传感器原理图

很明显,这种形式的传感器其电容量 C 与水平位移 Δx 呈线性关系。

图 4-7 是电容式角位移传感器原理图。当动极板有一个角位移 θ 时,与定极板间的有

效覆盖面积就发生改变,从而改变了两极板间的电容量。当 $\theta = 0$ 时,则

$$C_0 = \frac{\varepsilon_0 \varepsilon_r S_0}{d_0} \qquad (4-8)$$

式中 ε_r——介质相对介电常数;

$\quad\quad d_0$——两极板间距离;

$\quad\quad S_0$——两极板间初始覆盖面积。

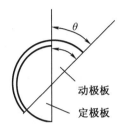

图 4-7 电容式角位移传感器原理图

当 $\theta \neq 0$ 时,则

$$C = \frac{\varepsilon_0 \varepsilon_r S_0 \left(1 - \dfrac{\theta}{\pi}\right)}{d_0} = C_0 - C_0 \frac{\theta}{\pi} \qquad (4-9)$$

从式(4-9)可以看出,传感器的电容量 C 与角位移 θ 呈线性关系。

4.1.3 变介质型电容式传感器

变极板间介质的电容式传感器用于测量液位高低的原理,参见图 4-8。设被测介质的介电常数为 ε_1,液面高度为 h,变换器总高度为 H,内筒外径为 d,外筒内径为 D,此时变换器电容值为

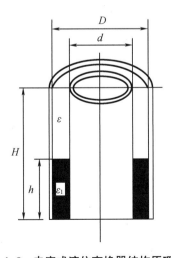

图 4-8 电容式液位变换器结构原理图

$$C = \frac{2\pi\varepsilon_1 h}{\ln\dfrac{D}{d}} + \frac{2\pi_1(H-h)}{\ln\dfrac{D}{d}} = \frac{2\pi\varepsilon H}{\ln\dfrac{D}{d}} + \frac{2\pi h(\varepsilon_1-\varepsilon)}{\ln\dfrac{D}{d}} = C_0 + \frac{2\pi h(\varepsilon_1-\varepsilon)}{\ln\dfrac{D}{d}} \tag{4-10}$$

式中 ε——空气介电常数;

C_0——由变换器的基本尺寸决定的初始电容值,即

$$C_0 = \frac{2\pi\varepsilon H}{\ln\dfrac{D}{d}}$$

由式(4-10)可见,此变换器的电容增量正比于被测液位高度 h。

变介质型电容传感器有较多的结构形式,可以用来测量纸张、绝缘薄膜等的厚度,也可用来测量粮食、纺织品、木材或煤等非导电固体介质的湿度。图4-9是一种常用的结构形式。图中两平行电极固定不动,极距为 d_0,相对介电常数为 ε_{r2} 的电介质以不同深度插入电容器中,从而改变两种介质的极板覆盖面积。传感器总电容量 C 为

$$C = C_1 + C_2 = \varepsilon_0 b_0 \frac{\varepsilon_{r1}(L_0-L)+\varepsilon_{r2}L}{d_0} \tag{4-11}$$

式中 L_0、b_0——极板的长度和宽度;

L——第二种介质进入极板间的长度。

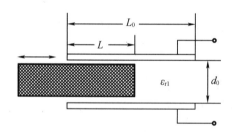

图4-9 变介质型电容式传感器示意图

若电介质 $\varepsilon_{r1}=1$,当 $L=0$ 时,传感器初始电容 $C_0 = \varepsilon_0\varepsilon_r L_0 b_0 / d_0$。当被测介质 ε_{r2} 进入极板间 L 深度后,引起电容相对变化量为

$$\frac{\Delta C}{C_0} = \frac{C-C_0}{C_0} = \frac{(\varepsilon_{r2}-1)L}{L_0} \tag{4-12}$$

可见,电容量的变化与电介质 ε_{r2} 的移动量 L 呈线性关系。

4.1.4 电容式传感器的灵敏度及非线性

由式(4-4)可知,电容的相对变化量为

$$\frac{\Delta C}{C_0} = \frac{1}{1-\dfrac{\Delta d}{d_0}} \tag{4-13}$$

当 $|\Delta d/d_0| \ll 1$ 时,式(4-13)可按级数展开,得

$$\frac{\Delta C}{C_0} = \frac{\Delta d}{d_0}\left[1+\frac{\Delta d}{d_0}+\left(\frac{\Delta d}{d_0}\right)^2+\left(\frac{\Delta d}{d_0}\right)^3+\cdots\right] \tag{4-14}$$

由式(4-14)可见,输出电容的相对变化量 $\Delta C/C_0$ 与输入位移 Δd 之间呈非线性关系,当 $|\Delta d/d_0| \ll 1$ 时可略去高次项,得到近似的线性关系,即

$$\frac{\Delta C}{C_0} \approx \frac{\Delta d}{d_0} \tag{4-15}$$

电容式传感器的灵敏度为

$$K = \frac{\Delta C/C_0}{\Delta d} = \frac{1}{d_0} \tag{4-16}$$

式(4-16)说明了单位输入位移所引起的输出电容相对变化的大小与 d_0 呈反比关系。

如果考虑式(4-14)中的线性项与二次项,则

$$\frac{\Delta C}{C_0} = \frac{\Delta d}{d_0}\left(1 + \frac{\Delta d}{d_0}\right) \tag{4-17}$$

由此可得出传感器的相对非线性误差 δ 为

$$\delta = \frac{(\Delta d/d_0)^2}{|\Delta d/d_0|} \times 100\% = \left|\frac{\Delta d}{d_0}\right| \times 100\% \tag{4-18}$$

由式(4-16)与式(4-18)可以看出:要提高灵敏度,应减小起始间隙 d_0,但非线性误差却随着 d_0 的减小而增大。

在实际应用中,为了提高灵敏度,减小非线性误差,大都采用差动式结构。图4-10是变极距型差动平板式电容传感器结构示意图。

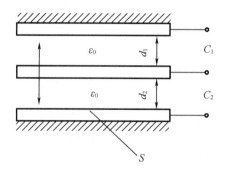

图4-10　变极距型差动平板式电容传感器结构图

在差动式平板电容传感器中,当动极板位移 Δd 时,电容器 C_1 的间隙 d_1 变为 $d_0-\Delta d$,电容器 C_2 的间隙 d_2 变为 $d_0+\Delta d$,则

$$C_1 = C_0\frac{1}{1-\Delta d/d_0} \tag{4-19}$$

$$C_2 = C_0\frac{1}{1+\Delta d/d_0} \tag{4-20}$$

在 $\Delta d/d_0 \ll 1$ 时,按级数展开得

$$C_1 = C_0\left[1 + \frac{\Delta d}{d_0} + \left(\frac{\Delta d}{d_0}\right)^2 + \left(\frac{\Delta d}{d_0}\right)^3 + \cdots\right] \tag{4-21}$$

$$C_2 = C_0\left[1 + \frac{\Delta d}{d_0} + \left(\frac{\Delta d}{d_0}\right)^2 - \left(\frac{\Delta d}{d_0}\right)^3 + \cdots\right] \tag{4-22}$$

电容值总的变化量为

$$\Delta C = C_1 - C_2 = 2C_0 \left[\frac{\Delta d}{d_0} + \left(\frac{\Delta d}{d_0} \right)^3 + \left(\frac{\Delta d}{d_0} \right)^5 + \cdots \right] \tag{4-23}$$

4.2 电容式传感器的等效电路及测量电路

4.2.1 电容式传感器的等效电路

电容式传感器的等效电路可以用图4-11所示的电路图表示。图中考虑了电容器的损耗和电感效应, R_p 为并联损耗电阻, 它代表极板间的泄漏电阻和介质损耗。这些损耗在低频时影响较大, 随着工作频率增高, 容抗减小, 其影响就减弱。 R_s 代表串联损耗, 即代表引线电阻、电容器支架和极板电阻的损耗。电感 L 由电容器本身的电感和外部引线电感组成。

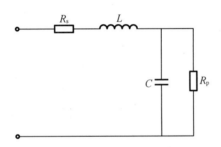

图 4-11 电容式传感器的等效电路

由等效电路可知, 电容式传感器有一个谐振频率, 通常为几十兆赫。当工作频率等于或接近谐振频率时, 谐振频率破坏了电容的正常作用。因此, 工作频率应该选择低于谐振频率, 否则电容传感器不能正常工作。

传感元件的有效电容 C_e 可由下式求得(为了计算方便, 忽略 R_s 和 R_p):

$$\begin{cases} \dfrac{1}{j\omega C_e} = j\omega L + \dfrac{1}{j\omega C} \\ C_e = \dfrac{1}{1 - \omega^2 LC} \\ \Delta C_e = \dfrac{\Delta C}{1 - \omega^2 LC} + \dfrac{\omega^2 LC \Delta C}{(1 - \omega^2 LC)^2} = \dfrac{\Delta C}{(1 - \omega^2 LC)^2} \end{cases} \tag{4-24}$$

在这种情况下, 电容的实际相对变化量为

$$\frac{\Delta C_e}{C_e} = \frac{\Delta C / C}{1 - \omega^2 LC} \tag{4-25}$$

式(4-25)表明电容式传感器的实际相对变化量与传感器的固有电感 L 和角频率 ω 有关。因此, 在实际应用时必须与标定的条件相同。

4.2.2 电容式传感器的测量电路

1. 调频电路

调频测量电路把电容式传感器作为振荡器谐振回路的一部分,当输入量导致电容量发生变化时,振荡器的振荡频率就发生变化。虽然可将频率作为测量系统的输出量,用以判断被测非电量的大小,但此时系统是非线性的,不易校正,因此必须加入鉴频器,将频率的变化转换为电压振幅的变化,经过放大就可以用仪器指示或记录仪记录下来。调频式测量电路原理框图如图4-12所示。图中调频振荡器的振荡频率为

$$f=\frac{1}{2\pi\sqrt{LC}} \tag{4-26}$$

式中 L ——振荡回路的电感;

C ——振荡回路的总电容,$C=C_1+C_2+C_X$,其中 C_1 为振荡回路固有电容,C_2 为传感器引线分布电容,$C_X=C_0\pm\Delta C$ 为传感器的电容。

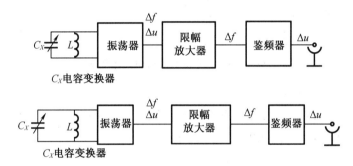

图 4-12 调频式测量电路原理框图

当被测信号为0时,$\Delta C=0$,则 $C=C_1+C_2+C_0$,所以振荡器有一个固有频率 f_0,其表示式为

$$f_0=\frac{1}{2\pi\sqrt{(C_1+C_2+C_0)L}} \tag{4-27}$$

当被测信号不为0时,$\Delta C\neq0$,振荡器频率有相应变化,此时频率为

$$f=\frac{1}{2\pi\sqrt{(C_1+C_2+C_0\mp\Delta C)L}}=f_0\pm\Delta f \tag{4-28}$$

调频电容式传感器测量电路具有较高的灵敏度,可以测量高至 $0.01\ \mu m$ 级位移变化量。信号的输出频率易于用数字仪器测量,并与计算机通信,抗干扰能力强,可以发送、接收,以达到遥测、遥控的目的。

2. 运算放大器式电路

由于运算放大器的放大倍数非常大,而且输入阻抗值很高,运算放大器的这一特点可以作为电容式传感器的比较理想的测量电路。图4-13是运算放大器式电路原理图,图中 C_X 为电容式传感器电容;U_i 是交流电源电压;U_o 是输出信号电压;Σ 是虚地点。由运算放大器工作原理可得

$$\dot{U}_o = -\frac{C}{C_X}\dot{U}_i \tag{4-29}$$

如果传感器是一只平板电容,则将 $C_X = \varepsilon S/d$ 代入式(4-29),可得

$$\dot{U}_o = -\dot{U}_i \frac{C}{\varepsilon S}d \tag{4-30}$$

式中"−"号表示输出电压 U_o 的相位与电源电压反相。式(4-30)说明运算放大器的输出电压与极板间距离 d 呈线性关系。运算放大器式电路虽解决了单个变极板间距离式电容传感器的非线性问题,但要求 Z_i 及放大倍数足够大。为保证仪器精度,还要求电源电压 U_i 的幅值和固定电容 C 值稳定。

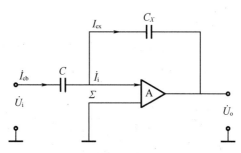

图 4-13 运算放大器式电路原理图

3. 二极管双 T 形交流电桥

图 4-14 是二极管双 T 形交流电桥电路原理图。e 是高频电源,它提供了幅值为 U 的对称方波,VD1、VD2 为特性完全相同的两只二极管,固定电阻 $R_1 = R_2 = R$,C_1、C_2 为传感器的两个差动电容。

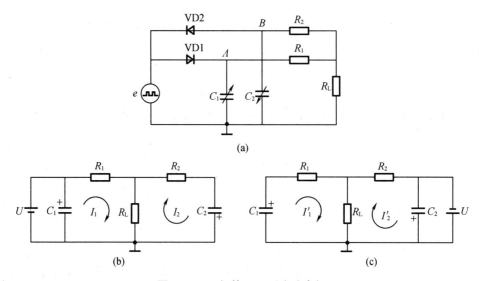

(a)

(b)　　　　　　　　　　　　(c)

图 4-14 二极管双 T 形交流电桥

当传感器没有输入时,$C_1 = C_2$。其电路工作原理如下:当 e 为正半周时,二极管 VD1 导通、VD2 截止,于是电容 C_1 充电,其等效电路如图 4-14(b)所示;在随后负半周出现时,电

容 C_1 上的电荷通过电阻 R_1、负载电阻 R_L 放电,流过 R_L 的电流为 I_1。当 e 为负半周时,VD2 导通、VD1 截止,则电容 C_2 充电,其等效电路如图4-14(c)所示;在随后出现正半周时,C_2 通过电阻 R_2、负载电阻 R_L 放电,流过 R_L 的电流为 I_2。根据上面所给的条件,则电流 $I_1 = I_2$,且方向相反,在一个周期内流过 R_L 的平均电流为零。

若传感器输入不为0,则 $C_1 \neq C_2$,$I_1 \neq I_2$,此时在一个周期内通过 R_L 上的平均电流不为零,因此产生输出电压,输出电压在一个周期内平均值为

$$U_o = I_L R_L = \frac{1}{T} \int_0^T [I_1(t) - I_2(t)] dt R_L \approx \frac{R(R + 2R_L)}{(R + R_L)} \cdot R_L U f(C_1 - C_2) \quad (4-31)$$

式中,f 为电源频率。

当 R_L 已知,式(4-31)中

$$\left[\frac{R(R+2R_L)}{(R+R_L)^2} \right] \cdot R_L = M(常数)$$

则式(4-31)可改写为

$$U_o = U f M (C_1 - C_2) \quad (4-32)$$

从式(4-32)可知,输出电压 U_o 不仅与电源电压幅值和频率有关,而且与T形网络中的电容 C_1 和 C_2 的差值有关。当电源电压确定后,输出电压 U_o 是电容 C_1 和 C_2 的函数。该电路输出电压较高,当电源频率为1.3 MHz,电源电压 $U = 46$ V 时,电容为 $-7 \sim 7$ pF,可以在1 MΩ负载上得到 $-5 \sim 5$ V的直流输出电压。电路的灵敏度与电源电压幅值和频率有关,故输入电源要求稳定。当 U 幅值较高,使二极管VD1、VD2工作在线性区域时,测量的非线性误差很小。电路的输出阻抗与电容 C_1、C_2 无关,而仅与 R_1、R_2 及 R_L 有关,为 $1 \sim 100$ kΩ。输出信号的上升时间取决于负载电阻。对于1 kΩ的负载电阻,上升时间为20 μs左右,故可用来测量高速的机械运动。

4. 环形二极管充放电法

用环形二极管充放电法测量电容的基本原理是以一高频方波为信号源,通过一环形二极管电桥,对被测电容进行充放电,环形二极管电桥输出一个与被测电容成正比的微安级电流。原理线路如图4-15所示,输入方波加在电桥的 A 点和地之间,C_X 为被测电容,C_d 为平衡电容传感器初始电容的调零电容,C 为滤波电容,Ⓐ为直流电流表。在设计时,由于方波脉冲宽度足以使电容器 C_X 和 C_d 充、放电过程在方波平顶部分结束,因此,电桥将发生如下的过程:

当输入的方波由 E_1 跃变到 E_2 时,电容 C_X 和 C_d 两端的电压皆由 E_1 充电到 E_2。对电容 C_X 充电的电流如图4-15中 i_1 所示的方向,对 C_d 充电的电流如 i_3 所示方向。在充电过程中(T_1 这段时间),VD2、VD4一直处于截止状态。在 T_1 这段时间内由 A 点向 C 点流动的电荷量为

$$q_1 = C_d(E_2 - E_1)$$

当输入的方波由 E_2 返回到 E_1 时,C_X、C_d 放电,它们两端的电压由 E_2 下降到 E_1,放电电流所经过的路径分别为 i_2、i_4 所示的方向。在放电过程中(T_2 时间内),VD1、VD3截止。在 T_2 这段时间内由 C 点向 A 点流过的电荷量为

$$q_2 = C_X(E_2 - E_1)$$

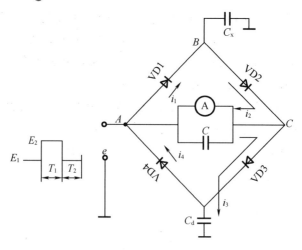

图 4-15　环形二极管测量电容的原理图

设方波的频率 $f=1/T_0$（即每秒要发生的充放电过程的次数），则由 C 点流向 A 点的平均电流为

$$I_2 = C_X f(E_2 - E_1)$$

而从 A 点流向 C 点的平均电流为

$$I_3 = C_d f(E_2 - E_1)$$

流过此支路的瞬时电流的平均值为

$$I = C_X f(E_2 - E_1) - C_d f(E_2 - E_1) = f\Delta E(C_X - C_d) \tag{4-33}$$

式中，ΔE 为方波的幅值，$\Delta E = E_2 - E_1$。

令 C_X 的初始值为 C_0，ΔC_X 为 C_X 的增量，则 $C_X = C_0 + \Delta C_X$，调节 $C_d = C_0$ 则

$$I = f\Delta E(C_X - C_d) = f\Delta E \Delta C_X \tag{4-34}$$

由式（4-34）可以看出，I 正比于 ΔC_X。

5. 脉冲宽度调制电路

脉冲宽度调制电路图如图 4-16 所示，此时 u_A、u_B 脉冲宽度不再相等，一个周期（$T_1 + T_2$）时间内的平均电压值不为零。此 u_{AB} 电压经低通滤波器滤波后，可获得 U_o 输出

$$U_o = U_A - U_B = U_1 \frac{T_1 - T_2}{T_1 + T_2} \tag{4-35}$$

式中　U_1——触发器输出高电平；

T_1、T_2——C_{X1}、C_{X2} 充电至 U_r 时所需时间。

脉冲宽度调制电路电压波形如图 4-17 所示。

由电路知识可知

$$T_1 = R_1 C_{X1} \ln \frac{U_1}{U_1 - U_r} \tag{4-36}$$

$$T_2 = R_2 C_{X2} \ln \frac{U_2}{U_2 - U_r} \tag{4-37}$$

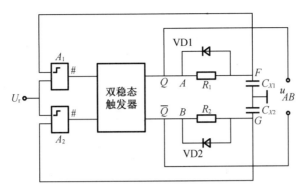

图 4-16　脉冲宽度调制电路图

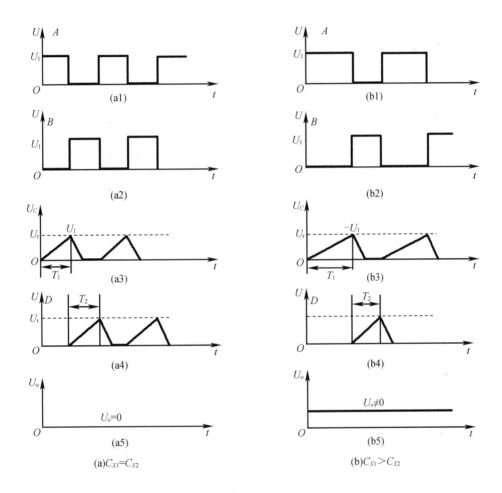

(a)$C_{X1}=C_{X2}$　　　　　　　　　(b)$C_{X1}>C_{X2}$

图 4-17　脉冲宽度调制电路电压波形

将 T_1、T_2 代入式(4-35),得

$$U_o = \frac{C_{X1}-C_{X2}}{C_{X1}+C_{X2}} U_1 \qquad (4-38)$$

把平行板电容的公式代入式(4-38),在变极板距离的情况下可得

$$U_o = \frac{d_1 - d_2}{d_1 + d_2} U_1 \qquad (4-39)$$

式中，d_1、d_2 分别为 C_{X1}、C_{X2} 极板间距离。

当差动电容 $C_{X1} = C_{X2} = C_0$，即 $d_1 = d_2 = d_0$ 时，$U_o = 0$；若 $C_{X1} \neq C_{X2}$，设 $C_{X1} > C_{X2}$，即 $d_1 = d_0 - \Delta d$，$d_2 = d_0 + \Delta d$，则有

$$U_o = \frac{\Delta d}{d_0} U_1 \qquad (4-40)$$

同样，在变面积电容传感器中，则有

$$U_o = \frac{\Delta S}{S} U_1 \qquad (4-41)$$

由此可见，差动脉宽调制电路适用于变极板距离及变面积差动式电容传感器，并具有线性特性，且转换效率高，经过低通放大器就有较大的直流输出，调宽频率的变化对输出没有影响。

4.3 电容式传感器的误差分析

4.3.1 温度对电容式传感器结构尺寸的影响

环境温度的变化，将引起电容式传感器各零件几何尺寸和相互间几何位置的变化，从而导致电容式传感器产生误差，这个误差尤其是在变极距型电容式传感器中更为严重。本节以变极距型电容式传感器(图4-18)为例，对温度误差进行分析。

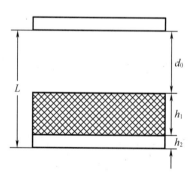

h_1—初始时绝缘材料的厚度；h_2—初始时固定极板的厚度；

d_0—初始时空气隙的厚度；L—初始时两极板的总间隙。

图4-18 变极距型电容式传感器

设初始温度为 t_0 时，电容式传感器工作极片与固定极片间隙及初始电容为

$$C_0 = \frac{\varepsilon_0 A}{d_0 + \dfrac{h_1}{\varepsilon_r}} \qquad (4-42)$$

$$d_0 = L - h_1 - h_2 \qquad (4-43)$$

因为传感器各零件的材料不同,具有不同的温度膨胀系数,因此,环境温度变化后气隙厚度变为

$$d_t = L(1+\beta_L \Delta t) - h_1(1+\beta_{h1}\Delta t) - h_2(1+\beta_{h2}\Delta t) \tag{4-44}$$

式中,β_L、β_{h1}、β_{h2} 分别为传感器各零件所用材料的温度线膨胀系数。

则

$$C_t = \frac{\varepsilon_0 A}{d_t + \dfrac{h_1(1+\beta_{h1}\Delta t)}{\varepsilon_r}} \tag{4-45}$$

由于温度变化而引起的电容量的相对误差为

$$\delta_t = \frac{C_t - C_0}{C_0} \approx \frac{d_0 - d_t}{d_t} \tag{4-46}$$

式中 C_0——传感器在温度 t_0 时的电容量;

C_1——传感器在温度 t 时的电容量。

整理得

$$\delta_t = \frac{(h_1\beta_{h1} + h_2\beta_{h2} - L\beta_L)\Delta t}{d_0 + (L\beta_L - h_1\beta_{h1} - h_2\beta_{h2})\Delta t} \tag{4-47}$$

为了消除温度误差,必须设法使 $\delta_t = 0$,即使式(4-47)的分子为零即可实现温度补偿。

$$h_1\beta_{h1} + h_2\beta_{h2} - L\beta_L = 0 \tag{4-48}$$

由于设计传感器时尺寸的灵活性大,故用 $L = d_0 + h_1 + h_2$ 带入式(4-48)得

$$h_1\beta_{h1} + h_2\beta_{h2} - (d_0 + h_1 + h_2)\beta_L = 0 \tag{4-49}$$

经整理得

$$d_0 = h_1\left(\frac{\beta_{h1}}{\beta_L} - 1\right) + h_2\left(\frac{\beta_{h2}}{\beta_L} - 1\right) \tag{4-50}$$

则

$$h_1\frac{\beta_{h1}}{\beta_L} + h_2\frac{\beta_{h2}}{\beta_L} - d_0 - h_1 - h_2 = 0 \tag{4-51}$$

在设计电容传感器时,应首先根据合理的初始电容量决定间隙 d_0,然后根据材料的线膨胀系数 β_L、β_{h1}、β_{h2} 选择材料的合适尺寸,满足温度补偿条件的要求,达到温度补偿的作用。

4.3.2 寄生电容与分布电容的影响

电容极板与周围物体(各种组件甚至人体)所产生的电容称为寄生电容。而电容传感器引线电缆引起的电容称为分布电容(1~2 m 导线可达 800 pF)。寄生电容与分布电容统称为干扰电容。由于电容传感器很小,其电容量多为几皮法至十几皮法,属于小功率、高阻抗器件,极易受外界干扰,尤其是易受大于它几倍、几十倍且具有随机性的干扰电容的影响,且这些干扰电容与传感器电容并联,严重影响传感器的输出特性,甚至淹没传感器有用电容而使之无法工作。且寄生电容极不稳定,这就导致电容传感特性不稳定,对传感器产生严重干扰,带来测量误差。因此,消灭干扰电容的影响是电容式传感器使用的关键。

（1）增加传感器原始电容值。采用减小极片或极筒间的间距（平板式间距为 0.2～0.5 mm，圆筒式间距为 0.15 mm），增加工作面积或工作长度来增加原始电容值，但受加工及装配工艺、精度、示值范围、击穿电压、结构等限制。一般电容值变化为 10^{-3}～10^3 pF，相对值变化为 10^{-6}～1。

（2）注意传感器的接地和屏蔽。

（3）集成化。将传感器与测量电路本身或其前置级装在一个壳体内，省去传感器的电缆引线。

（4）采用"驱动电缆"（双层屏蔽等位传输）技术。传感器与测量电路前置级间的引线为双屏蔽层电缆。

（5）整体屏蔽法。将电容式传感器和所采用的转换电路、传输电缆等用同一个屏蔽壳屏蔽起来，正确选取接地点可减小寄生电容的影响和防止外界的干扰。

4.3.3　外界干扰的影响

电容式传感器是高阻抗传感元件，客观上存在外界干扰的影响，当外界（如电磁场）干扰在传感器和导线间感应出电压并与信号一起输送至测量电路时就会产生误差，甚至使传感器无法正常工作。另外，不同接地点所产生的接地电压差也是一种干扰信号，同样会引起误差和故障。防止和减小干扰的措施大致可归纳如下：

（1）屏蔽和接地。用良导体作传感器壳体，将传感器元件包围起来，并可靠接地；用金属网套住导线彼此绝缘（即屏蔽电缆），金属网可靠接地；用双层屏蔽线可靠接地；用双层屏蔽罩且可靠接地；传感器与测量电路前置级一起装在较好的屏蔽壳体内并可靠接地，等等。

（2）增加原始电容值，以降低容抗，减小被干扰电容淹没的危险。

（3）减小导线间的分布电容的静电感应，因此导线与导线之间远离，距离尽可能短，最好成直角排列，必须平行排列时可采用屏蔽电缆线。

（4）减少接地点，尽可能一点接地，地线要用较粗的良导体或宽印制线。

（5）尽量采用差动式电容传感器，可提高传感器灵敏度，减小非线性误差。

4.3.4　温度对介质的介电常数的影响

传感器的电容值与介质的介电常数成正比。因此若某些介质的介电常数也存在温度系数，当温度改变时，就必然会引起传感器的电容值改变，从而造成温度附加误差。

消除方法是采用介电常数温度系数为零的空气或云母作为介质，或在测量电路中进行温度补偿。但要完全补偿是困难的。

4.3.5　漏电阻的影响

电容传感器的容抗很高，特别是电源频率较低时，容抗更高。如果两极板之间的漏电阻与此容抗相接近时，就必须考虑分路作用对系统灵敏度的影响。它将使传感器的灵敏度下降。因此应选用绝缘性能很好的陶瓷、石英、聚四氟乙烯等材料作为两极板之间的支架，可大大提高两极板之间的漏电组。当然，适当提高激励电源的频率也可以降低对材料绝缘性能的要求。

4.4 电容式传感器的应用及实例

4.4.1 电容式接近开关

电容式接近开关示意图如图 4-19 所示,测量头构成电容器的一个极板,另一个极板是物体本身,当物体移向接近开关时,物体和接近开关的介电常数发生变化,使得和测量头相连的电路状态也随之发生变化,由此便可控制开关的接通和关断;接近开关的检测物体,并不限于金属导体,也可以是绝缘的液体或粉状物体。

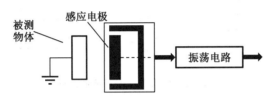

图 4-19 电容式接近开关示意图

图 4-20 为电容开关在工程中的应用。要求对某个工件进行加工,工件用夹具固定在移动工作台上,工作台由一个主电机拖动,做来回往复运动,刀具做旋转运动。现用两个电容开关来决定工作台何时换向。当"A"号传感器有输出信号时,使主电机停止反转,同时,接通其正转电路,从而使工作台向右运动;当"B"号传感器有输出信号时,使主电机停止正转,同时,接通其反转电路,从而使工作台向左运动。这样,就实现了工作台的行程限位。

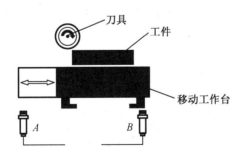

图 4-20 电容开关在工程中的应用

4.4.2 电容测厚传感器

电容测厚传感器是用来对金属带材在轧制过程中厚度的检测,如图 4-21 所示,其工作原理是在被测带材的上下两侧各置放一块面积相等,与带材距离相等的极板,这样极板与带材就构成了两个电容器 C_1、C_2。把两块极板用导线连接起来成为一个极,而带材就是电容的另一个极,其总电容为 C_1+C_2,如果带材的厚度发生变化,将引起电容量的变化,用交流电桥将电容的变化测出来,经过放大即可由电表指示测量结果。

音频信号发生器产生的音频信号,接入变压器 T 的原边线圈,变压器副边的两个线圈作为测量电桥的两臂,电桥的另外两桥臂由标准电容 C_0 和带材与极板形成的被测电容 C_X ($C_X = C_1 + C_2$)组成。电桥的输出电压经放大器放大后整流为直流,再经差动放大,即可用指示电表指示出带材厚度的变化。

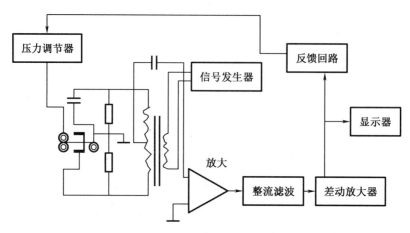

图 4-21 电容测厚传感器原理图

4.4.3 电容式指纹传感器

每个人的十指指纹都不相同,每个指纹一般都有 70~150 个基本特征点,在两枚指纹中只要有 12~13 个特征点吻合,即可认定为同一指纹。而以此找出两枚完全一样的指纹需要 120 年,人类人口按 60 亿计算,大概需要 300 年才可能出现重复的指纹。因此,想找到两个完全相同的指纹几乎是不可能的。

如图 4-22 所示,指纹识别所需电容式传感器包含一个大约有数万个金属导体的阵列,其外面是一层绝缘的表面,当用户的手指放在上面时,金属导体阵列/绝缘物/皮肤就构成了。

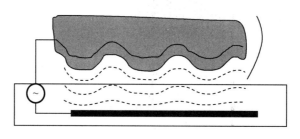

图 4-22 电容式指纹传感器

4.4.4 电容式油量表

当油箱中注满油时,液位上升,指针停留在转角为 θ_m 处,如图 4-23 所示。当油箱中的油位降低时,电容传感器的电容量 C_X 减小,电桥失去平衡,伺服电动机反转,指针逆时针偏转(示值减小),同时带动 R_P 的滑动臂移动。当 R_P 阻值达到一定值时,电桥又达到新的平衡状态,伺服电动机停转,指针停留在新的位置(θ_x 处)。

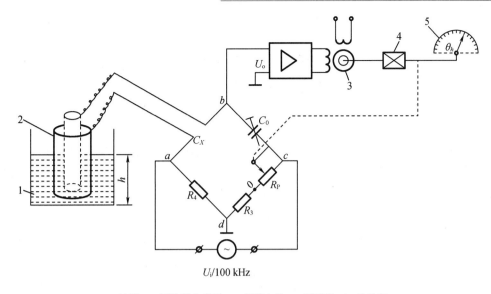

1—油箱;2—圆柱形电容器;3—伺服电机;4—减速器;5—油量表。

图4-23 电容式油量表工作原理

4.4.5 电容式位移传感器

电容式位移传感器在测振幅和测轴回转精度和轴心偏摆的应用,如图4-24所示。

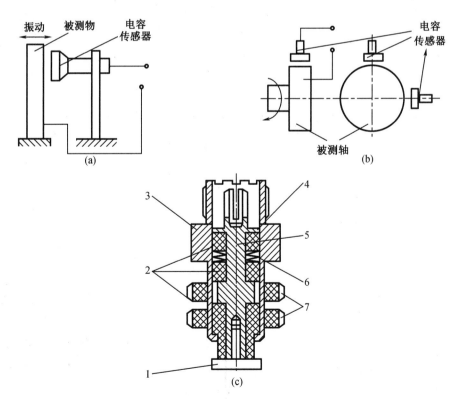

1—平面测端(电极);2—绝缘衬塞;3—壳体;4—弹簧卡圈;5—电极座;6—盘形弹簧;7—螺母。

图4-24 电容式位移传感器在测振幅和测轴回转精度和轴心偏摆的应用

综合技能实训

1. 电容测厚系统设计

（1）功能要求与指标要求

板材厚度的测量是板材轧制过程中非常重要的步骤，由于目前工程对金属板材厚度变化情况测量要求的提升，本课题设计的电容式测厚仪，采用频率变换型电容测厚传感器，对 0.5~1.0 mm 厚度的薄钢板材进行测量，测量误差小于 0.3 μm。

（2）主要内容

运用电容式厚度传感器完成电容式测厚仪的设计，包含了振荡电路、放大电路、相敏检波电路及滤波。通过振荡电路产生信号，放大电路对信号进行放大，由相敏检波电路进行信号相位鉴别调制和选频，最后经过滤波器滤除干扰。当有板材靠近传感器时，则可对其进行厚度测量。

2. 电容式质量测量系统设计

（1）设计要求及用途

设计的电容式质量传感器电路，当被称重物差动改变电容的间距而使电容发生变化时，振荡器的振荡频率发生相应变化，在鉴频器上变换为振幅的变化，经放大转换成一个直流的高电平信号输出，在称重仪表显示。要求设计的传感器具有结构简单、能实现非接触测量、适应性强、体积小、灵敏度高、分辨率高等特点。要求具有以下指标：按照技术要求，提出不同的设计方案并进行比较；分析电容传感器工作原理，明确各功能模块作用及原理；画出系统电路图，分析相关参数选取原则。

（2）主要内容

电容式传感器是按照两块平行极板之间的极距、面积或介质的变化引起相应的电容的变化这一原理来称重的，如图 4-25 所示。电容式称重传感器主要是基于外加载荷改变电容平行极板的间隙来改变电容这一原理上的，在通过测量电路将电容的变化转换成频率量。

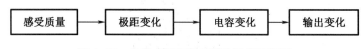

图 4-25　电容式质量传感器称重原理框图

电容式质量传感器有着自己独特的优点：能耗低、结构简单、环境适应力强、电路简单，输出数字信号，简化了二次仪表的开发，体积小、质量轻。同时也存在着一些缺点：本身工作电容较低，寄生电容有时大于工作电容，抗干扰能力差。近年来随着科技的发展，使得电容传感器能与放大电路、振荡电路做在一起，减少了干扰和分布电容对其的影响，精度有所提高，使电容式传感器愈来愈受到人们的关注。

思考与练习

1. 根据电容式传感器工作原理,可将其分为几种类型? 每种类型各有什么特点,各适用于什么场合?

2. 如何改善单极式变极距型电容式传感器的非线性?

3. 影响极距型电容式传感器灵敏度的因素有哪些? 提高其灵敏度可以采取哪些措施,会带来什么后果?

4. 试推导差动变极距型电容式传感器的灵敏度,并与单极式相比较。

5. 试分析圆筒型电容式传感器测量液面高度的基本原理。

6. 已知变面积型电容式传感器的两极板间距离为 10 mm,$\varepsilon = 50$ μF/m,两极板几何尺寸一样,为 30 mm×20 mm×5 mm,在外力作用下,其中动极板在原位置上向外移动了 10 mm,试求 $\Delta C = ?$ $K = ?$

7. 当差动式变极距型电容式传感器动极板相对于定极板位移了 $\Delta d = 0.75$ mm 时,若初始电容量 $C_1 = C_2 = 80$ pF,初始距离 $d = 4$ mm,试计算其非线性误差。若将差动电容改为单只平板电容,初始值不变,其非线性误差有多大?

8. 有一台变间隙非接触式电容测微仪,其传感器的极板半径 $r = 5$ mm,假设与被测工件的初始间隙 $d_0 = 0.5$ mm。已知真空介电常数等于 $8.85×10^{-12}$ F/m,试求:

(1)如果传感器与工件的间隙变化量增大 $\Delta d = 10$ μm,则电容变化量为多少?

(2)如果测量电路的灵敏度 $K = 100$ mV/pF,则在间隙增大 $\Delta d = 1$ μm 时的输出电压为多少?

第5章　电感式传感器

电感式传感器也叫变磁阻式传感器,是一种常见的传感器类型,它通过测量电感的变化来检测目标物体的位置。电感式传感器已有几十年的历史,其技术已经相当成熟。它是一种利用电磁感应原理,利用电磁感应把被测量(如位移、压力、流量、振动等)转换成线圈的自感系数 L 或互感系数 M 的变化,再由测量电路转换成电压或电流的变化量输出。电感式传感器广泛应用于电力电子、汽车、航空航天、医疗、工业控制以及安防等领域,是现代工业自动控制领域中不可缺少的核心器件之一。

电感式传感器根据其工作原理可以分为自感式、互感式和电涡流式三种类型。自感式传感器是将被测量物体的位置或位移转换成电感值的变化,从而输出电信号的一种传感器。互感式传感器是利用两个不同的线圈之间的互感效应来测量物体的位置或位移。电涡流式传感器是利用电涡流效应来测量物体的距离、位移、速度等物理量。

随着技术的不断发展和应用场景的不断扩大,电感式传感器在未来的发展中也会有更加广阔的前景和应用。

本章主要是围绕电感式传感器的基本原理进行阐述,并分别对自感式、互感式和电涡流式三种类型的电感式传感器原理、特点和应用等进行介绍。在未来的发展中,电感式传感器对于信息技术十分关键,在生活各个方面都占有着不可或缺的地位,将会继续发挥重要的作用。随着科技的不断发展,电感式传感器的精度和稳定性将会不断提高,其应用领域也将进一步扩大。同时,随着人工智能、物联网等技术的发展,电感式传感器将会与这些技术相结合,实现更加智能化、自动化的测量和控制。总之,电感式传感器是一种重要的传感器类型,其技术已经成熟,应用广泛。在未来,随着科技的发展,电感式传感器的应用前景将会更加广阔。

为了方便读者学习和总结本章内容,作者给出了本章内容的思维导图(图 5-1)。

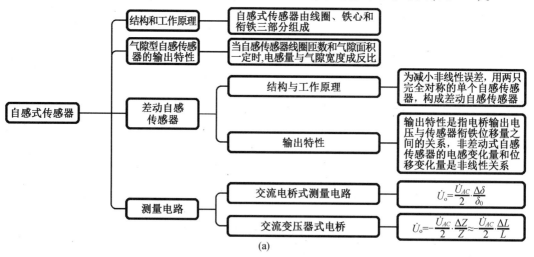

(a)

图 5-1　本章内容的思维导图

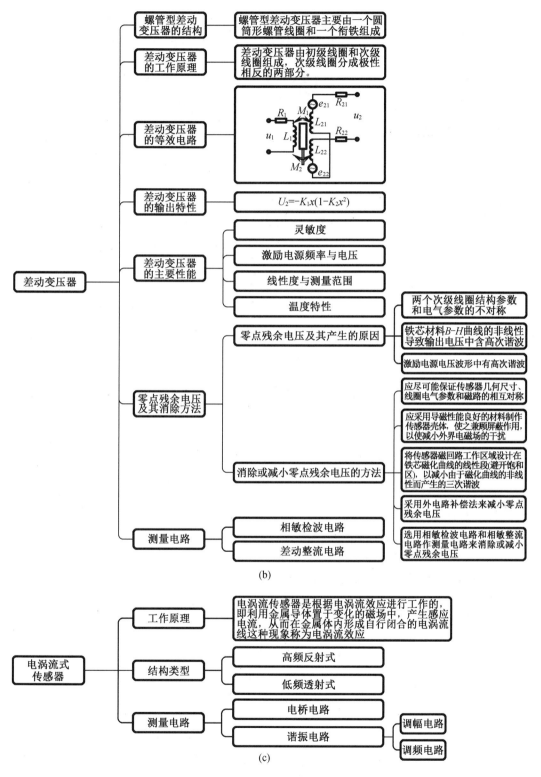

(b)

(c)

图 5-1(续 1)

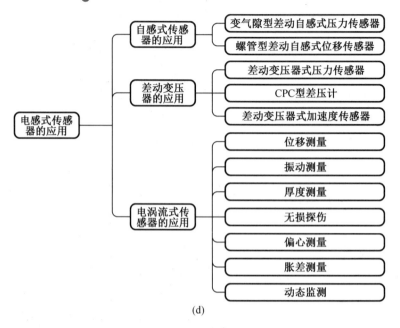

(d)

图 **5-1**(续 2)

5.1 自感式传感器

5.1.1 结构和工作原理

自感式传感器属于电感式传感器的一种。它是利用线圈自感量的变化来实现测量的,自感式传感器的结构如图 5-2 所示,由线圈、铁芯和衔铁三部分组成。铁芯和衔铁都由导磁材料制成,如硅钢片或坡莫合金(又叫铁镍合金)。在铁芯与活动衔铁之间有气隙,宽度为 δ_0。传感器的运动部分与衔铁相连,当衔铁移动,气隙宽度 δ 变化,从而磁路的磁阻变化,电感线圈的电感值改变。通过测量变化的电感值,来判别被测位移量大小。

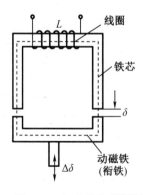

图 **5-2** 自感式传感器原理图

由电工学知识可知电感值 L 的表达式为

$$L = \frac{W^2}{R_m} \tag{5-1}$$

式中　W——线圈匝数；

　　　R_m——磁路总磁阻。

且有

$$R_m = R_1 + R_2 + R_\delta \tag{5-2}$$

式中　R_1、R_2——铁芯和衔铁的磁阻；

　　　R_δ——空气气隙的磁阻。

它们是串联的，且有

$$R_1 = \frac{l_1}{\mu_1 A_1} \tag{5-3}$$

$$R_2 = \frac{l_2}{\mu_2 A_2} \tag{5-4}$$

$$R_\delta = \frac{2\delta_0}{\mu_0 A} \tag{5-5}$$

式中　l_1、l_2——铁芯和衔铁的磁路长度，m；

　　　μ_1、μ_2——铁芯材料和衔铁材料的磁导率，H/m；

　　　μ_0——真空磁导率，$\mu_0 = 4\pi \times 10^{-7}$ H/m；

　　　A_1、A_2——铁芯和衔铁的横截面积，m^2；

　　　A——气隙的横截面积。

由于 $R_1 + R_2 \ll R_\delta$，常常忽略 R_1、R_2，则线圈电感为

$$L \approx \frac{W^2}{R_\delta} = \frac{\mu_0 A W^2}{2\delta_0} \tag{5-6}$$

可见，当线圈匝数确定后，L 与 A 成正比，与 δ_0 成反比。如果自感式传感器以 δ_0 作为输入量，则称为气隙型；若 A 作为输入量，则称为截面型。常用气隙型自感传感器。

5.1.2 气隙型自感传感器的输出特性

当自感传感器线圈匝数和气隙面积一定时，电感量 L 与气隙宽度 δ 成反比。气隙型自感传感器的输出特性如图 5-3 所示。

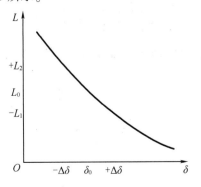

图 5-3　气隙型自感传感器的输出特性

设初始气隙为 δ_0，初始电感为 L_0，衔铁位移引起的气隙变化量为 $\Delta\delta$，由式(5-6)知 L 与 δ 之间是非线性关系。

初始电感量为

$$L_0 = \frac{\mu_0 A W^2}{2\delta_0} \tag{5-7}$$

（1）当衔铁下移 $\Delta\delta$，即传感器气隙增大 $\Delta\delta$，气隙宽度为 $\delta = \delta_0 + \Delta\delta$，则电感量减小，其变化量为

$$
\begin{aligned}
\Delta L_1 = L - L_0 &= \frac{\mu_0 A W^2}{2(\delta_0 + \Delta\delta)} - \frac{\mu_0 A W^2}{2\delta_0} \\
&= \frac{\mu_0 A W^2}{2\delta_0}\left[\frac{2\delta_0}{2(\delta_0 + \Delta\delta)} - 1\right] \\
&= L_0 \cdot \frac{-\Delta\delta}{\delta_0 + \Delta\delta}
\end{aligned} \tag{5-8}
$$

电感量的相对变化量为

$$\frac{\Delta L_1}{L_0} = \frac{-\Delta\delta}{\delta_0 + \Delta\delta} = \frac{1}{1 + \Delta\delta/\delta_0}\frac{-\Delta\delta}{\delta_0} \tag{5-9}$$

当 $\dfrac{-\Delta\delta}{\delta_0} \ll 1$ 时，可展开为级数形式

$$\frac{\Delta L_1}{L_0} = -\left(\frac{\Delta\delta}{\delta_0}\right) + \left(\frac{\Delta\delta}{\delta_0}\right)^2 - \left(\frac{\Delta\delta}{\delta_0}\right)^3 + \cdots \tag{5-10}$$

（2）当衔铁上移 $\Delta\delta$，即传感器气隙减小 $\Delta\delta$，气隙宽度为 $\delta = \delta_0 - \Delta\delta$，则电感量增加，其变化量为

$$\Delta L_2 = L - L_0 = L_0 \cdot \frac{\Delta\delta}{\delta_0 - \Delta\delta} \tag{5-11}$$

电感量的相对变化量为

$$\frac{\Delta L_2}{L_0} = \frac{\Delta\delta}{\delta_0 - \Delta\delta} = \frac{1}{1 - \Delta\delta/\delta_0}\frac{\Delta\delta}{\delta_0} \tag{5-12}$$

当 $\dfrac{\Delta\delta}{\delta_0} \ll 1$ 时，可展开为级数形式

$$\frac{\Delta L_2}{L_0} = \left(\frac{\Delta\delta}{\delta_0}\right) + \left(\frac{\Delta\delta}{\delta_0}\right)^2 + \left(\frac{\Delta\delta}{\delta_0}\right)^3 + \cdots \tag{5-13}$$

（3）忽略二次以上的高次项，则 ΔL_1、ΔL_2 与 $\Delta\delta$ 为线性关系，即

$$\Delta L_1 = -\frac{L_0}{\delta_0} \cdot \Delta\delta \tag{5-14}$$

$$\Delta L_2 = \frac{L_0}{\delta_0} \cdot \Delta\delta \tag{5-15}$$

传感器的灵敏度为

$$k = \left|\frac{\Delta L}{\Delta\delta}\right| = \left|\frac{L_0}{\delta_0}\right| \tag{5-16}$$

由此可见,高次项是造成非线性的主要原因,且当 $\Delta\delta/\delta_0$ 越小时,高次项迅速减小,非线性得到改善,这说明了非线性误差与测量范围之间存在矛盾,不过,自感式传感器用于测量微小位移量是比较准确的。为减小非线性误差,实际测量中广泛采用差动式自感传感器。

5.1.3　差动自感传感器

1.结构与工作原理

为减小非线性误差,用两只完全对称的单个自感传感器,构成差动自感传感器,它们合用一个活动衔铁。差动自感传感器的结构各异,图 5-4 是差动 E 型自感传感器,其结构特点是,上下两个磁体的几何尺寸、材料、电气参数均完全一致,传感器的两只电感线圈接成交流电桥的相邻桥臂,另外两只桥臂由电阻组成,构成交流电桥的四个臂,供桥电源为 U_{AC}(交流),桥路输出为交流电压 U_o。

开始衔铁位于中间位置,两边气隙宽度相等,因此两只电感线圈的电感量相等,接在电桥相邻臂上,电桥输出 $U_o=0$,即电桥处于平衡状态。

当衔铁偏离中心位置,向上或向下移动时,造成两边气隙宽度不一样,使两只电感线圈的电感量一增一减,电桥不平衡,电桥输出电压的大小与衔铁移动的大小成比例,其相位则与衔铁移动量的方向有关。因此,只要能测量出输出电压的大小和相位,就可以决定衔铁位移的大小和方向,衔铁带动连动机构就可以测量多种非电量,如位移、液面高度、速度等。

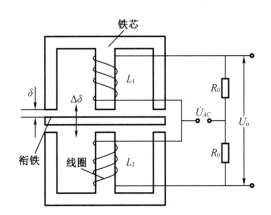

图 5-4　差动 E 型自感传感器结构示意图

2.输出特性

输出特性是指电桥输出电压与传感器衔铁位移量之间的关系,非差动式自感传感器的电感变化量 ΔL 和位移变化量 $\Delta\delta$ 是非线性关系。当构成差动自感传感器,且接入电桥的相邻臂时,电桥输出电压与 ΔL 有关(下移),即

$$\Delta L=L_2-L_1=2L_0\left[\left(\frac{\Delta\delta}{\delta_0}\right)+\left(\frac{\Delta\delta}{\delta_0}\right)^3+\left(\frac{\Delta\delta}{\delta_0}\right)^5+\cdots\right] \tag{5-17}$$

其中,L_0 为衔铁在中间位置时单个线圈的电感量。从式(5-17)可以看出,输出不存在偶次项,因此非线性得到了改善。

忽略掉高次项,得到差动式自感传感器的灵敏度

$$k = \frac{\Delta L}{\Delta \delta} = \frac{2L_0}{\delta_0} \tag{5-18}$$

5.1.4 测量电路

自感式传感器的测量电路有多种,本书重点研究交流电桥式测量电路和变压器式交流电桥等。

1. 交流电桥式测量电路

图 5-5 为交流电桥式测量电路,其中图 5-5(a)为电阻桥衡臂电桥,传感器的两个线圈作为电桥的两个相邻桥臂 Z_1 和 Z_2,为工作臂,另外两个相邻桥臂 Z_3、Z_4 用纯电阻 R_1、R_2 代替。当频率不太高时,Z_1、Z_2 的值为

$$Z_1 = r_1 + j\omega L_1, \quad Z_2 = r_2 + j\omega L_2 \tag{5-19}$$

式中 r_1、r_2——电感线圈的等效损耗电阻;

L_1、L_2——自感系数;

ω——载波频率(电源频率)。

一般情况下,取 $R_1 = R_2 = R$,当无输入时,电桥处于平衡状态,输出为零,则

$$Z_1 = Z_2 = Z \tag{5-20}$$

工作时,传感器的铁芯从平衡位置移开,产生位移,则

$$Z_1 = Z + \Delta Z, \quad Z_2 = Z - \Delta Z \tag{5-21}$$

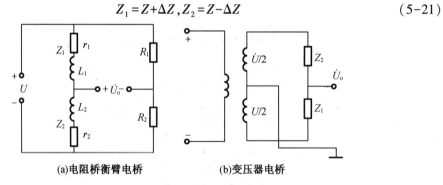

(a)电阻桥衡臂电桥 (b)变压器电桥

图 5-5 交流电桥式测量电路

得到空载输出电压和输出阻抗为

$$\dot{U}_o = \frac{\Delta Z}{2Z} \dot{U}_{AC} \tag{5-22}$$

$$Z_o = \frac{Z}{2} + \frac{R}{2} \tag{5-23}$$

那么带负载 R_L 的输出为

$$\dot{U}_L = \frac{Z_L}{Z_o + Z_L} \dot{U}_o = \frac{R_L}{2R_L + R + Z} \cdot \frac{\Delta Z}{Z} \dot{U}_{AC} \tag{5-24}$$

用有效值表示

$$\dot{U}_o = \frac{\dot{U}_{AC}}{2} \frac{|\Delta Z|}{|Z|} \tag{5-25}$$

由 $|Z| = \sqrt{r^2 + (\omega L)^2}$ 得到

$$|\Delta Z| = \frac{r}{\sqrt{r^2 + (\omega L)^2}} \Delta r + \frac{\omega^2 L}{\sqrt{r^2 + (\omega L)^2}} \Delta L$$

那么空载输出电压变为

$$\dot{U}_o = \frac{\dot{U}_{AC}}{2} \left[\frac{r^2}{r^2 + (\omega L)^2} \cdot \frac{\Delta r}{r} + \frac{(\omega L)^2}{r^2 + (\omega L)^2} \cdot \frac{\Delta L}{L} \right]$$

$$= \frac{\dot{U}_{AC}}{2(1 + 1/Q^2)} \left[\frac{\Delta L}{L} + \frac{1}{Q^2} \left(\frac{\Delta r}{r} \right) \right] \tag{5-26}$$

其中,$Q = \omega L/r$ 为品质因数。若 Q 值较高,再忽略掉 $\Delta r/r$,则式(5-26)表示为

$$\dot{U}_o = \frac{\dot{U}_{AC}}{2} \cdot \frac{\Delta L}{L} \tag{5-27}$$

对于差动自感传感器,根据式(5-17),忽略掉高次项后,得到 $\Delta L = L_0 \dfrac{\Delta \delta}{\delta_0}$,代入式(5-27)得到

$$\dot{U}_o = \frac{\dot{U}_{AC}}{2} \cdot \frac{\Delta \delta}{\delta_0} \tag{5-28}$$

2. 变压器式交流电桥

图5-5(b)所示为变压器电桥,Z_1、Z_2 为传感器的两个工作线圈阻抗,另外两臂为电源变压器次级线圈的两半,作为平衡臂,每半臂的电压为 $\dot{U}_{AC}/2$。空载时,输出电压为

$$\dot{U}_o = \frac{Z_1}{Z_1 + Z_2} \cdot \dot{U}_{AC} - \frac{\dot{U}_{AC}}{2} = \frac{\dot{U}_{AC}}{2} \cdot \frac{Z_1 - Z_2}{Z_1 + Z_2} \tag{5-29}$$

在初始平衡状态,输出为 $\dot{U}_o = 0$,则 $Z_1 = Z_2 = Z$,此时 $\dot{U}_o = 0$,电桥平衡。

当偏离中心零点时,假设衔铁下移,下线圈阻抗增加 $Z_2 = Z + \Delta Z$,上线圈阻抗减小 $Z_1 = Z - \Delta Z$,代入式(5-29)得到

$$\dot{U}_o = \frac{\dot{U}_{AC}}{2} \cdot \frac{\Delta Z}{Z} = \frac{\dot{U}_{AC}}{2} \cdot \frac{j\omega \Delta L}{r + j\omega L} \approx \frac{\dot{U}_{AC}}{2} \cdot \frac{\Delta L}{L} \tag{5-30}$$

可见这种桥路的空载输出电压表达式与上一种完全一样,但使用的元件少,输出阻抗小,因此应用广泛。

同理,当衔铁上移时,$Z_1 = Z + \Delta Z$,$Z_2 = Z - \Delta Z$,则

$$\dot{U}_o = -\frac{\dot{U}_{AC}}{2} \cdot \frac{\Delta Z}{Z} \approx -\frac{\dot{U}_{AC}}{2} \cdot \frac{\Delta L}{L} \tag{5-31}$$

因此衔铁上下移动时,输出电压大小相等,极性相反,但由于 $\dot{U}_{AC}$ 是交流电压,输出指示无法判断出位移方向,必须采用相敏检波器鉴别出输出电压极性随位移方向变化而产生的变化。

5.2　差动变压器

互感式传感器是基于变压器原理把被测量转换为传感器线圈的互感变化,这类传感器常常采用差动结构,故称为差动变压器式传感器,简称差动变压器。

差动变压器的结构形式较多,主要有变气隙型、变面积型和螺管型,目前采用较普遍的是螺管型。本节就以螺管型差动变压器为例进行讨论。

5.2.1　螺管型差动变压器的结构

螺管型差动变压器主要由一个圆筒形螺管线圈和一个衔铁组成,基本的结构如图 5-6 所示。在圆筒形框架中间绕有一组线圈 1 作为初级线圈,在框架两端对称地绕两组线圈 2、3 作为次级线圈,两组次级线圈的结构尺寸和电气参数完全相同,并反向串接。在框架中心的圆柱孔中插入圆柱形衔铁 4。

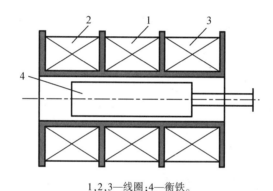

1,2,3—线圈;4—衔铁。

图 5-6　螺管型差动变压器

螺管型差动变压器有多种结构。按线圈绕组排列方式的不同,可分为如图 5-7 所示的二节式(a)、三节式(b)、四节式(c)、五节式(d)等类型。通常采用的是二节式和三节式两种类型,其中二节式灵敏度较高,三节式零点残余电压较小。

差动变压器外面有导磁外壳,导磁外壳的功能是提供闭合磁回路和进行磁屏蔽与机械保护。导磁外壳与铁芯通常选用电阻率大,磁导率高,饱和磁感应强度大的同种材料制成。

线圈架通常是由绝缘材料制成的圆筒形,对其材料的主要要求是高频损耗小、抗潮湿、温度膨胀系数小等。

5.2.2　差动变压器的工作原理

如图 5-8 所示,在初级线圈 P 中加以适当频率的激励电源电压 u_1 时,根据变压器的原理,在两个次级线圈 S_1、S_2 中就会产生感应电动势 e_{21}、e_{22}。当衔铁 C 处于中间位置时,两个次级线圈内所穿过的磁通相等,所以初级线圈与两个次级线圈的互感相等,两个次级线圈产生的感应电动势也就相等。由于两个次级线圈是反向串接的,因而传感器的输出电压

$u_2=e_{21}-e_{22}=0$。当衔铁向上移动时,在上边次级线圈内所穿过的磁通要比下边次级线圈内所穿过的磁通多,所以初级线圈与上边次级线圈的互感要比初级线圈与下边次级线圈的互感大,因而使上边次级线圈的感应电动势 e_{21} 增加,下边次级线圈的感应电动势 e_{22} 减小,传感器的输出电压 $u_2=e_{21}-e_{22}>0$。

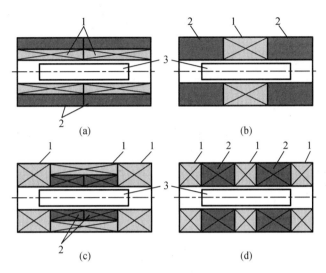

1—初级线圈;2—次级线圈;3—衔铁。

图 5-7 螺线管型差动变压器结构示意图

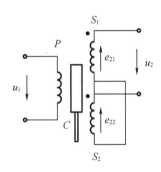

图 5-8 差动变压器的原理图

当衔铁向下移动时,在下边次级线圈内所穿过的磁通要比上边次级线圈内所穿过的磁通多,所以初级线圈与下边次级线圈的互感要比初级线圈与上边次级线圈的互感大,因而使下边次级线圈的感应电动势 e_{22} 增加,上边次级线圈的感应电动势 e_{21} 减小,传感器的输出电压 $u_2=e_{21}-e_{22}<0$。衔铁的位移越大,两次级线圈的感应电动势的差值就越大,输出电压的幅值也就越大。

差动变压器的输出电压值 u_2 与衔铁位移 x 的关系如图 5-9 所示,具有 V 形特性。如果以适当方法测量 u_2,就可以得到反映位移 x 大小的量值。

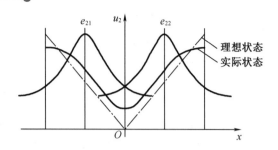

图 5-9　输出电压值 u_2 与衔铁位移 x 的关系

5.2.3　差动变压器的等效电路

对图 5-8 所示的差动变压器,可以做出如图 5-10 所示的等效电路。图中 u_1 为初级线圈的激励电源电压;e_{21} 和 e_{22} 为次级线圈的感应电动势;L_1、R_1 分别为初级线圈的自感和有效电阻;M_1、M_2 分别为初级线圈与两个次级线圈的互感;L_{21}、L_{22} 分别为两个次级线圈的自感;R_{21}、R_{22} 分别为两个次级线圈的有效电阻。

由图 5-10 可见,当二次侧开路时,初级线圈的交流电流复数值为

$$\dot{I}_1 = \frac{\dot{U}_1}{R_1 + \mathrm{j}\omega L_1} \tag{5-32}$$

式中　ω——励磁电压的角频率;

　　　U_1——励磁电压。

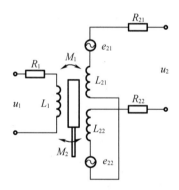

图 5-10　差动变压器等效电路

由于 I_1 的存在,在次级线圈中产生磁通

$$\dot{\varphi}_{21} = \frac{W_1 \dot{I}_1}{R_{m1}} \tag{5-33}$$

$$\dot{\varphi}_{22} = \frac{W_1 \dot{I}_1}{R_{m2}} \tag{5-34}$$

式中　R_{m1}、R_{m2}——通过初级线圈与两个次级线圈的磁阻;

　　　W_1——初级线圈的匝数。

初级线圈与两个次级线圈的互感 M_1 和 M_2 分别为

$$M_1 = W_2 \frac{\varphi_{21}}{I_1 = \frac{W_1 W_2}{R_{m1}}} \tag{5-35}$$

$$M_2 = W_2 \frac{\varphi_{22}}{I_1 = \frac{W_1 W_2}{R_{m2}}} \tag{5-36}$$

式中　W_2——次级线圈的匝数。

于是在次级线圈中感应出电动势 E_{21} 和 E_{22}，其值分别为

$$\dot{E}_{21} = -\mathrm{j}\omega M_1 I_1 \tag{5-37}$$

$$\dot{E}_{22} = -\mathrm{j}\omega M_2 I_1 \tag{5-38}$$

由式(5-37)和式(5-38)得到空载输出电压为

$$\dot{U}_2 = \dot{E}_{21} - \dot{E}_{22} = -\frac{\mathrm{j}\omega(M_1 - M_2)\dot{U}_1}{R_1 + \mathrm{j}\omega L_1} \tag{5-39}$$

其有效值为

$$U_2 = \frac{\omega(M_2 - M_1)}{\sqrt{R_1^2 + (\omega L_1)^2}} U_1 \tag{5-40}$$

考虑到初级线圈的交流电流的有效值

$$I_1 = \frac{U_1}{\sqrt{R_1^2 + (\omega L)^2}} \tag{5-41}$$

及式 $\omega = 2\pi f$，式(5-41)可写为

$$U_2 = 2\pi f I_1 (M_1 - M_2) \tag{5-42}$$

输出阻抗为

$$Z = R_S + \mathrm{j}\omega L_S = R_{21} + R_{22} + \mathrm{j}\omega(L_{21} + L_{22}) \tag{5-43}$$

其模为

$$Z = \sqrt{R_S^2 + (\omega L_S)^2} = \sqrt{(R_{21} + R_{22})^2 + \omega^2(L_{21} + L_{22})^2} \tag{5-44}$$

式中　R_S——输出电阻,等于两次级线圈的总电阻,$R_S = R_{21} + R_{22}$;

　　　　L_S——输出电感,等于两次级线圈的总电感,$L_S = L_{21} + L_{22}$。

由以上分析可知,当衔铁处于中间平衡位置时,磁阻 $R_{M1} = R_{M2}$,磁通 $\Phi_{21} = \varphi_{22}$,则互感 $M_1 = M_2$,此时输出电压 $U_2 = 0$;当衔铁上移时,磁阻 $R_{M1} < R_{M2}$,磁通 $\Phi_{21} > \Phi_{22}$,则互感 $M_1 > M_2$,放此时输出电压 $U_2 < 0$;当衔铁下移时,磁阻 $R_{M1} > R_{M2}$,磁通 $\Phi_{21} < \Phi_{22}$,则互感 $M_1 < M_2$,此时输出电压 $U_2 > 0$。

5.2.4　差动变压器的输出特性

差动变压器的输出特性是指输出电压 u_2 与衔铁位移 x 的关系。要得到基本特性,关键是要求出互感 M_1 和 M_2。互感 M_1 和 M_2 与差动变压器的结构有关。

以三节式螺管型差动变压器为例。图 5-11(a)为三节式螺管型差动变压器的结构示意图。为简化问题,对差动变压器作了理想化,即:①满足导磁体的磁阻、铁损和线圈绕组

的分布电容可忽略的条件;②工艺上保证结构的对称性与准确性,两个次级线圈绕组匝数严格相等,即 $W_{21}=W_{22}=W_2$;③满足导磁体的磁阻、铁芯端部效应和散漏磁通可忽略的条件;④衔铁半径 r_c 与线圈内半径 r 相近,可认为 $r_c=r$。差动变压器中的漏磁感应强度分布如图5-11(b)所示。

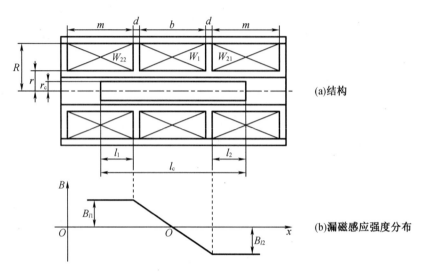

图5-11 三节式螺管型差动变压器

利用全电流定律和磁通连续性原理,可导出互感 M_1 和 M_2 为

$$M_1=\frac{\mu_0 W_1 W_2 l_1^2}{2ml_c\ln\left(\dfrac{R}{r}\right)}(2l_1+b+2d) \tag{5-45}$$

$$M_2=\frac{\mu_0 W_1 W_2 l_2^2}{2ml_c\ln\left(\dfrac{R}{r}\right)}(2l_2+b+2d) \tag{5-46}$$

式中　b、m、d、l_c、R、r——传感器的结构参数;

l_1、l_2——衔铁分别伸入两次级线圈内的长度。

将式(5-45)和式(5-46)代入式(5-42)得

$$U_2=K\left[(2l_1+b+2d)l_1^2-(2l_2+b+2d)l_2^2\right] \tag{5-47}$$

其中,$K=\dfrac{\mu_0\pi^2 f I_1 W_1 W_2}{ml_c\ln\left(\dfrac{R}{r}\right)}$。

当衔铁处于初始平衡位置时,$l_1=l_2=l_0$,$U_2=0$,即传感器的输出为零。

当衔铁由初始平衡位置向次级线圈1移动一个位移量 x 时,则有 $l_1=l_0+x$,$l_2=l_0-x$,代入式(5-47),整理后可得

$$U_2=K_1 x(1-K_2 x^2) \tag{5-48}$$

其中,K_1 为灵敏度因子,有

$$K_1 = \frac{4\pi^2 \mu_0 f I_1 W_1 W_2 l_0 (2d+b+l_0)}{m l_c \ln\left(\dfrac{R}{r}\right)} \tag{5-49}$$

K_2 为非线性因子,有

$$K_2 = \frac{1}{l_0(2d+b+l_0)} \tag{5-50}$$

当衔铁由初始平衡位置向次级线圈 2 移动一个位移量 x 时,则有 $l_1 = l_0 - x$,$l_2 = l_0 + x$,代入式(5-47),整理后可得

$$U_2 = -K_1 x(1 - K_2 x^2) \tag{5-51}$$

综合式(5-48)和式(5-51),可得差动变压器的输出特性曲线,参见图 5-9。

5.2.5 差动变压器的主要性能

1. 灵敏度

差动变压器的灵敏度 K_E 是差动变压器在单位激励电源电压下衔铁移动单位位移时输出电压的变化,单位为 mV/mm·V。

对于三节螺管型差动变压器,当 $K_1 x \ll 1$ 时,

$$K_E \approx K_1 = \frac{4\pi^2 \mu_0 f I_1 W_1 W_2 l_0 (2d+b+l_0)}{m l_c \ln\left(\dfrac{R}{r}\right)} \tag{5-52}$$

从式(5-52)可见,差动变压器的灵敏度 K_E 与结构、尺寸、激励电源频率及电压、铁芯材料等诸多因素有关。

从差动变压器的结构方面,可采用下列方法提高差动变压器的灵敏度。

①提高线圈的 Q 值,为此需增大差动变压器的尺寸,一般长度为直径的 1.2~2.0 倍较恰当。

②增大衔铁直径,使其接近于线圈框架内径,以减小磁路磁阻。

③衔铁采用磁导率高、铁损小、涡流损失小的材料。由于坡莫合金涡流损耗较大,所以对激励电源频率为 500 Hz 以上的差动变压器,一般使用铁氧体衔铁芯较多;低频激励电源时,经常采用纯铁为衔铁材料。

④线圈框架采用非导电的且膨胀系数小的材料。

2. 激励电源频率与电压

在理想条件下,由式(5-52)可知差动变压器的灵敏度 K_E 正比于激励电源频率 f。但由于实际工作中诸多因素的影响,如结构的不对称,铁损、漏磁的存在,衔铁和导磁外壳的磁导率并非无穷大,负载阻抗的存在等,使差动变压器不可能保证理想条件,因此,灵敏度 K_E 与 f 存在非线性关系。

灵敏度 K_E 与激励电源频率 f 的实际关系曲线如图 5-12 所示,由图可见差动变压器具有带通特性。在 f 从零开始增加的起始段,K_E 随着 f 的增加而增加;达到 f_L,如果 f 再继续增加,K_E 趋于定值;达到 f_H,如果 f 再继续增加,K_E 随着 f 的增加而减小。在 $f_L < f < f_H$,灵敏度 K_E 具有较大的稳定值,而且差动变压器的输出与输入的相位也基本同相或反相。

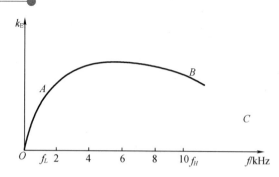

图 5-12　灵敏度 K_E 与激励电源频率 f 的实际关系曲线

以上特性是由于激励电源频率与输出电压有很大关系,激励电源频率增加引起一次线圈与二次线圈相联系的磁通量变化率增加,它将使差动变压器二次线圈的感应电动势增加。另外,增加激励电源频率使一次线圈的电抗增加,这使输出电压又有减小的趋势。因此只有在一定激励电源频率范围内才能达到最大输出,在此频率附近由激励电源频率的变化而引起灵敏度的变化为最小。

一般取差动变压器的激励电源频率为 400~110 kHz 较为适当。频率太低时,差动变压器的灵敏度显著降低,温度误差和频率误差增加。频率太高时,铁损和耦合电容等的影响增大。

灵敏度 K_E 与激励电源电压 U_1 的实际关系曲线如图 5-13 所示,由图可见二者具有线性关系。提高激励电源电压,可使灵敏度线性增加。这是因为在其他条件不变的情况下,激励电源电压 U_1 增加时,初级线圈的电流 I_1 必然增加,由式(5-52)可知,灵敏度也将随之提高。但是,由于差动变压器的允许功耗一般限制在 1 W 左右,所以激励电源电压一般取 3~8 V。

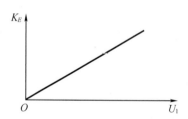

图 5-13　灵敏度 K_E 与激励电源电压 U_1 的实际关系曲线

3. 线性度与测量范围

由式(5-48)知,差动变压器的输出特性存在非线性。对于三节螺管型差动变压器,当 $K_2 x^2 \ll 1$ 时,有

$$U_2' = K_1 x \tag{5-53}$$

以式(5-53)对应的直线作为参考直线求非线性误差,有

$$e_f = \frac{|K_1 x(1-K_2 x^2) - K_1 x|_{\max}}{K_1 x_{\max}} \times 100\% = K_2 x_{\max}^2 \times 100\% \tag{5-54}$$

由此可见,差动变压器的非线性误差与量程 $x_{\max}$ 有关,$x_{\max}$ 越大,非线性误差也越大。考虑到这种因素,差动变压器实际的测量范围约为线圈全长的 1/10。

4.温度特性

环境温度的变化将使差动变压器的机械部分热胀冷缩,由于机械结构的变化,对测量准确度的影响可达数 μm 到 10 μm 左右。

在造成温度误差的各项中,影响最大的为初级线圈的电阻温度系数。当环境温度变化时,初级线圈的电阻随之变化,从而引起初级激励电流发生变化,造成次级输出电压随温度而变化。一般铜导线的电阻温度系数约为+0.4%/℃,对于小型差动变压器且在低频激励时,由于在初级线圈的阻抗中线圈电阻占的比例较大,此时差动变压器的温度系数约为-0.3%/℃;对于大型差动变压器且激励频率高时,温度系数就较小,约为(-0.1~0.05)%/℃。

为了减小差动变压器的温度误差,可以采用以恒流源激励代替恒压源激励,适当提高线圈的品质因数和选择特殊的测量电路等措施。差动变压器的工作温度一般控制在 80 ℃ 以下,特别制造的高温型可以用到 150 ℃。

5.2.6 零点残余电压及其消除方法

1.零点残余电压及其产生的原因

差动变压器的两组次级线圈由于反向串联,因此当衔铁处在中央平衡位置时,在理想状态下,输出信号电压应为零。但是,在实际情况中我们发现,在所谓"零点"时,输出信号电压并不是零,而有一个电压值 u_r,如图 5-14 所示。这个电压值即为零点残余电压。

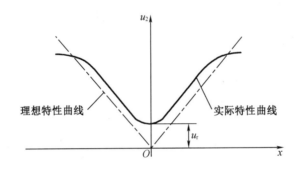

图 5-14 零点残余电压

2.零点残余电压产生的原因

①由于两个次级线圈结构参数和电气参数的不对称,引起两个次级感应电动势的幅值平衡点与相位平衡点不重合。

②由于铁芯材料 B-H 曲线的非线性导致输出电压中含高次谐波。

③激励电源电压波形中有高次谐波。

零点残余电压是评定差动变压器技术性能的主要指标之一,它的存在会造成传感器在零位附近的灵敏度降低、分辨率变差和测量误差增大。因此,必须采取相应措施来消除或减小零点残余电压。

3.消除或减小零点残余电压的主要方法

(1)由于零点残余电压产生的根本原因是差动变压器两个次级绕组感应的电势在零位附近不能完全对消,因此,应尽可能保证传感器几何尺寸、线圈电气参数和磁路的相互对称,这是减少传感器零点残余电压的最有效方法。为达到以上要求,在工艺上要求衔铁等重要构件的加工精度要高,两次级线圈的匝数、层数、每层匝数及绕法要完全一致,必要时对两次级线圈进行选配,把电感和阻值十分接近的两线圈选配使用。另外,衔铁和导磁外壳等磁性材料必须经过热处理,消除内部残余应力,使其磁性能具有较好的均匀性和稳定性。

(2)采用导磁性能良好的材料制作传感器壳体,使之兼顾屏蔽作用,以便减小外界电磁场的干扰。抗干扰要求较高时,还可以用良导电材料再设置静电屏蔽层。

(3)将传感器磁回路工作区域设计在铁芯磁化曲线的线性段(避开饱和区),以减小由于磁化曲线的非线性而产生的三次谐波。

(4)采用外电路补偿法来减小零点残余电压。设计补偿电路的基本原则是:串联电阻(0.5~5 Ω)可以减小零点残余电压基波的同相分量;并联电阻(10~100 kΩ)可以减小零点残余电压基波的正交分量;并联电容(100~500 pF)可以减小零点残余电压的谐波分量;加反馈支路可使基波与谐波分量均减小。图5-15所示为几种常用的补偿电路。调整电位器 R_P,可使零点残余电压达到最小值。

(5)选用相敏检波电路和相敏整流电路作测量电路来消除或减小零点残余电压。

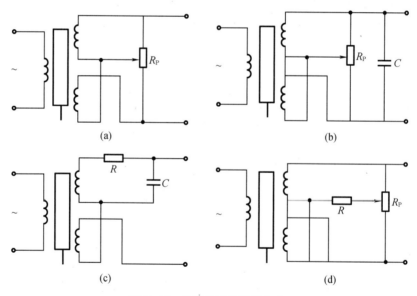

图5-15 几种常用的补偿电路

5.2.7 测量电路

差动变压器的输出是交流电压,若用交流电压表来测量,只能反映衔铁位移的大小,不能反映衔铁位移的方向。为了不仅能反映衔铁位移的大小,而且还能反映衔铁位移的方向,常采用相敏检波电路和差动整流电路作测量电路。

1. 相敏检波电路

相敏检波电路的形式很多,它可以利用半导体二极管或三极管来实现。图5-16所示的是由二极管组成的桥式相敏检波电路原理图。在该电路中,通过变压器 T_1 和 T_2 分别作

用产生两个信号 u_2 和 u_s。u_2 为输入信号,该信号取自差动变压器的输出信号,其幅值和相位随衔铁的位移而变化。u_s 为基准参考信号。u_2 通过变压器 T_1 加到环形电桥的一条对角线上,u_s 通过变压器 T_2 加到环形电桥的另一条对角线上。输出信号 u_o 从变压器 T_1 与 T_2 的中心抽头引出。各二极管都串联一个电阻 R 起限流作用,以避免二极管导通时变压器 T_2 的次级电流过大。R_L 为负载电阻。基准参考信号 u_s 的幅值要远大于输入信号 u_2 的幅值,以便有效地控制四个二极管的导通状态。u_s 和差动变压器激励电源电压 u_1 由同一振荡器供电,以保证两者同频同相(或反相)。要求 $u_{s1}=u_{s2}$,四个二极管的特性也要求相同。

下面分别对三种情况进行分析。

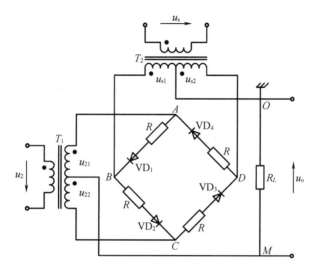

图 5-16　由二极管组成的桥式相敏检波电路原理图

(1)当差动变压器的衔铁位移 $x>0$ 时,$u_2 \neq 0$,且 u_2 和 u_s 同频同相。

在 u_s、u_2 均为正半周时,由于 $u_s>u_2$,VD_2、VD_3 导通,VD_1、VD_4 截止,可得到图 5-17(a) 所示的等效电路。设

$$u_{s1} = u_{s2} = \frac{u_s}{2n_2}$$

$$u_{21} = u_{22} = \frac{u_2}{2n_1}$$

其中,n_1 和 n_2 分别为变压器 T_1 和 T_2 的变压比。根据图 5-17(a) 所示等效电路可求得输出电压为

$$u_o = \frac{R_L u_2}{n_1(R+2R_L)} \tag{5-55}$$

在 u_s、u_2 均为负半周时,电路中电压极性与图 5-16 所示相反。由于 $u_s>u_2$,VD_1、VD_4 导通,VD_2、VD_3 截止,可得到图 5-17(b) 所示的等效电路。根据图 5-17(b) 所示等效电路可求得输出电压 u 的表达式与式(5-55)相同。

可见无论 u_s 的正半周还是负半周,当差动变压器的衔铁位移 $x>0$ 时,输出电压 u_o 都为正值。

(2)当差动变压器的衔铁位移 $x<0$ 时，$u_2 \neq 0$，且 u_2 和 u_s 同频反相。

在 u_s 为正半周、u_2 为负半周时，电路中电压 u_s 极性如图 5-16 所示，电压 u_2 极性与图 5-16 所示相反。由于 $u_s>u_2$，VD_2、VD_3 导通，VD_1、VD_4 截止，可得到图 5-17(c)所示的等效电路。根据图 5-16 所示等效电路可求得输出电压为

$$u_o = -\frac{R_L u_2}{n_1(R+2R_L)} \qquad (5-56)$$

在 u_s 为负半周、u_2 为正半周时，电路中电压 u_s 极性与图 5-16 所示相反，电压 u_2 极性如图 5-16 所示。由于 $u_s>u_2$，VD_1、VD_4 导通，VD_2、VD_3 截止，可得到图 5-17(d)所示的等效电路。根据图 5-17(d)所示等效电路可求得输出电压 u 的表达式与式(5-56)相同。

可见无论 u_s 的正半周还是负半周，当差动变压器的衔铁位移 $x<0$ 时，输出电压 u_o 都为负值。

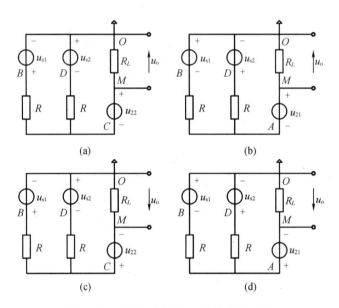

图 5-17 相敏检波电路等效电路示意图

(3)当差动变压器的衔铁处于中心平衡位置时，$u_2=0$。

根据式(5-55)和式(5-56)，当 $u_2=0$ 时都可求得 $u_o=0$。可见无论 u_s 的正半周还是负半周，当差动变压器的衔铁处于中心平衡位置时，输出电压 u_o 都等于零。

综合以上分析可知，相敏检波电路由输出电压的极性来反映差动变压器衔铁位移的方向，由输出电压的大小来反映差动变压器衔铁位移的大小。

随着集成电路技术的发展，各种性能的全集成化的相敏检波电路相继出现，如单片集成电路 LZX1 就是一种全波相敏检波器，它具有把输入交流信号变为直流信号输出，以及鉴别输入信号相位等功能。该器件具有质量轻、体积小、可靠性高、调整方便等优点。LZX1 全波相敏检波器与差动变压器的连接电路示意图如图 5-18 所示。该电路要求参考电压 u_r 和输入信号 u_s（即差动变压器次级输出电压）频率相同，相位相同或相反，因此需要在线路中接入移相器。对于测量小位移的差动变压器，由于输出信号小，还需在差动变压器的输出端接入放大器，把放大了的信号输入到 LZX1 的信号输入端。图 5-18 中电位器 R 用于调零，电容 C 用于消振。

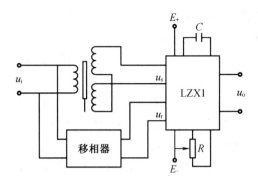

图5-18　LZX1全波相敏检波器与差动变压器的连接电路示意图

2. 差动整流电路

差动整流电路也是差动变压器常用的测量电路。差动整流就是先把差动变压器两个次级线圈的感应电动势分别整流,然后再将整流后的电流(或电压)串联成通路差动输出。图5-19所示为几种典型的差动整流电路示意图。图中(a)、(b)为电流输出,适用于低负载阻抗;(c)、(d)为电压输出,适用于高负载阻抗。(a)、(c)采用全波整流,(b)、(d)采用半波整流。图中电位器用来调整零点残余电压。

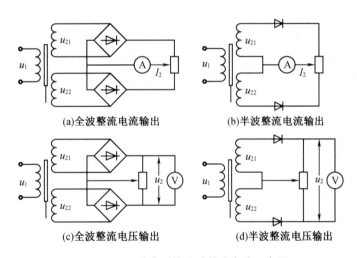

图5-19　几种典型的差动整流电路示意图

下面结合图5-20所示全波电压输出差动整流电路,分析差动整流原理。

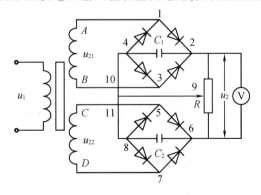

图5-20　全波电压输出差动整流电路

假设差动变压器两次级线圈的相位关系为 A 正 B 负,C 正 D 负。上次级线圈的电流路径为 $A\rightarrow1\rightarrow2\rightarrow9\rightarrow10\rightarrow4\rightarrow3\rightarrow B$,电容 C_1 两端电压为 u_{24}。下次级线圈的电流路径为 $C\rightarrow5\rightarrow6\rightarrow9\rightarrow11\rightarrow8\rightarrow7\rightarrow D$,电容 C_2 两端电压为 u_{68}。电路的输出电压为电压 u_{24} 和 u_{68} 的代数和,即

$$u_2 = u_{24} - u_{68} \tag{5-57}$$

当激励电源电压为负半周时,变压器两次级线圈的电压极性与上边假设相反。采用同样的分析方法,可得电路的输出电压仍如式(5-57)所示。由此可见,无论激励电源电压为正半周还是负半周,通过上、下线圈所在回路中电流方向始终不变,因而,总输出电压的表达式不变。

当衔铁在零位时,因为 $u_{24} = u_{68}$,所以 $u_2 = 0$;当衔铁在零位以上时,因为 $u_{24} > u_{68}$,则 $u_2 > 0$;而当衔铁在零位以下时,则有 $u_{24} < u_{68}$,导致 $u_2 < 0$。

由于差动整流电路具有结构简单,不需要考虑相位调整和零点残余电压的影响,分布电容影响小和便于远距离传输等优点,因而获得了广泛的应用。

一般经相敏检波和差动整流输出的信号,还须通过低通滤波器,把调制时引入的高频信号衰减掉,只让衔铁移动所产生的有用信号通过。

图 5-21 所示为差动变压器的输出特性曲线。由图可见,经相敏检波和差动整流后的输出特性曲线通过零点,近似为一条直线,位移 x 为正时输出正电压,位移 x 为负时输出负电压,且输出的信号和位移近似呈线性关系。因此,差动变压器采用相敏检波电路或差动整流电路,输出信号能反映衔铁位移的大小和方向,并且还能较好地削弱和消除零点残余电压的影响。

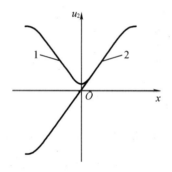

1—未加相敏检波或差动整流时的输出特性曲线;
2—经过相敏检波或差动整流后的输出特性曲线。

图 5-21　差动变压器的输出特性曲线

5.3　电涡流式传感器

电感线圈通一交变电流,导线周围就会产生变化的磁场,将块状金属导体置于此磁场中,磁力线经过金属导体时,金属导体就会产生感应电流,且呈闭合回线,类似于水涡流形状,故称为电涡流,简称涡流。这种现象叫涡流效应,涡流式传感器就是利用涡流效应来工

作的,如图 5-22 所示。

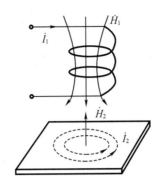

图 5-22 电涡流传感器的基本原理

　　涡流的大小与金属导体的电阻率 ρ、磁导率 μ、金属导体的厚度 h、线圈激励信号频率 ω 以及线圈与金属导体间的距离 x 等参数有关。若只改变某一参数,固定其余参数,电涡流的就成为这一参数的单值函数。

　　由于涡流深度与传感器线圈的激励信号频率有关,频率越高,穿透深度越小,频率越低,穿透深度越小,故电涡流传感器可分为高频反射式和低频透射式,它们的基本工作原理相似,这里以高频反射式涡流传感器为例说明其原理及特性。

5.3.1 工作原理

　　设图 5-22 中,有一通以交变电流 $\dot{I}_1$ 的传感器线圈,由于 $\dot{I}_1$ 的存在,线圈周围就产生一个交变磁场 H_1。若被测导体置于该磁场范围内,由法拉第电磁感应定律,导体内将产生电涡流 $\dot{I}_2$,$\dot{I}_2$ 也将产生一个新磁场 H_2,且 H_2 的方向与 H_1 相反,力图削弱 H_1 的作用,从而使激励线圈的电感量、阻抗和品质因数发生变化。

　　为分析方便,建立电涡流传感器的简化模型以得到其等效电路。将被测导体看作一短路环,其上形成的电涡流等效为短路环中的电流,R_2 和 L_2 为短路环的等效电阻和电感,如图 5-23 所示,设线圈的电阻为 R_1,电感为 L_1,加在线圈两端的激励电压为 $\dot{U}_1$。线圈与被测导体等效为相互耦合的两个线圈,它们之间的互感系数 $M(x)$ 是距离 x 的函数,随 x 的增大而减小。

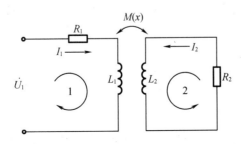

图 5-23 电涡流传感器的等效电路

对电涡流传感器的等效电路，根据基尔霍夫电压定律，列出回路 1 和回路 2 的电压平衡方程

$$\begin{cases} R_1\dot{I}_1+j\omega L_1\dot{I}_1-j\omega M\dot{I}_2=\dot{U}_1 \\ R_2\dot{I}_2+j\omega L_2\dot{I}_2-j\omega M\dot{I}_1=0 \end{cases} \tag{5-58}$$

解方程可得到回路内的电流 $\dot{I}_1$ 和 $\dot{I}_2$，并可进一步求得传感器线圈受金属导体影响后的等效阻抗为

$$Z=\frac{\dot{U}_1}{\dot{I}_1}=R_1+R_2\frac{\omega^2M^2}{R_2^2+\omega^2L_2^2}+j\omega\left(L_1-L_2\frac{\omega^2M^2}{R_2^2+\omega^2L_2^2}\right) \tag{5-59}$$

其等效电阻、电感分别为

$$R=R_1+R_2\frac{\omega^2M^2}{R_2^2+\omega^2L_2^2} \tag{5-60}$$

$$L=L_1-L_2\frac{\omega^2M^2}{R_2^2+\omega^2L_2^2} \tag{5-61}$$

传感器线圈的品质因数为

$$Q=\frac{\mathrm{Im}(Z)}{\mathrm{Re}(Z)}=\frac{\omega L_1}{R_1}\frac{\left(1-\frac{L_2}{L_1}\frac{\omega^2M^2}{R_2^2+\omega^2L_2^2}\right)}{1+\frac{R_2}{R_1}\frac{\omega^2M^2}{R_2^2+\omega^2L_2^2}}=\frac{Q_0\left(1-\frac{L_2}{L_1}\frac{\omega^2M^2}{|Z_2|^2}\right)}{1+\frac{R_2}{R_1}\frac{\omega^2M^2}{|Z_2|^2}}<Q_0 \tag{5-62}$$

其中，$Q_0=\omega L_1/R_1$ 为无涡流影响的 Q 值，Z_2 为导体等效短路环阻抗，且

$$|Z_2|=\sqrt{R_2^2+\omega^2L_2^2} \tag{5-63}$$

由上面的分析看出：

（1）由于涡流的影响，线圈等效阻抗的实数部分增大，虚数部分减小，因此品质因数 Q 值下降。

（2）影响线圈 Z、L、Q 变化的因素有导体的性质（L_2、R_2）、线圈的参数（L_1、R_1）、电流的频率 ω 以及线圈与导体间的互感系数 $M(x)$。由于线圈 Z、L、Q 的变化与 L_1、L_2 及 M 有关，因此将电涡流式传感器归为电感式传感器。

（3）线圈的 Z、L、Q 都是系统互感系数 $M(x)$ 平方的函数，当构成电涡流传感器时，$Z=f_1(x)$、$L=f_2(x)$、$Q=f_3(x)$ 都是非线性函数。但在一定范围内，可将这些函数近似地用线性函数表示，于是就可通过测量 Z、L、Q 的变化线性地获得位移的变化。

总之，电涡流传感器的工作原理可总结为：当传感器线圈与被测导体间距离远近不同时，它们间的耦合程度不同，反映出线圈的 Z、L、Q 的变化就不一样，通过测量 Z、L、Q 的变化，就可得到位移量的变化。

5.3.2 结构类型

1. 高频反射式

高频反射式又叫作变间隙式，变间隙式电涡流传感器的结构示意图如图 5-24 所示，它由扁平线圈固定在框架上构成。其中，线圈采用高强度多股漆包线绕制而成，位于传感器

的端部;线圈框架采用损耗小、电绝缘性能良好的聚四氟乙烯等材料制作;支座用于固定传感器;电缆和插头接后续测量电路,由于激励频率高,必须采用专用的高频电缆和插头。

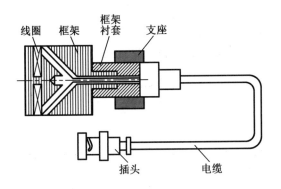

图5-24　电涡流传感器的结构示意图

由于电涡流传感器是利用线圈与被测导体间的电磁耦合进行工作的,因而被测导体作为"实际传感器"的一部分,其材料的物理性质、尺寸及形状都与传感器特性密切相关。

这种传感器,其被测金属导体内产生的涡流要消耗能量,且其产生的附加磁场 H_2 抵消掉一部分原线圈产生的磁场,故叫反磁场。这些作用都将"反射"回原激励线圈,改变原线圈的阻抗,从而可以测量金属材料到线圈的距离。

图5-25所示的是被测体直径对灵敏度的影响曲线,纵坐标 K_r 为相对灵敏度,横坐标 D/d 表示被测体直径与线圈直径的比值。由图看出,当 $D/d=1/2$ 时,灵敏度将减小一半。为充分利用电涡流效应,被测体的直径不应小于线圈直径的1.8倍,即 $D/d>1.8$。

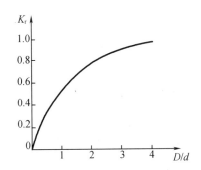

图5-25　被测体直径对灵敏度的影响曲线

同样,对被测体厚度也有一定的要求,一般厚度 h 需大于0.2 mm,当然,这与激励频率有关,激励频率越高,穿透深度越浅,反射效果越好。

2. 低频透射式

低频透射式电涡流传感器的激励频率越低,贯穿深度越大,透射效果越好,该类型传感器适用于测量金属材料的厚度,其结构示意图如图5-26所示。

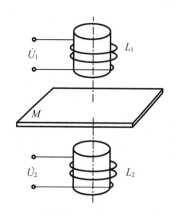

图 5-26　低频透射式电涡流传感器结构示意图

图 5-26 中,传感器由发射线圈 L_1 和接收线圈 L_2 组成,它们分别位于被测金属板材 M 的两侧。当低频激励电压 $\dot{U}_1$ 加到 L_1 的两端时,将在 L_2 的两端产生感应电压 $\dot{U}_2$。若两线圈之间无金属导体,L_1 的磁场就能直接贯穿 L_2,这时 $\dot{U}_2$ 幅值最大。当有金属板后,将产生涡流,削弱 L_1 的磁场,造成 $\dot{U}_2$ 幅值下降。金属板越厚,涡流损耗越大,$\dot{U}_2$ 幅值就越小。因此可利用 $\dot{U}_2$ 幅值的大小来反映金属板的厚度。

同一材料在不同频率下,其输出电压与板材厚度的关系曲线如图 5-27 所示。

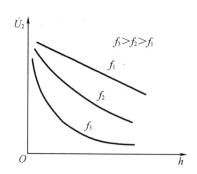

图 5-27　不同频率下输出电压与板材厚度的关系曲线

由图 5-27 可知:

(1)激励频率较高时,曲线各段斜率相差较大,线性度不好,但是,当 h 较小时,灵敏度较高。

(2)激励频率较低时,线性度较好,测量范围大,但灵敏度较低。为了使传感器具有较大的测量范围与较好的线性度,应选用较低的激励频率,例如 1 kHz。

(3)当 h 较小时,f_3 的斜率大于 f_1 的斜率;而当 h 较大时,f_1 的斜率大于 f_3 的斜率。因此,测薄板时应选较高的频率,测厚板时应选较低的频率。

5.3.3　测量电路

根据电涡流传感器的工作原理,被测量可以转换为线圈电感 L、阻抗 Z 和 Q 值的变化,相应的测量电路也应有三种,测量线圈电感的谐振电路、测量阻抗的电桥电路以及测量 Q

值的电路。而 Q 值测量电路较少采用,故本书不作探讨。

谐振电路的基本工作原理是:将传感器线圈和电容组成 LC 谐振回路,谐振频率为

$$f=\frac{1}{2\pi\sqrt{LC}}$$

谐振时回路阻抗最大,为

$$Z_0=\frac{L}{R'C}$$

式中 R'——回路等效损耗电阻。

当电感 L 变化时,f 和 Z_0 都随之变化,因此,通过测量回路的阻抗或谐振频率即可获得被测值。相应地,谐振电路可分为调幅式和调频式两种。

1. 电桥电路

如图 5-28 所示为涡流式传感器的电桥电路示意图,Z_1 和 Z_2 为线圈阻抗,它们可以是差动式传感器的两个线圈阻抗,也可以是一个传感器线圈,另一个是平衡用的固定线圈。它们与电容 C_1、C_2,电阻 R_1、R_2 组成电桥的四个臂。

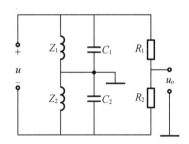

图 5-28 涡流式传感器的电桥电路示意图

电源 u 由振荡器供给,振荡频率根据涡流式传感器的需求选择。电桥将反映线圈阻抗的变化,把线圈阻抗变化转换为电压幅值的变化。

2. 谐振电路

(1)调幅电路

如图 5-29 所示,传感器线圈 L 和电容器 C 并联组成谐振回路,石英晶体组成石英晶体振荡电路,起恒流源的作用,给谐振回路提供一个稳定频率(f_0)的激励电流 $\dot{I}_0$,则 LC 回路的输出电压为

$$\dot{U}_0=\dot{I}_0\cdot Z \tag{5-64}$$

式中 Z——LC 回路的阻抗,$Z=L/R'C$。

当金属导体远离或被去掉时,LC 并联谐振回路频率即为石英振荡频率 f_0,回路呈现的阻抗最大,谐振回路上的输出电压 $\dot{U}_0$ 也最大;当金属导体靠近传感器线圈时,线圈的等效电感 L 发生变化,导致回路失谐,从而使回路阻抗降低,输出电压 $\dot{U}_0$ 降低。L 的数值随距离 x 的变化而变化,因此输出电压 $\dot{U}_0$ 也随 x 而变化,此电压 $\dot{U}_0$ 经过放大、检波后,由指示仪表直接显示出 x 的大小。

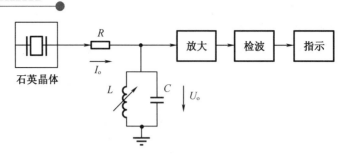

图 5-29　调幅式测量电路示意图

电路采用石英晶体作振荡器,旨在获得高稳定度的频率激励信号,以保证稳定的输出。因为振荡频率若变化 1% ,一般将引起输出电压发生 10% 的漂移。

图 5-29 中,R 为耦合电阻,用来减小传感器对振荡器的影响,并作为恒流源的内阻。R 愈大,灵敏度愈低;R 愈小,灵敏度愈高。但是 R 又不能太小,由于振荡器的旁路作用,反而使灵敏度降低。

(2)调频电路

如图 5-30 所示,传感器线圈接入 LC 振荡回路,当传感器与被测导体距离 x 发生改变时,在涡流影响下,传感器的电感变化,导致振荡频率的变化,且该变化的振荡频率 f 是距离 x 的函数,即 $f=f(x)$,该频率可由数字频率计直接测量,或者通过 F/V 变换,用数字电压表测量对应的电压。

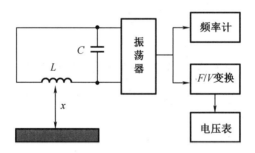

图 5-30　调频谐振测量电路示意图

振荡器电路如图 5-31 所示,它由谐振回路(L、C)、电容三点式振荡器(C_1、C_2、C_3、BG_1)以及射极跟随器(BG_2)组成。为避免输出电缆分布电容的影响,通常将 L、C 一起做在探头里,这样,电缆电容就并联在大电容 C_2、C_3 上,对振荡频率 f 的影响大幅度减小。为与负载隔离,振荡器通过射极跟随器输出。

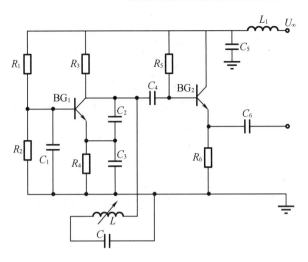

图 5-31 调频式振荡测量电路

5.4 电感式传感器的应用

5.4.1 自感式传感器的应用

自感式传感器的主要优点是结构简单可靠、测量力小、测量准确度高、分辨率较高、输出功率较大等。主要缺点是频率响应较低,不适宜于快速动态测量;自线圈流往负载的电流不可能等于零,衔铁永远受有吸力;线圈电阻受温度影响,有温度误差等。

在变气隙型、变面积型、螺管型三种自感式传感器中,变气隙型自感式传感器由于其起始气隙 δ_0 一般取值很小,为 $0.1\sim0.5$ mm,因而灵敏度最高,对电路的放大倍数要求很低。缺点是非线性严重。为了限制非线性误差,测量范围只能很小,最大测量范围 $\Delta\delta_{\max}<\delta/5$。衔铁在 $\Delta\delta$ 方向的移动受铁芯限制,自由行程小。此外,还有一个严重的缺点就是制造装配困难。

变面积型自感式传感器的优点是具有较好的线性,测量范围较大,自由行程也较大。

螺管型自感式传感器的灵敏度低,但测量范围大,自由行程大,且其主要优点是结构简单,制造装配容易。灵敏度低的缺点可以在放大电路中加以解决。

作为自感式传感器的应用实例,下面以变气隙型差动自感式压力传感器和螺管型差动自感式位移传感器为例进行介绍。

1. 变气隙型差动自感式压力传感器

图 5-32 所示为变气隙型差动自感式压力传感器示意图。该压力传感器由 C 形弹簧管、铁芯、衔铁、线圈 1 和 2 等组成。调整螺钉用来调整机械零点。整个传感器装在一个圆形的金属盒内。

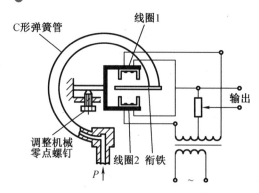

图 5-32　变气隙型差动自感式压力传感器示意图

当被测压力 P 变化时,弹簧管的自由端产生位移,带动与自由端连接的自感传感器的衔铁移动,使传感器的线圈 1、2 中的电感量发生大小相等、符号相反的变化,再通过变压器电桥将电感量的变化转换成电压信号输出。传感器输出信号的大小取决于衔铁位移的大小,亦即被测压力 P 的大小。

2. 螺管型差动自感式位移传感器

图 5-33 为螺管型差动自感式位移传感器结构示意图。可换测头 10 用螺纹拧在测杆 8 上,测杆 8 可在钢球导轨 7 上做轴向移动。测杆上端固定着衔铁 3。当测杆移动时,带动衔铁 3 在电感线圈 4 中移动,线圈 4 放在圆筒形磁芯 2 中。衔铁和磁芯都用铁氧体做成。线圈配置成差动形式,即当衔铁 3 由中间位置向上移动时,上线圈的电感量增加,下线圈的电感量减少。两个线圈的线端和公共端电缆 1 引出,以便接入测量电路。传感器的测量力由弹簧 5 产生。防转销 6 用来限制测杆 8 的转动,以减小测量的重复性误差。密封套 9 用来防止尘土进入测量头内。钢球导轨 7 可减小径向间隙,使测量准确度提高,并且使灵敏度和寿命能达到较高指标。

当被测体 11 相对于基准面 12 移动时,带动测头、测杆和衔铁一起移动,从而使差动自感式传感器的两线圈阻抗值发生大小相等、极性相反的变化,再经测量电路和指示仪表,指示被测位移的大小和方向。

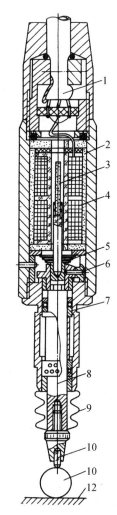

1—电缆;2—磁芯;3—衔铁;4—线圈;5—弹簧;
6—防转销;7—钢球导轨;8—测杆;9—密封套;
10—可换测头;11—被测体;12—基准面。

**图 5-33　螺管型差动自感式位移
传感器结构示意图**

螺管型差动自感式位移传感器广泛应用于几何量测量领域,如测量位移、轴的振动、工件的尺寸、零件的变形等。

5.4.2 差动变压器的应用

差动变压器的应用特点基本上与自感式传感器相同,差动变压器的输出较自感式传感器稳定。应用自感式传感器的场合基本都可用差动变压器来代替。

下面简要介绍差动变压器的几个应用实例。

1. 差动变压器式压力传感器

图 5-34 所示为差动变压器式压力传感器结构示意图。在该传感器中采用波纹膜盒作为敏感元件,将压力转换为位移。当被测压力未导入传感器时,波纹膜盒无位移。这时,活动衔铁处在差动变压器线圈的中间位置,因而输出电压为零。当被测压力从输入接头导入波纹膜盒时,波纹膜盒在被测压力作用下,其自由端产生一正比于被测压力的位移,通过测杆使衔铁向上位移,在差动变压器的次级线圈中产生的感应电动势发生变化,因而有电压输出。此电压经过安装在线路板上的电子线路处理后,正比于被测压力的信号通过接插件输出送给显示仪表加以显示。这种压力传感器适用于测量各种生产过程中液体、水蒸气及其他气体的微压力,测量范围为 $(-4 \sim +6) \times 10^4$ Pa。

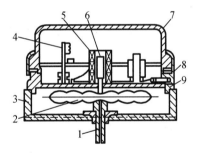

1—压力输入接头;2—波纹膜盒;3—安装底座;4—印制电路板;5—差动线圈;

6—衔铁;7—电源变压器;8—罩壳;9—指示灯。

图 5-34 差动变压器式压力传感器结构示意图

2. CPC 型差压计

图 5-35 所示为 CPC 型差压计的结构示意图。CPC 型差压计由测压膜片、差动变压器和测量电路组成。作用于膜片两侧的压力 p_1 和 p_2 之间的差压 Δp 变化时,膜片产生位移,从而带动固定在膜片上的差动变压器的衔铁移位,使差动变压器二次侧输出电压发生变化。输出电压的大小与衔铁的位移成正比,因而与所测差压成正比。

3. 差动变压器式加速度传感器

图 5-36 所示为差动变压器式加速度传感器结构示意图。差动变压器式加速度传感器由悬臂梁和差动变压器组成。测量时,将悬臂梁底座及差动变压器的线圈骨架固定,将衔铁的 A 端与被测物体相连。当被测物体振动时,带动衔铁以同样的 $\Delta x(t)$ 振动,差动变压器的输出电压按相同的规律变化。

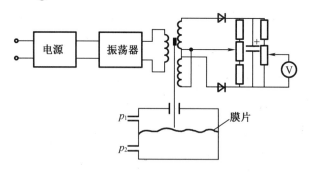

图 5-35　CPC 型差压计结构示意图

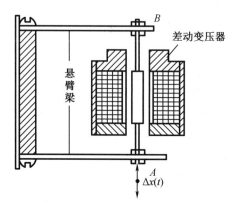

图 5-36　差动变压器式加速度传感器结构示意图

5.4.3　电涡流式传感器的应用

电涡流式传感器由于具有测量线性范围大、灵敏度高、结构简单、抗干扰能力强、不受油污等介质的影响以及可非接触测量等优点,所以被广泛地应用于工业生产和科学研究的各个领域,可用来测量位移、振幅、尺寸、厚度、热膨胀系数、轴心轨迹、非铁磁材料导电率和金属件探伤等。目前已研制和生产出多种测量位移、振幅、厚度、电导率和探伤等的电涡流式检测仪表。在化工、动力等行业,电涡流式传感器被广泛用于汽轮机、压缩机、发电机等大型机械的监控设备。

1. 位移测量

根据电涡流式传感器的工作原理,其最基本的形式就是一只位移传感器,可用来测量各种形状被测件的位移。测量的最大位移可达数百毫米,一般的分辨率为满量程的 0.1%。

原则上凡是可以转换为位移量的参数,都可以用电涡流式传感器来测量。图 5-37 为几个典型应用实例。图 5-37(a)所示为测量汽轮机主轴的轴向位移;图 5-37(b)所示为测量磨床换向阀、先导阀的位移;图 5-37(c)所示为测量金属试件的热膨胀系数。

2. 振动测量

电涡流式传感器可无接触地测量旋转轴的径向振动。在汽轮机、空气压缩机中,常用电涡流式传感器监控主轴的径向振动,如图 5-38(a)所示;也可用电涡流式传感器测量汽轮机涡轮叶片的振幅,如图 5-38(b)所示。测量时除用仪表直接显示读数外,还可用记录仪器记录振动波形。轴振幅的测量范围可从几微米到几毫米,频率范围可从零到几十千赫兹。在研究轴的振动时,常需要了解轴的振动形状,给出轴振形图。为此,可用数个电涡流式传感器探头并排地安置在轴附近,如图5-38(c)所示,再将信号输出至多通道记录仪。在轴振动时,可以获得各个传感器所在位置轴的瞬时振幅,从而绘出轴振形图。

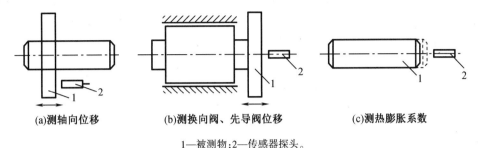

(a)测轴向位移　　(b)测换向阀、先导阀位移　　(c)测热膨胀系数

1—被测物;2—传感器探头。

图5-37　电涡流式传感器典型应用实例

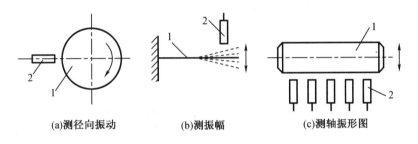

(a)测径向振动　　(b)测振幅　　(c)测轴振形图

1—被测物体;2—传感器探头。

图5-38　电涡流传感器无接触地测量旋转轴的径向振动

3.厚度测量

电涡流式传感器可无接触地测量金属板的厚度和非金属板的金属镀层厚度。图5-39(a)为金属板的厚度测量,当金属板1的厚度变化时,将使传感器探头2与金属板间的距离改变,从而引起输出电压的变化。

由于在工作过程中金属板会上下波动,这将影响厚度测量的精度,因此常用比较的方法进行测量,如图5-39(b)所示。在金属板1的上、下各装一只电涡流式传感器探头2,其距离为D,它们与板的上、下表面的距离分别为x_1和x_2,这样板厚$t=D-(x_1+x_2)$。当两个传感器探头工作时,分别把测得的x_1和x_2转换成电压值后送加法器,相加后的电压值再与两传感器间距离D相应的设定电压相减,就得到与板厚度相对应的电压值。

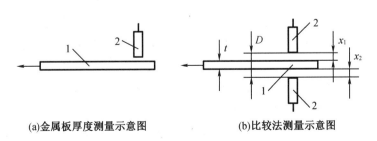

(a)金属板厚度测量示意图　　(b)比较法测量示意图

1—金属板;2—传感器探头。

图5-39　电涡流传感器无接触地测量金属板的厚度和非金属板的金属镀层厚度

4.无损探伤

电涡流式传感器可以做成无损探伤仪,这对保障油气管道、压力容器的安全平稳运行起到了关键作用,主要用于非破坏性地探测金属材料的表面裂纹、热处理裂纹、焊缝裂纹等,如图 5-40 所示。探测时,传感器与被测物体的距离不变,保持平行相对移动。遇有裂纹时,金属的电导率、磁导率发生变化,结果引起传感器的等效阻抗发生变化,通过测量电路得到相关信号,达到探伤目的。

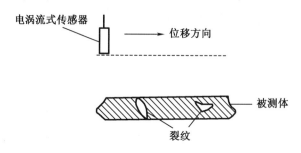

图 5-40　电涡流式传感器无损探伤示意图

（1）渗透探伤

渗透探伤(penetrant testing,PT)主要适用于检查表面开口缺陷的无损检测。诸如裂纹、折叠、气孔、冷隔和疏松等,它不受材料组织结构和化学成分的限制,它不仅可以检查金属材料,还可以检查塑料、陶瓷及玻璃等非多孔性的材料。

渗透显示直观,容易判断,操作方法具有快速、简便的特点,通过操作即可检出任何方向的缺陷;但它也有一定的局限性,只能检出表面开口性缺陷,对被污染物堵塞或机械处理(抛光和研磨等)后开口被封闭的缺陷等不能有效地检出,它也不适用于检查多孔性疏松材料制成的工件和表面粗糙的工件,其显像剂最佳观察时间是 8 ~ 10 min,有效保留时间是 30~45 min。且在一般情况下不能与磁粉检测同时使用,其磁粉施加的磁悬液会堵塞缺陷的开口。特殊要求情况下,可先做渗透探伤,后做磁粉探伤,但其检出率会很低,没有实际意义。

（2）磁粉探伤

磁粉探伤(magnetic testing,MT)主要用于碳钢、合金结构钢、沉淀硬化钢和电工钢等的表面和近表面的缺陷检测,由于不连续的磁粉堆积于被检工件的表面上,所以能直观地显示不连续的形状、位置和尺寸,并大致确定其性质,磁粉检测的灵敏度也较高,检出缺陷宽度可达 0.1 μm,对于埋藏深达几毫米,甚至十几毫米的某些不连续缺陷也可探测出来。

磁粉检测时,几乎不受被检测件的大小和形状限制,并采用各种磁化技术检验各个部位的缺陷,它的工艺相对简单,而且检验速度快、成本低。但它不能检验非铁磁性的金属,如铝、镁、铜等;不能检查非金属材料,如橡胶、塑料、玻璃、陶瓷等;也不能检查奥氏体不锈钢。它主要用于船体焊缝、柴油机零部件、钢锻件、钢铸件的检测。

磁粉探伤只适用于铁磁性材料;只能检测表面与近表面缺陷;对裂纹有很强的检测能力。

（3）超声波探伤

超声波探伤（ultrasonic testing，UT）在工业上应用非常广泛，主要应用于各种尺寸的锻件、轧制件、焊缝、铸件等，适用于黑色金属、有色金属和非金属材料和零部件。

超声波适于检测平面状缺陷，如裂纹、折叠、夹层、未焊透、未融合等。只要超声波波束与裂纹平面垂直，就可以获得很高的缺陷回波。而对于气孔夹渣类球状缺陷不够灵敏。

超声波检测的优点：①适用于金属、非金属和复合材料等的无损检测；②穿透能力强，可对较大厚度范围内的试件内部缺陷进行检测；③缺陷定位比较准确；④对面积型缺陷的检出率较高；⑤灵敏度高，可检测试件内部尺寸很小的缺陷；⑥检测成本低、速度快，设备轻便，现场使用较方便；⑦对人体及环境无害。

超声波检测主要用于内部缺陷的检测，对于面积型缺陷，如未融合、裂纹、分层有较高的检出率。但其定性、定量困难，复杂形状检测困难，需耦合剂和参考标准，且被检测的表面光洁度要求较高，在船舶上主要用于母材厚度为 6~100 mm 的铁素体钢全焊透焊缝的检测。

（4）射线探伤

X 射线探伤（radiographic testing，RT）是应用最早、最普遍的无损检测方法之一。它的原理是依据 X 射线穿透物体后由于其衰减程度不同因而在底片上产生不同黑度的影像来识别物体中的缺陷，缺陷影像直观，易于对缺陷定位、定性和定量。适用于金属和非金属等各种材料的探伤。

射线探伤与超声波检测相比，两者均能检测材料或工件的内部缺陷，而它主要检测体积型的缺陷，即工件成型后未经过压力加工变形，如铸件、焊缝、粉末冶金件等，广泛用于焊缝和铸件的检测，尤其是焊缝的检验。射线照相法用得最多，也最为有效。它能有效检测出气孔、夹渣、疏松等缺陷，但对分层、裂纹又难以检测。且在射线方向上存在厚度差或密度差。它能在底片上直观地观察到缺陷的性质、形状大小、位置等，便于对缺陷定位、定量、定性。可以长久地保存底片，作为检测结果记录的可靠依据。但它对面状缺陷检测能力较差，尤其对工件中最危险的缺陷——裂纹的检验，如果缺陷的取向与射线方向相对角度不适当，则检出率会明显下降，甚至完全无法检出。此外，费用也较高，操作工序也较为复杂。射线检测必须采取相应的防护措施。

5. 偏心测量

偏心是在低转速的情况下，电涡流传感器系统可对轴弯曲的程度进行测量，这些弯曲可由以下情况引起：原有的机械弯曲、临时温升导致的弯曲、重力弯曲和外力造成的弯曲。

偏心的测量对于评价旋转机械全面的机械状态，是非常重要的。特别是对于装有透平监测仪表系统（TSI）的汽轮机，在启动或停机过程中，偏心测量已成为不可少的测量项目。它使你能看到由于受热或重力所引起的轴弯曲的幅度。转子的偏心位置，也叫轴的径向位置，经常用来指示轴承的磨损，以及加载荷的大小。如由不对中导致的情况。它同时也用来决定轴的方位角，方位角可以说明转子是否稳定。

6. 胀差测量

对于汽轮发电机组来说，在其启动和停机时，由于金属材料的不同，热膨胀系数的不同，以及散热的不同，轴的热膨胀可能超过壳体膨胀；有可能导致透平机的旋转部件和静止部件(如机壳、喷嘴、台座等)的相互接触,导致机器的破坏。因此胀差测量是非常重要的。

7. 动态监控

对使用滚动轴承的机器预测性维修很重要。探头安装在轴承外壳中,以便观察轴承外环。由于滚动元件在轴承旋转时,滚动元件与轴承有缺陷的地方相碰撞时,外环会产生微小变形。监测系统可以监测到这种变形信号,当信号变形时意味着发生了故障,如滚动元件的裂纹缺陷或者轴承环的缺陷等,还可以测量轴承内环运行状态,经过运算可以测量轴承打滑度。

综合技能实训

电感式传感器电路设计。

1. 实训目的

电感式传感器是一种常见的传感器类型,它通过测量电感的变化来检测目标物体的位置、形状或其他相关参数。本实训旨在通过设计和搭建一个简单的电感式传感器实验装置,探索其工作原理和应用。

2. 实训原理

电感式传感器的工作原理是基于电感的变化来实现目标物体的检测。当被测物体靠近电感线圈时,会引起电感的变化,从而影响电路中的电流和电压。这种变化可以通过示波器来观察和记录,进而实现对被测物体的检测和分析。

3. 实验装置

本实训使用的电感式传感器实验装置由一个电源供应器、一个信号发生器、一个示波器和一个电感线圈等几部分组成。其中,电源供应器提供所需的电压,信号发生器产生变化的电信号,示波器用于观察电感的变化,电感线圈则是被测物体。

4. 实训步骤

(1)连接电源供应器和信号发生器,确保电压和频率设置正确。

(2)将电感线圈放置在被测物体附近,调整信号发生器的频率,观察示波器上的波形变化。

(3)改变被测物体的位置、形状或其他相关参数,观察示波器上的波形变化。

5. 实训结果

通过实验观察和数据记录,我们可以得出以下结论:

(1)当被测物体靠近电感线圈时,示波器上的波形振幅增大;当被测物体远离电感线圈时,示波器上的波形振幅减小。

(2)当被测物体形状改变时,示波器上的波形频率或振幅也会发生相应的变化。

(3)不同频率的电信号对电感式传感器的响应也不同,需要根据具体应用场景进行选择和调整。

6. 实训讨论

众所周知,电感式传感器有着广泛的用途。在工业自动化领域,它可以用于检测物体的位置、形状和尺寸,从而实现自动化控制和生产过程的优化。在医疗领域,它可以用于监测人体的生理参数,如心率和呼吸频率,从而实现健康管理和疾病诊断。此外,电感式传感器还可以应用于环境监测、交通控制和安防系统等领域。

通过实训,请大家思考讨论电感式传感器在不同场景下的测量步骤。通过实训,大家能够发现受到电磁干扰的影响,电感式传感器的测量结果可能会出现误差。此外大家思考一下,电感式传感器在不同环境条件下的响应是否存在差异,是否需要进行校准和调整。

这样就能够引导大家在实际测量电路中,一定要综合考虑传感器的精度、稳定性和可靠性等因素,来选择合适的传感器类型和匹配的参数。

7. 实训结论

通过本次实训,大家深入了解了电感式传感器的工作原理和应用。电感式传感器通过测量电感的变化来实现对目标物体的检测,具有广泛的应用前景。然而,大家也应该认识到电感式传感器存在的局限性和挑战,需要在实际应用中进行合理选择和调整。通过不断的实验和研究,进一步提高电感式传感器的性能和功能,推动其在各个领域的应用和发展。

思考与练习

1. 某些传感器在工作时采用差动结构,这种结构相对于基本结构有什么优点?

2. 试分析差动变压器式电感传感器的相敏整流测量电路的工作过程。带相敏整流的电桥电路具有哪些优点?

3. 差动变压器式传感器的零点残余电压产生的原因是什么?怎样减小和消除它的影响?

4. 有一台两线制压力变送器,量程范围为 $0 \sim 1$ MPa,对应的输出电流为 $4 \sim 20$ mA。试求:

(1)压力 p 与输出电流 I 的关系表达式(输入/输出方程)。当 p 为 0 MPa 和 0.5 MPa 时变送器的输出电流。

(2)如果希望在信号传输终端将电流信号转换为 $1 \sim 5$ V 电压,求负载电阻 R_L 的阻值。

5. 调研你所在的行业,有哪些测量场景中用到了电感式传感器?利用的是什么类型的电感式传感器?如何应用的?

第6章　红外传感器

红外传感器是一种广泛应用于各个领域的感知技术,利用红外线来探测、测量和监测目标物体的温度、运动和位置等信息。随着科技的不断进步,红外传感器在自动化控制、安防监控、医疗诊断、环境监测等方面发挥着越来越重要的作用。

本章将带您深入了解红外传感器的工作原理、特性以及应用。我们将从红外传感器的发展、红外传感器的种类及工作原理、典型电路、应用及特点等方面展开讲解。通过学习本章内容,您将能够理解红外传感器的工作原理,并通过红外传感器应用案例,更好地理解红外传感器的具体应用。

为了方便读者学习和总结本章内容,作者给出了本章内容的思维导图(图6-1)。

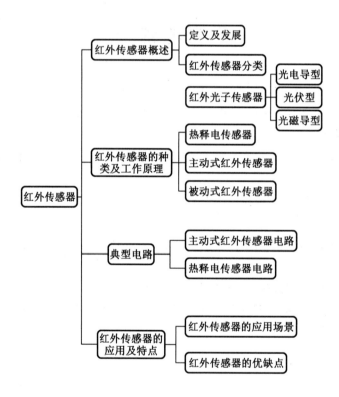

图6-1　本章内容的思维导图

6.1 红外传感器概述

6.1.1 定义及发展

红外线传感器(infraed transducer)是利用物体产生的红外辐射特性,实现自动检测的传感器,也称为红外探测器。红外线又称红外光,它具有吸收、反射、干涉、折射、散射等性质。因为它的光谱位于可见光中的红色以外,所以称为红外线,其属于不可见光。任何物体的温度只要高于绝对零度(-273.15 ℃),就会向外部空间以红外线的方式辐射能量。

1800 年 F. W. 赫歇尔使用水银温度计发现红外辐射,这是最原始的热敏型红外探测器(图6-2)。1830—1940 年,科学家们相继研制出多种热敏型探测器,如温差电偶的热敏探测器、测辐射热计等。19 世纪,人们使用热敏型红外探测器,认识了红外辐射的特性及其规律,证明了红外线与可见光具有相同的物理性质,并遵守相同的规律。它们都是电磁波之一,具有波动性,其传播速度都是光速,波长是它们的特征参数并可以测量。20 世纪初,科学家们测量了大量的有机物质和无机物质的吸收、发射和反射光谱,证明了红外技术在物质分析中的价值;30 年代,红外光谱带首次出现,此后,红外线传感器发展为在物质分析中不可缺少的仪器;40 年代初,光电型红外探测器问世,以硫化铅红外探测器为代表的探测器性能优良、结构牢靠;50 年代,半导体物理学的迅速发展,使光电型红外探测器得到新的推动;60 年初期,固体物理、光学、电子学、精密机械和微型制冷器等方面的发展,使红外技术在军、民两方面都得到了广泛的应用;60 年代中期,红外探测器和系统开始步入现代化。

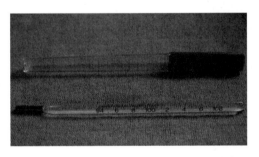

图6-2 水银温度计,最早的热敏红外探测器

6.1.2 红外传感器分类

红外传感器的种类(图6-3)很多,根据能量转换方式的不同,红外传感器可分为光子式和热释电式两种。红外光子传感器利用入射光辐射的电子流与探测器材料中的电子相互作用,从而改变电子的能量状态,引起光子效应;热释电红外线传感器是在 20 世纪 80 年代发展起来的一种新型高灵敏度探测元件,它可以以非接触形式检测出人体辐射的红外线能量变化,并将其转换成电压信号输出。

图 6-3 红外传感器分类

红外传感器根据红外线发射源(IR源)的存在分为两种类型:主动式(有源)红外传感器和被动式(无源)红外传感器。主动式红外传感器是将一对红外线发射与红外线接收的装置放在一起,组成一个红外线的对射系统。被动式红外传感器的自身不会传输任何能量,只能被动的接收。

红外线传感器系统可以分为辐射计、搜索和跟踪系统、热成像系统、红外测距和通信系统、混合系统。其中辐射计主要用于辐射和光谱测量;搜索和跟踪系统用于搜索和跟踪红外目标,确定其空间位置并对它的运动进行跟踪;热成像系统可以产生整个目标的红外辐射分布图像;混合系统是各类系统中两个或多个的组合。

6.2　红外传感器的种类及工作原理

红外传感器是利用红外辐射实现相关物理量测量的一种传感器。红外传感器的构成比较简单,它一般是由光学系统、红外探测器、信号调节电路和显示单元等几部分组成。其中,红外探测器是红外传感器的核心器件。

6.2.1　红外光子传感器

红外光子探测器是利用内光电效应,红外光子直接把材料束缚态电子激发成传导电子,参与导电,实现光-电转换,电信号大小与吸收的光子数成比例。根据不同需要,光子探测器工作温度范围为4~300 K。为了保证低温工作条件,探测器结构非常重要,必须考虑如何与制冷器配合、密封性能是否达标和组件设计是否标准等问题。

(1)常温工作的探测器结构

在常温下工作的探测器,结构较简单,只需提供保护外壳,引出电极和透红外窗口即可。如硫化铅、硒化铅探测器,一般采用TO-5型晶体管外壳,前面加红外线透射窗口。

(2)带半导体制冷器结构

当探测器工作温度为195~300 K时,采用半导体制冷方法最为便利。制冷器冷端上安装探测器芯片,热端与外壳底座相连,并加散热器散热。一般采用真空密封结构,把半导体制冷器和探测器芯片封装在真空腔中,保持其制冷效果。

(3)低温杜瓦结构

低温工作的探测器大多工作在100 K以下,以77 K工作为主。有些锗、硅掺杂光电导器件工作在4 K~60 K。低温工作的探测器的芯片需要封装在真空杜瓦中。假若工作温度

77 K、环境温度为常温 300 K,就必须采取绝热措施。真空杜瓦是绝热的好办法。若杜瓦真空度降低,绝热性能变差,传导散热使消耗的冷量增加,因此就需要更大的制冷功率;然而,制冷器的冷量通过传导会使杜瓦外壳温度降低,空气中的水分就会冷凝在杜瓦外壁和窗口上,轻则呈霜状,重则有水滴,俗称为杜瓦"结霜"或"出汗"。窗口"结霜"或"出汗",严重影响红外线透射,所以高真空杜瓦结构是探测器正常工作的必需条件。除杜瓦必须保持高真空度以外,透红外窗口还要满足探测器工作波段的要求。

图 6-4 为单光子红外探测器实物图。

图 6-4　单光子红外探测器实物图

按光-电信号转换的不同原理,红外光子传感器分为光电导型、光伏型和光磁电型等。

1. 光电导型

受红外线激发,探测器芯片传导电子增加,因而电导率增加,在外加偏置电压下,引起电流增加,增加的电流大小与光子数成比例。光电导探测器俗称光敏电阻。光电导又分本征型激发和非本征型(杂质型)激发两种。本征型是指红外光子把电子从价带激发至导带,产生电子-空穴对,即导带中增加电子,价带中产生空穴;杂质型是指红外光子把杂质能级的束缚电子(或空穴)激发至导带(或价带),使导带中增加电子(或价带中增加空穴)。应用最多的本征型光电导探测器有硫化铅、硒化铅、锑化铟、碲镉汞等;杂质型光电导探测器主要有锗掺汞、硅掺镓等。

2. 光伏型

在半导体材料中,使导电类型不同的两种材料相接触,制备成 PN 结,形成势垒区。红外线激发的电子和空穴在 PN 结势垒区被分开,积累在势垒区两边,形成光生电动势。连接外电路,就会有电信号输出。光伏探测器也称光电二极管。光伏红外探测器主要包含锑化铟、碲镉汞、碲锡铅等物质。还有一种称为肖特基势垒型探测器,它是由某些金属与半导体接触,形成一种势垒称为肖特基势垒,与 PN 结势垒相似,红外线激发的载流子通过内光电发射产生电信号,实现光电探测。常用的肖特基势垒探测器有硅化铂、硅化铱等。

3. 光磁电型

由红外线激发的电子和空穴,在材料内部扩散运动过程中,受到外加磁场的作用,就会使正、负电荷分开,分别偏向相反的一侧,电荷在材料侧面积累。若连接外电路,就会有电信号产生。光磁电型探测器主要包含锑化铟、碲镉汞等物质。由于光磁电型探测器要在探测器芯片上加磁场,结构比较复杂,所以现在很少使用。

6.2.2 热释电传感器

热释电传感器(图6-5)由滤光片、热释电探测元和前置放大器组成,补偿型热释电传感器还带有温度补偿元件。为防止外部环境对传感器输出信号的干扰,上述元件被真空封装在一个金属管内。

某些晶体,例如钽酸锂、硫酸三甘肽等受热时,晶体两端会产生数量相等、符号相反的电荷。又如压电陶瓷类电介质在电极化后能保持极化状态,称为自发极化。自发极化随温度升高而减小,在居里点温度降为零。1842年布鲁斯特将这种由温度变化引起的电极化现象正式命名为"pyroelectric",即热释电效应。因此,当这种材料受到红外辐射而温度升高时,表面电荷将减少,相当于释放了一部分电荷。将释放的电荷经放大器可转换为电压输出。

图6-5 热释电传感器

热释电传感器的滤光片为带通滤光片,它封装在传感器壳体的顶端,使特定波长的红外辐射选择性地通过,到达热释电探测元和在其截止范围外的红外辐射则不能通过。

热释电探测元是热释电传感器的核心元件,它是在热释电晶体的两面镀上金属电极后,加电极化制成,相当于一个以热释电晶体为电介质的平板电容器。当它受到非恒定强度的红外光照射时,产生的温度变化导致其表面电极的电荷密度发生改变,从而产生热释电电流。这就是热释电传感器的工作原理。

应注意,当辐射继续作用于热释电元件,使其表面电荷达到平衡时,便不再释放电荷。因此,热释电传感器不能探测恒定的红外辐射。

红外热释电传感器就是基于热释电效应工作的热电型红外传感器,其结构简单、坚固、技术性能稳定,被广泛应用于红外检测报警、红外遥控、光谱分析等领域,是目前使用最广的红外传感器。

6.2.3 主动式红外传感器

主动式红外传感器(图6-6)由发射机和接收机组成,发射机由电源、发光源和光学系统组成,接收机由光学系统、光电传感器、放大器、信号处理器等部分组成。发射装置向装在几米甚至于几百米远的接收装置辐射一束红外线,当被遮断时,接收装置即发出报警信号,因此,它也是阻挡式报警器,或称对射式探测器。通常,发射装置由多谐振荡器、波形变换电路、红外发光管及光学透镜等组成。振荡器产生脉冲信号,经波形变换及放大后控制红外发光管产生红外脉冲光线,通过聚焦透镜将红外光变为较细的红外光束,射向接收端。

投光器　　　　　　　　　　　受光器

图6-6 主动式红外传感器

主动红外探测器采用主动红外方式,以达到传感功能。主动红外探测器由红外发射机、红外接收机和控制器组成。分别置于收、发端的光学系统一般采用的是光学透镜,起到将红外光束聚焦成较细的平行光束的作用,以使红外光的能量能够集中传送。主动红外探测器是一种红外线光束遮挡型传感器,发射机中的红外发光二极管在电源的激发下,发出一束经过调制的红外光束(此光束的波长为 $0.8 \sim 0.95~\mu\text{m}$),经过光学系统的作用变成平行光发射出去。此光束被接收机接收,由接收机中的红外光电传感器把光信号转换成电信号,经过电路处理后传给控制器。由发射机发射出的红外线经过检测区域到达接收机,构成了一条检测线。正常情况下,接收机收到的是一个稳定的光信号,当有人或物体经过该检测线时,红外光束被遮挡,接收机收到的红外信号发生变化,提取这一变化,经放大和适当处理,使控制器发出相应信号。目前此类探测器有二光束、三光束还有多光束的红外栅栏等。一般应用在周界防范居多,其最大的优点就是防范距离远,能达到被动式红外传感器探测距离的十倍以上。

6.2.4　被动式红外传感器

被动式红外探测器(图 6-7)主要由光学系统、热释电传感器(或称为红外传感器)及报警控制器等部分组成。探测器本身不发射任何能量而只被动接收、探测来自环境的红外辐射。一旦有人体红外线辐射进来,经光学系统聚焦就使热释电器件产生突变电信号,而发出警报。

被动式红外传感器的核心组件是热释电传感器,其主体是薄膜铁电材料,该材料在外加电场的作用下极化,当撤去外加电场时,仍保持极化状态,称为自发极化。自发极化强度与温度有居里点温度。在居里点温度下,根据极化强度与温度的关系制造成热释电传感器。当一定强度的红外辐射

图 6-7　被动式红外传感器

到已极化的铁电材料上时,引起薄膜温度上升、极化强度降低,表面极化电荷减少,这部分电荷经放大器转变成输出电压。如果相同强度的辐射继续照射,铁电材料温度稳定在某一点上,不再释放电荷,即没有电压输出。由于热释电传感器只在温度升降过程中才有电压信号输出,所以被动红外探测器的光学系统不仅要有汇聚红外辐射的能力,还应让汇聚在热释电传感器上辐射的热量有升降变化,以保证被动红外探测器在检测到人或有温度的物体时有电压信号输出。在数字化被动红外探测器中,热释电传感器输出的微弱电信号直接输入到一个功能强大的微处理器上,所有信号转换、放大、滤波等都在一个处理芯片内进行,从而提高了被动式红外传感器的可靠性。

6.3 典型电路

6.3.1 主动式红外传感器电路

本节以主动式红外传感器电路和热释电传感器电路为例进行介绍。

主动式红外传感器电路原理图如图 6-8 所示,该电路由以下部件组成:LM 358 运算放大器、红外收发对、千欧姆范围内的电阻器、可变电阻器、LED(发光二极管)。

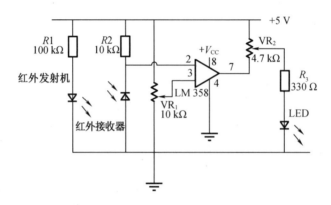

图 6-8 主动式红外传感器电路原理图

发射器部分发射连续的红外射线以供红外接收器模块接收。接收器的红外输出端根据其接收到的红外光线而变化。使用 LM 358 的运算放大器(运放)作为比较器电路。当红外接收器不接收信号时,反转输入处的电势高于比较器 IC 的非反转输入(LM 358)。因此比较器的输出变低,但 LED 不发光。当红外接收器模块接收到信号时,反向输入端的电位变低。因此比较器(LM 358)的输出变高,LED 开始发光。电阻器 R1(100 k)、R2(10 k)和 R3(330)用于确保至少 10 mA 的电流分别通过光电二极管和普通 LED 等红外 LED 器件。电阻器 VR_2(预设=5 kΩ)用于调整输出端子。电阻器 VR_1(预设=10 kΩ)用于设置电路图的灵敏度。

6.3.2 热释电传感器

如图 6-9 所示,该电路由菲涅尔透镜、敏感元、场效应管、运算放大器组成。红外线通过菲涅尔透镜照射到敏感元上,敏感元即热释电材料自发极化强度随着外界照射温度的变化而产生电荷移动,将光信号转化成电信号,以电压或电流形式输出,并通过运算放大器将信号放大,达到控制电路的目的。

热释电红外传感器只有配合菲涅尔透镜使用才能发挥最大作用。不加菲涅尔透镜时,该传感器的探测半径可能不足 2 米,配上菲涅尔透镜则可达 10 米,甚至更远。菲涅尔透镜是用普遍的聚乙烯制成的,安装在传感器的前面(图 6-10)。

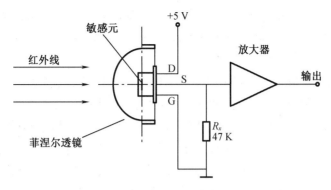

图 6-9 热释电传感器电路原理图

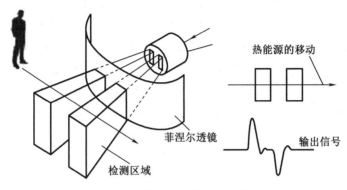

图 6-10 菲涅尔透镜位置示意图

6.4 红外传感器的应用及特点

6.4.1 红外传感器的应用场景

红外探测技术主要分为近红外、中红外和远红外三种研究领域。其中,中红外探测技术由于中红外线的高强度和高穿透性,应用最为广泛,研究也最为成熟,甚至可以分析物质的分子组成。远红外的主要优点就是其穿透性,可用于探测、加热等,应用也比较广泛。只有近红外,由于其强度小,穿透力一般,故长期以来没有引起重视,只是近些年来才成为研究热点,因为用近红外技术可以做某些成分的定量检测,最关键的是不必破坏试样。

常用的红外光子传感器有硫化铅探测器、硒化铅探测器、锑化铟探测器、锗掺杂探测器等,其中硫化铅探测器是 $1\sim3\ \mu m$ 波段应用很广的器件。硫化铅探测器一般为多晶薄膜结构。目前,硫化铅探测器在红外探测、制导、引信、跟踪、预警、测温等领域大量使用。由于硫化铅探测器工作在短波红外($1\sim3\ \mu m$),所以适合对高温目标(如导弹和喷气式飞机的喷口尾焰)进行探测。

热释电效应在近 10 年被用于热释电红外传感器中,广泛地用于辐射和非接触式温度测量、红外光谱测量、激光参数测量、工业自动控制、空间技术、红外摄像中。我国利用 ATGSAS 晶体制成的红外摄像管已开始出口国外。其温度响应率达到 $4\sim5\ \mu A/℃$,温度分辨率小于 0.2 ℃,信号灵敏度高,图像清晰度和抗强光干扰能力也明显地提高,且延迟较小。此外,由于生物体中也存在热释电现象,故可预见热释电效应将在生物,乃至生命过程中有重要的应用。

红外传感器在现代化的生产实践中也发挥着巨大的作用,例如非接触式红外体温测量仪、红外报警器、自动红外开关门等。随着探测设备和其他部分技术的提高,红外传感器能够拥有更多的性能和更高的灵敏度。红外线传感器常用于无接触温度测量气体成分分析和无损探伤,在医学、军事、空间技术和环境工程等领域得到广泛应用,例如采用红外线传感器远距离测量人体表面温度的热成像图,可以发现温度异常的部位,及时对疾病进行诊断治疗;利用人造卫星上的红外线传感器,对地球上云层进行分析,可实现大范围的天气预报等。

利用红外线对火焰非常敏感这个特点,可以将红外传感器用作火焰探测器。使用特制的红外线接收管来检测火焰,然后将火焰的亮度转化为高低变化的电平信号,传输到中央处理器中,中央处理器根据信号的变化做出相应的处理。火焰传感器能够测到的波长在700～1 000 nm 的红外光,探测角度为60°,其中红外光波长在880 nm 附近时候灵敏度最大。远红外火焰探头将外界红外光的强弱变化转化为电流的变化,通过 A/D 转换器反映为0～255 的数值的变化。外界红外光越强,数值越小;红外光越弱,数值越大。

6.4.2 红外传感器的优缺点

1.红外传感器的优点

(1)功耗要求低,适用于大多数电子设备,例如笔记本电脑、电话、PDA。

(2)能够以几乎相同的可靠性检测存在/不存在光的运动。

(3)不需要与物体接触即可进行检测。

(4)由于光束方向性红外辐射,没有数据泄漏。

(5)不受腐蚀或氧化的影响。

(6)具有非常强的抗噪能力。

2.红外传感器的缺点

(1)所需的视线(红外焦平面探测器无须任何光线就可以实现目标探测)容易被普通物体挡住。

(2)探测范围有限(红外焦平面探测器可以实现远距离目标探测),可能会受到雨、夜、雾、尘等环境条件的影响(红外焦平面探测器可以透过雨、夜、雾、尘等实现红外热成像以及红外测温)。

(3)传输数据速率有限。

综合技能训练

1.红外测距仪的实现

利用51 单片机和红外传感器测量距离,传感器接收反射回来的红外信号后,通过单片机的处理,计算出物体与红外传感器的距离,并通过显示屏展示出来。

（1）红外测距系统的基本结构（图 6-11）

红外测距传感器原理:利用红外信号遇到障碍物距离不同反射强度也不同的原理,进行障碍物远近的检测。红外测距传感器具有一对红外信号发射与接收二极管,发射管发射特定频率的红外信号,接收管接收这种频率的红外信号,当红外的检测方向遇到障碍物时,红外信号反射回来被接收管接受,经过处理之后通过数字传感器接口返回主机。

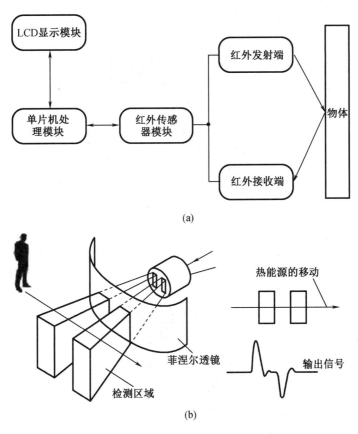

(a)

(b)

图 6-11 红外测距系统的基本结构示意图

（2）器件选择

①红外传感器模块（图 6-12）

图 6-12 红外传感器模块

该模块采用红外传感器 GP2Y0A02YK0F,该传感器可以实现 1.5~15 cm 的测距范围。传感器工作电压为 5 V,输出信号为模拟信号。

②51 单片机模块(图 6-13)

51 单片机模块采用 STC89C52 单片机,其系统只需要进行简单的计算,而且运算速度不需要太快。通过单片机的 ADC 模块读取红外传感器的模拟信号,并通过计算获得具体的距离数据,再通过串口通信输出到 PC 机。

图 6-13　51 单片机模块

③显示屏模块(图 6-14)

显示屏模块采用一块 16×2 字符液晶屏,并通过单片机控制显示距离结果。

图 6-14　显示屏模块

(3)实现步骤

①系统初始化

单片机需要初始化计时器、串口和 ADC 模块。

②红外测距

传感器可以输出模拟信号,单片机通过 ADC 模块进行转换得到具体的电压值,然后通过公式计算距离。

③显示距离数据

将距离数据通过串口发送到 PC 机,并在显示屏上显示出来。PC 机通过串口读取数据,将数据显示到 PC 机软件界面中。

2. 基于单片机的红外热视仪的实现

红外热视仪,也称为红外热成像设备,是一种用于检测和显示物体表面温度分布的仪器。它的工作原理基于物体发射和吸收红外辐射的特性。

红外热视仪使用红外探测器(如光电二极管或焦平面阵列)来接收来自物体的红外辐射。物体在不同温度下会以不同强度和频率发射红外辐射,这些辐射被红外探测器所感知。红外探测器将接收到的红外辐射转化为电信号,并将其传送到图像处理单元。图像处理单元对每个像素的信号进行分析和处理,然后根据不同的灰度级别将其转换为可视化的热图像。生成的热图像通过显示器或视频输出设备展示给用户。用户可以通过观察热图像来识别物体的温度分布和热量分布情况,从而应用于各种领域,如建筑、电力、冶金、环保等。

如图 6-15 所示,该系统采用 AMG8833 红外热成像模块采集 8×8 的温度矩阵,通过 I2C 总线传回 MUC,MUC 经过插值计算、RGB 编码等处理后再将热成像图显示在 TFTLCD 显示屏上。当温度过高时会亮灯并伴随蜂鸣器报警。

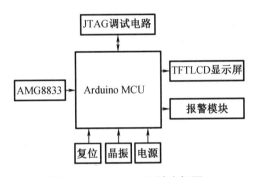

图 6-15　Arduino 系统方框图

(1)所需的器件

Arduino 主控制器、红外传感器模块、温度检测模块、TFTLCD 显示屏、蜂鸣器模块。

(2)实现步骤

①将 Arduino 单片机端口、AMG8833 红外传感器、IIC 接口初始化。以 AMG8833 为核心,实现对红外信号的采集。

②对各个传感器采集到的温度进行数据处理,并通过 IIC 接口对其进行传输至 Arduino 主控制台,当温度过高时则会报警,没超过界限则会持续进行红外测温。

③图像显示:在 TFTLCD 屏幕上,以像素点组成热像,如此往复。

思考与练习

1.红外辐射是什么?它与可见光的区别是什么?

2.红外传感器是如何工作的?简要描述其基本原理和组成。

3.红外传感器有哪些应用领域?请列举几个例子,并解释为什么红外技术在这些领域中很重要。

4.什么是热图像?描述一下如何将红外辐射转换为可视化的热图像。

5.红外传感器在安防系统中的应用是什么?它们如何帮助监测和识别异常活动?

6. 红外传感器有哪些优点和局限性？请列举几个。

7. 红外传感器的发展趋势是什么？有没有新的技术或创新正在推动红外传感器的进步？

第7章 超声波传感器

　　超声波是一种波长极短的机械波,超声波的"超"字是因为其频段下界超过人的听觉而来,但如果按波长角度来分析,实际上超声波的波长更短。科学家们将一个波相邻两个波峰或波谷间的距离称为波长,我们人类耳朵能听到的机械波波长为 2 cm～20 m。因此,我们把波长短于 2 cm 的机械波称为"超声波"。但在实际应用中,一般波长在 3.4 cm 以下(10 000 Hz 以上)的机械波,就可以视作超声波研究。它必须依靠介质进行传播,无法存在于真空(如太空)中。它在水中传播距离比空气中远,但因其波长短,在空气中极易损耗,容易散射,不如可听声和次声波传得远,不过波长短更易于获得各向异性的声能,可用于清洗、碎石、杀菌消毒等。超声波在医学、工业上有很多的应用。本章主要学习超声波的物理特性,着重了解超声波在检测技术中的一些应用,也涉及无损探伤的设备及方法。

　　超声波按照声波的传播方式分为体波与导波两大类。体波是在无限均匀介质中传播的波,体波有两种:一种叫作纵波(或称疏密波、无旋波、拉压波、P 波);一种叫作横波(或称剪切波、S 波),它们以各自的速度传播而无波形耦合。导波是由于声波在介质中的不连续交界面间产生多次往复反射,并进一步产生复杂的干涉和几何弥散而形成的,是一种以超声频率或声频率在波导中(如管、板、棒、绳等)平行于边界传播的弹性波。体波只能检测传感器下方声束扫描的有限区域;传感器必须沿着检测表面移动来进行全范围检测;超声波的波长必须小于检测件的厚度,否则无法检测出缺陷;超声体波在各向同性介质中传播的相速度与群速度相等,均为常数且脉冲是非频散的;导波是声波辐射区域覆盖了大范围的被测构建;超声波波长需与机构厚度相近或者更大以产生多次反射、干涉和弥散形成导波;导波的相速度与群速度一般都会随频率的改变而变换,具有频散性。

　　本章首先对超声波概念、基本原理进行阐述;其次展示超声波传感器和超声导波传感器的典型电路及构成;最后列举了超导传感器的应用,其中包含超导红外传感器、超导可见光传感器及超导微波传感器。

　　为了方便读者学习和总结本章内容,作者给出了本章内容的思维导图(图 7-1)。

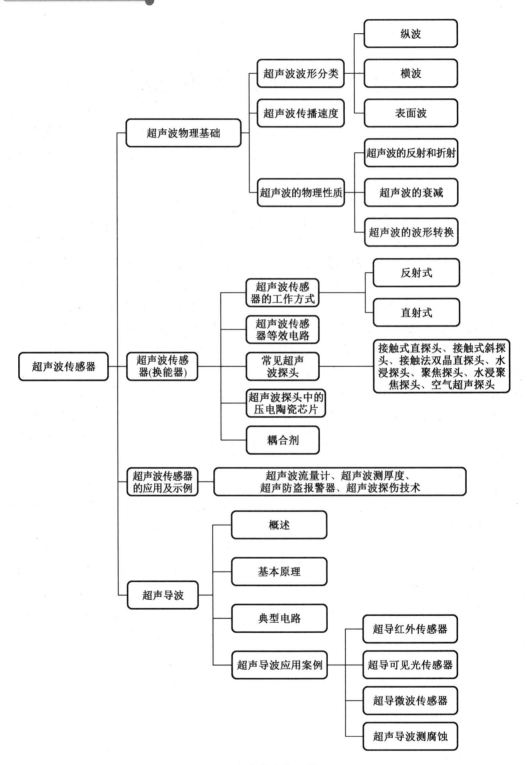

图 7-1 本章内容的思维导图

7.1　超声波物理基础

频率高于 20 kHz 的机械振动波称为超声波。它的指向性很好,能量集中,因此穿透本领大,能穿透几米厚的钢板,而能量损失不大。在遇到两种介质的分界面(例如钢板与空气的交界面)时,能产生明显的反射和折射现象,超声波的频率越高,其声场指向性就愈好。

7.1.1　超声波的波形分类

超声波的传播波形可分为纵波、横波、表面波等几种。

纵波(图7-2)指质点振动方向与波的传播方向一致的波,它能在固体、液体和气体介质中传播。

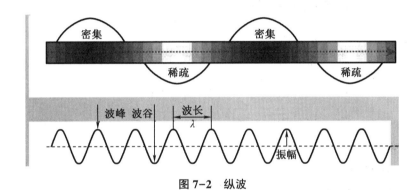

图 7-2　纵波

横波(图7-3)指质点振动方向垂直于传播方向的波,它只能在固体介质中传播。

表面波(图7-4)指质点的振动介于横波与纵波之间,沿着介质表面传播,其振幅随深度增加而迅速衰减的波,表面波只在固体的表面传播。

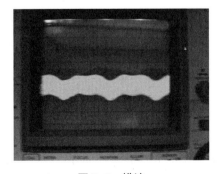

图 7-3　横波

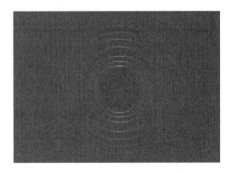

图 7-4　表面波

7.1.2　超声波传播速度

超声波的传播速度与介质密度和弹性特性有关。超声波在气体和液体中传播时,由于不存在剪切应力,所以仅有纵波的传播,其传播速度 c 为

$$c = \sqrt{\frac{1}{\rho B_a}} \tag{7-1}$$

式中　ρ——介质的密度；

　　　B_a——绝对压缩系数。

上述的 ρ、B_a 都是温度的函数,使超声波在介质中的传播速度随温度的变化而变化。

超声波在液体、固体中衰减很小,穿透能力强,特别是不透光的固体能穿透几十米;当超声波从一种介质入射到另一种介质时,在界面上会产生反射、折射和波形转换。超声波为直线传播方式,频率越高绕射越弱,但反射越强,利用这种性质可以制成超声波测距传感器。超声波在空气中传播速度较慢,为 340 m/s,这一特点使得超声波应用变得非常简单,可以通过测量波的传播时间来测量距离、厚度等。

纵波在固体中传播与介质形状有关。

$$\begin{cases} C_q = \left(\dfrac{E}{\rho}\right)^{\frac{1}{2}} (\text{细棒}) \\[3mm] C_q = \left(\dfrac{E}{\rho(1-\mu^2)}\right)^{\frac{1}{2}} (\text{薄板}) \\[3mm] C_q = \left(\dfrac{E(1-\mu)}{\rho(1+\mu)(1-2\mu)}\right)^{\frac{1}{2}} = \left(\dfrac{K+\dfrac{4}{3}G}{\rho}\right)^{\frac{1}{2}} (\text{无限介质}) \end{cases} \tag{7-2}$$

式中　E——杨氏模量；

　　　μ——泊松系数；

　　　K——体积弹性模量；

　　　G——剪片弹性模量。

横波声速公式为

$$C_q = \left[\frac{E}{\rho \times 2(1+\mu)}\right]^{\frac{1}{2}} = \left(\frac{G}{\rho}\right)^{\frac{1}{2}} (\text{无限介质}) \tag{7-3}$$

在固体中,纵波、横波及其表面波三者的声速有一定的关系,μ 介于 $0 \sim 0.5$,因此通常可认为横波声速为纵波的一半,表面波声速为横波声速的 90%。气体中纵波声速为 344 m/s,液体中纵波声速为 900~1 900 m/s。

7.1.3　超声波的物理性质

1. 超声波的反射和折射

超声波从一种介质传播到另一种介质,在两个介质的分界面上一部分声波被反射,另一部分透射过界面,在另一种介质内部继续传播。这样的两种情况称为超声波的反射和折射(图 7-5)。

由物理学知,当波在界面上产生反射时,入射角 α 的正弦与反射角 α' 的正弦之比等于波速之比。当波在界面处产生折射时,入射角 α 的正弦与折射角 β 的正弦之比等于入射波在第一介质中的波速 c_1 与折射波在第二介质中的波速 c_2 之比,即

$$\frac{\sin \alpha}{\sin \beta} = \frac{c_1}{c_2}$$

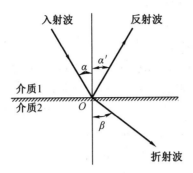

图 7-5　超声波的反射和折射

声波的反射系数和透射系数可分别由如下两式求得：

$$\begin{cases} R = \dfrac{I_r}{I_0} = \left[\dfrac{\cos \beta}{\cos \alpha} - \dfrac{\rho_2 c_2}{\rho_1 c_1} \right]^2 \\ T = \dfrac{I_t}{I_0} = \dfrac{4\rho_1 c_1 \cdot \rho_2 c_2 \cdot \cos^2 \alpha}{(\rho_1 c_1 \cos \beta + \rho_2 c_2)^2} \end{cases} \tag{7-4}$$

式中　I_0、I_r、I_t——入射波、反射波、透射波声强；

　　　α、β——声波的入射角和折射角；

　　　$\rho_1 c_1$、$\rho_2 c_2$——两介质的声阻抗，其中 c_1 和 c_2 分别为反射波和折射波的速度。

当超声波垂直入射界面，即 $\alpha = \beta = 0$ 时，则

$$\begin{cases} R = \left(\dfrac{1 - \dfrac{\rho_2 c_2}{\rho_1 c_1}}{1 + \dfrac{\rho_2 c_2}{\rho_1 c_1}} \right)^2 \\ T = \dfrac{4\rho_1 c_1 \cdot \rho_2 c_2}{(\rho_1 c_1 + \rho_2 c_2)^2} \end{cases} \tag{7-5}$$

由式(7-5)可知，若 $\rho_2 c_2 \approx \rho_1 c_1$，则反射系数 $R \approx 0$，透射系数 $T \approx 1$，此时声波几乎没有反射，全部从第一介质透射入第二介质；若 $\rho_2 c_2 \gg \rho_1 c_1$，反射系数 $R \approx 1$，则声波在界面上几乎全反射，透射极少。同理，当 $\rho_1 c_1 \gg \rho_2 c_2$ 时，反射系数 $R \approx 1$，声波在界面上几乎全反射。如，在 20 ℃水温时，水的特性阻抗为 $\rho_1 c_1 = 1.48 \times 106$ kg/($m^2 \cdot s$)，空气的特性阻抗为 $\rho_2 c_2 = 0.000\ 429 \times 106$ kg/($m^2 \cdot s$)，$\rho_1 c_1 \gg \rho_2 c_2$，故超声波从水介质中传播至水气界面时，将发生全反射。

如果超声波斜入射到两固体介质界面或两黏滞弹性介质界面时，一列斜入射的纵波不仅产生反射纵波和折射纵波，而且还产生反射横波和折射横波。

2. 超声波的衰减

声波在介质中传播时，随着传播距离的增加，能量逐渐衰减，其衰减的程度与声波的扩散、散射及吸收等因素有关。其声压和声强的衰减规律为

$$\begin{cases} P_x = P_0 e^{-\alpha x} \\ I_x = I_0 e^{-2\alpha x} \end{cases}$$ (7-6)

式中　P_x、I_x——距声源 x 处的声压和声强；

　　　x——声波与声源间的距离；

　　　α——衰减系数，Np/cm（奈培/厘米）。

声波在介质中传播时，能量的衰减取决于声波的扩散、散射和吸收。在理想介质中，声波的衰减仅来自声波的扩散，即随声波传播距离增加而引起声能的减弱。

散射衰减是指超声波在介质中传播时，固体介质中的颗粒界面或流体介质中的悬浮粒子使声波产生散射，其中一部分声能不再沿原来传播方向运动，而形成散射。散射衰减与散射粒子的形状、尺寸、数量、介质的性质和散射粒子的性质有关。

吸收衰减是由于介质的黏滞性，使超声波在介质中传播时造成质点间的内摩擦，从而使一部分声能转换为热能，通过热传导进行热交换，导致声能的损耗。

3. 超声波的波形转换

当超声波以某一角度入射到第二介质（例如固体）界面上时，除有纵波的反射、折射外，还会有横波的反射和折射，如图 7-6 所示。在一定条件下，还能产生表面波。它们符合几何光学中的反射定律，即

$$\frac{c_L}{\sin \alpha} = \frac{c_{L1}}{\sin \alpha_1} = \frac{c_{S1}}{\sin \alpha_2} = \frac{c_{L2}}{\sin \gamma} = \frac{c_{S2}}{\sin \beta}$$ (7-7)

式中　α——入射角；

　　　α_1、α_2——纵波与横波的反射角；

　　　γ、β——纵波与横波的折射角；

　　　c_L、c_{L1}、c_{L2}——入射介质、反射介质、折射介质内的纵波速度；

　　　c_{S1}、c_{S2}——反射介质、折射介质内的横波速度。

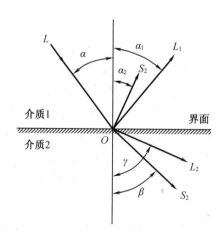

图 7-6　波形转换图

7.2 超声波传感器(换能器)

超声波换能器又称超声波探头。超声波换能器根据其工作原理分为压电式、磁致伸缩式、电磁式等,在检测技术中主要采用压电式。超声波探头又分为直探头、斜探头、双探头、表面波探头、聚焦探头、冲水探头、水浸探头、高温探头、空气传导探头以及其他专用探头等。在实际使用中,压电式探头最为常见。

压电式超声波探头常用的材料是压电晶体和压电陶瓷,这种传感器统称为压电式超声波探头。它是利用压电材料的压电效应来工作的:逆压电效应将高频电振动转换成高频机械振动,从而产生超声波,可作为发射探头;而正压电效应是将超声振动波转换成电信号,可作为接收探头。

压电式超声波探头结构如图7-7所示,它主要由压电晶片、吸收块(阻尼块)、保护膜等组成。压电晶片多为圆板形,厚度为 δ。超声波频率 f 与其厚度 δ 成反比。例如,晶片厚度为 1 mm,自然频率约为 1.89 MHz;厚度为 0.7 mm,自然频率为 2.5 MHz。压电晶片的两面镀有银层,作导电的极板。阻尼块的作用是降低晶片的机械品质,吸收声能量。如果没有阻尼块,当激励的电脉冲信号停止时,晶片将会继续振荡,加长超声波的脉冲宽度,使分辨率变差。

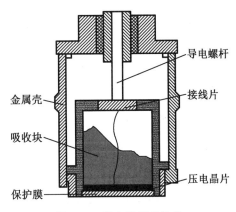

图7-7 超声波探头结构

7.2.1 超声波传感器的工作方式

超声波传感器的工作方式为反射式和直射式,也有兼用式,如图7-8所示。

7.2.2 超声波传感器的等效电路

超声波传感器可等效为一个 RLC 的串并联谐振电路(图7-9)。由电抗特性(图7-10)可见,中间是电感性,两边是电容性,这是超声波传感器所特有的。其中频率低的 f_r:L、C、R 产生的串联谐振频率;频率高的 f_a:L、C、C' 产生的并联谐振频率超声波传感器在串联谐振频率时阻抗最小。

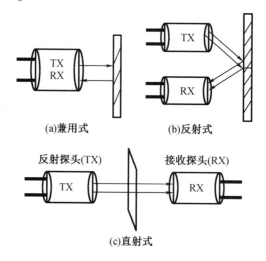

(a)兼用式   (b)反射式

图 7-8 超声波传感器的工作方式示意图

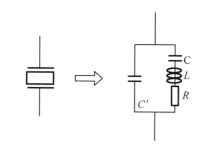

图 7-9 超声波传感器等效电路示意图

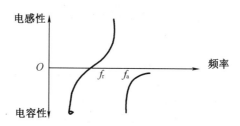

f_r—L、C、R 产生的串联谐振频率;f_a—L、C、C'产生的并联谐振频率。

图 7-10 超声波传感器等效电路电抗特性

7.2.3 常见超声波探头

超声波探头常用频率范围:0.5~10 MHz,常见晶片直径:5~30 mm。

1.接触式直探头(纵波垂直入射到被检介质)

接触式直探头(图 7-11)的外壳用金属制作,保护膜用硬度很高的耐磨材料制作,防止压电晶片磨损。

2.接触式斜探头(横波、瑞利波或兰姆波探头)

接触式斜探头(图 7-12)的压电晶片粘贴在与底面成一定角度(如 30°、45°等)的有机玻璃斜楔块上,当斜楔块与不同材料的被测介质(试件)接触时,超声波将产生一定角度的折射,倾斜入射到试件中去,可产生多次反射,而传播到较远处去。

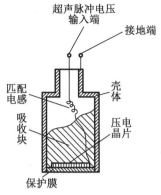

图 7-11　接触式直探头示意图

图 7-12　接触式斜探头

各种接触式斜探头常用频率范围为 1~5 MHz。

3. 接触法双晶直探头

接触法双晶直探头(图 7-13)是将两个单晶探头组合装配在同一壳体内,其中一片发射超声波,另一片接收超声波。两晶片之间用一片吸声性能强、绝缘性能好的薄片加以隔离。双晶探头的结构虽然较复杂,但检测精度比单晶直探头高,且超声信号的反射和接收的控制电路较单晶直探头简单。

各种双晶直探头焦距范围为 5~40 mm,频率范围为 2.5~5 MHz,钢中折射角为45°~70°。

4. 水浸探头(可用自来水作为耦合剂)

选择水浸探头(图 7-14)的声透镜形状,可决定聚焦形式为点聚焦或线聚焦。

图 7-13　接触法双晶直探头

图 7-14　水浸探头

5. 聚焦探头

由于超声波的波长很短(毫米数量级),所以它也类似光波,可以被聚焦成十分细的声束,其直径可小到 1 mm 左右,可以分辨试件中细小的缺陷,这种探头称为聚焦探头。

聚焦探头采用曲面晶片来发出聚焦的超声波,也可以采用两种不同声速的塑料来制作声透镜,还可以利用类似光学反射镜的原理制作声凹面镜聚焦超声波。如图 7-15 所示。

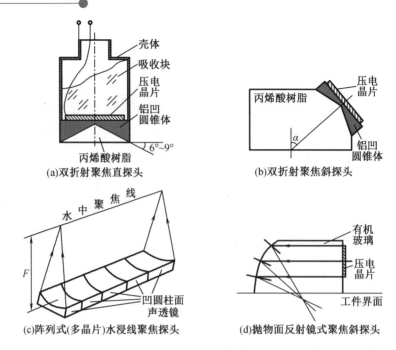

图 7-15　聚焦探头原理

6. 水浸聚焦探头 (图 7-16)

超声波探头中的压电陶瓷芯片将数百伏的超声电脉冲加到压电晶片上,利用逆压电效应,使晶片发射出持续时间很短的超声振动波。当超声波经被测物反射回到压电晶片时,利用压电效应,将机械振动波转换成同频率的交变电荷和电压。

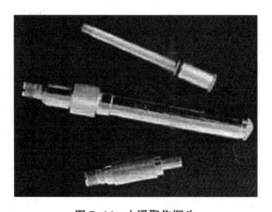

图 7-16　水浸聚焦探头

7. 空气超声探头

空气超声探头示意图如图 7-17 所示。

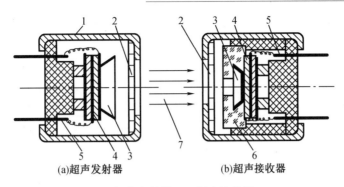

（a）超声发射器 （b）超声接收器

1—外壳；2—金属丝网罩；3—锥形共振盘；4—压电晶片；5—引脚；6—阻抗匹配器；7—超声波束。

图7-17 空气超声探头示意图

7.2.4 超声波探头中的压电陶瓷芯片

压电陶瓷的主要性能指标：

（1）介电常数：1 000~6 000。

（2）压电灵敏度 D33：300~600 pC/N。

（3）机械品质因素 Q：100~2 000。

（4）居里温度：300~400 ℃。

（5）静电容：1 000~100 000 pF（与面积有关）。

（6）频率范围：用于超声清洗时为 30~100 KHz；用于探伤仪及流量计时为 2.5~5 MHz；用于雾化器时为 1~2 MHz。

7.2.5 耦合剂

超声探头与被测物体接触时，探头与被测物体表面间存在一层空气薄层，空气将引起三个界面间强烈的杂乱反射波，造成干扰，并造成很大的衰减。为此，必须将接触面之间的空气排挤掉，使超声波能顺利地入射到被测介质中。在工业中，经常使用一种称为耦合剂的液体物质，使之充满在接触层中，起到传递超声波的作用。常用的耦合剂有自来水、机油、甘油、水玻璃、胶水等。

7.3 超声波传感器的应用及实例

超声波传感器，即以超声波特性为基础研制出来的传感器，不仅成本低，使用和维护便利，体积较小，而且能做到非接触测量，基本不会受到待测物体颜色，以及环境中的光线和电磁等因素变化的影响，可以在较为恶劣的条件下工作，目前已广泛用于工业领域，实用性高，应用广泛。

7.3.1 超声波流量计

超声波流量传感器的测定方法是多样的，如传播速度变化法、波速移动法、多普勒效应法、流动听声法等。但目前应用较广的主要是超声波传播时间差法、频率差法测量流量。

1.时间差法

超声波在流体中传播时,在静止流体和流动流体中的传播速度是不同的,利用这一特点可以求出流体的速度,再根据管道流体的截面积,便可知道流体的流量。

如图7-18所示,如果在流体中设置两个超声波传感器,它们既可以发射超声波又可以接收超声波,一个装在上游,一个装在下游,其距离为 L。如设顺流方向的传播时间为 t_1,逆流方向的传播时间为 t_2,流体静止时的超声波传播速度为 c,流体流动速度为 v,则

$$t_1 = \frac{L}{c+v}$$

$$t_2 = \frac{L}{c-v}$$

一般来说,流体的流速远小于超声波在流体中的传播速度,因此超声波传播时间差为

$$\Delta t = t_2 - t_1 = \frac{2Lv}{c^2 - v^2}$$

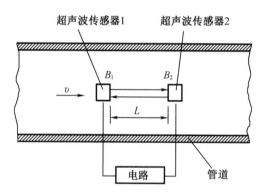

图 7-18　时间差法示意图

如图7-19所示为超声波传感器安装位置。

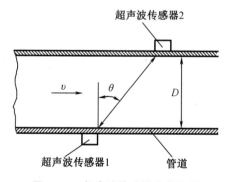

图 7-19　超声波传感器安装位置

由于 $c \gg v$,可得到流体的流速,有

$$v = \frac{c^2}{2L} \Delta t$$

此时超声波的传输时间将由下式确定:

$$t_1 = \frac{\dfrac{D}{\cos\theta}}{c + v\sin\theta}$$

$$t_2 = \frac{\dfrac{D}{\cos\theta}}{c - v\sin\theta}$$

2. 频率差法测量流量

如图 7-20 所示为频率差法测量流量示意图,F_1、F_2 是完全相同的超声探头,安装在管壁外面,通过电子开关的控制,交替地作为超声波发射器与接收器用。首先由 F_1 发射出第一个超声脉冲,它通过管壁、流体及另一侧管壁被 F_2 接收,此信号经放大后再次触发 F_1 的驱动电路,使 F_1 发射第二个声脉冲。紧接着,由 F_2 发射超声脉冲,F_1 作为接收器,可以测得 F_1 的脉冲重复频率为 f_1;同理,可以测得 F_2 的脉冲重复频率为 f_2。顺流发射频率 f_1 与逆流发射频率 f_2 的频率差 Δf 与被测流速 v 成正比。

发射、接收探头也可以安装在管道的同一侧。

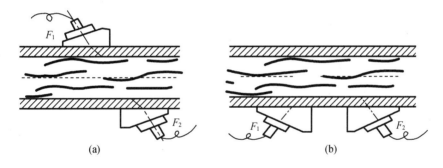

(a)　　　　　　　　　　(b)

图 7-20　频率差法测量流量示意图

超声波流量传感器具有不阻碍流体流动的特点,可测的流体种类很多,不论是非导电的流体、高黏度的流体,还是浆状流体,只要能传输超声波的流体都可以进行测量。超声波流量计不仅可用来对自来水、工业用水、农业用水等进行测量,还适用于下水道、农业灌渠、河流等流速的测量。

7.3.2　超声波测厚度

超声波测厚度的常用方法有脉冲回波法、共振法、干涉法等。脉冲回波法测厚度的原理是:超声波探头与被测物体的表面接触,主控制器产生一定的脉冲信号,由接收放大器将信号放大,通过探头传到被测物体表面并反射回来,被同一探头接受。通过声波在物件中的传播速度、试件的厚度及时间即可求出被测物件的厚度。时间间隔可由将发射脉冲和接受脉冲加至示波器的垂直偏转板求得。

图 7-21 为几种常见的超声波测厚仪。

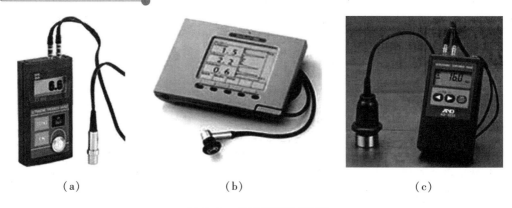

(a)　　　　　　　　　　(b)　　　　　　　　　　(c)

图7-21　各种超声波测厚仪

7.3.3　超声防盗报警器

超声波有指向性强、能量消耗缓慢,在介质中传播的距离较远,因而超声波经常用于距离的测量,如测距仪和物位测量仪等都可以通过超声波来实现。利用超声波检测往往比较迅速、方便、计算简单、易于做到实时控制,并且在测量精度方面能达到工业实用的要求,性价比很高。这些报警器将使用超声波感应器来检测车内的任何移动。防盗报警是根据超声波发射和接收装置内接收信号发生频谱变化设计的,如果有人或者其他移动物体进入监控区域,就会引起变化,从而会发出报警。

超声防盗报警器原理如图7-22所示。图中的上半部分为发射电路,下面为接收电路。发射器发射出频率 $f=40$ kHz 左右的超声波。如果有人进入信号的有效区域,相对速度为 v,从人体反射回接收器的超声波将由于多普勒效应,而发生频率偏移 Δf。一旦变化超过一定的阈值就会发出报警。

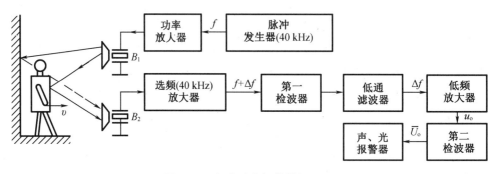

图7-22　超声防盗报警器原理图

7.3.4　超声波探伤技术

目前,超声技术用于设备状态监测方面主要是监测设备构件内部及表面缺陷,或用于压力容器或管道壁厚的测量等方面。监测时,把探头放在试品表面,探头或测试部位应涂水、油或甘油等,以使两者紧密接触。然后,通过探头向试件发射纵波(垂直探伤)或横波(斜向探伤),并接收从缺陷处传回的反射波,由此对其故障进行判断。超声波探伤技术根据原理可分为共振法、穿透法和脉冲反射法等。

1. 共振法

各种物体都有其固有共振频率,当发射到物体内超声波的频率等于物体的固有频率时,就会产生共振现象。利用共振现象来检测物体缺陷的方法叫作共振法。共振法主要用于监测工件的厚度。监测时,通过调整超声波的发射频率,以改变发射到工件中超声波的波长,并使工件的厚度为超声波半波长的整数倍时,入射波和反射波相互叠加便产生共振。根据共振时谐波的阶数(即共振次数)及超声波的波长,就可测出工件的厚度。

2. 穿透法

穿透法又叫作透射法,它根据超声波穿透工件后的能量变化来判断工件内部有无缺陷。穿透法将两个探头分别置于被测试件相对的两个侧面。一个探头用于发射超声波,另一个探头用于接收透射到另一个侧面的超声波,并根据接收到超声波的强弱来判断工件内部是否有缺陷。若工件内无缺陷,超声波穿透工件后衰减较小,接收到的超声波较强,若超声波传播的路径中存在缺陷时,超声波在缺陷处就会发生反射或折射,并部分或完全阻止超声波到达接收探头。这样,根据接收到超声波能量的大小就可以判断缺陷的位置及大小。

3. 脉冲反射法

脉冲反射法是目前应用最广泛的一种超声波探伤法。它的探伤原理是将具有一定持续时间和一定频率间隔的超声脉冲发射到被测工件,当超声波在工件内部遇到缺陷时,就会产生反射,根据反射信号大小及在显示器上的位置就可以判断缺陷的大小及深度。

超声波探伤的图像显示是指超声入射到工件中,在接收反射波束或穿透波束时能用图像来显示缺陷的位置、宽度、分布等情况。图像显示方式一般有 A 型显示、B 型显示和 C 型显示三种。

(1)A 型显示

A 型显示可以在 CRT(显示器)上以脉冲高度来显示缺陷大小,根据脉冲位置来判断缺陷深度和部位。

(2)B 型显示

B 型显示可以在 CRT 上显示缺陷的断面像,即缺陷在某截面上的范围、深度、大小。

(3)C 型显示

C 型显示可以显示出工件内部缺陷的平面像,以便了解缺陷在平面上的宽度及分布情况。

7.4　超　声　导　波

超导及超导传感器是当今全世界范围内科学家研究的重要课题之一。超导传感器最大的特点是噪声很小,其噪声电平小到接近量子效应极限。因此,超导传感器具有极高的灵敏度。

研究发现,在超导体中,电子可以穿过极薄的绝缘层,这个现象称为超导隧道效应。超导体中存在正常电子和超导电子对两种电子。因此,超导效应有电子隧道效应和电子对隧道效应。利用具有这些效应的超导体可制作高速开关、电磁波探测装置、超导量子干涉器件(super conduction quantum interecs devices,SCQID)等。本章以 SCQID 为例阐述超导传感器的超导效应、基本原理及使用方法等内容。

7.4.1 概述

某些材料具有这样的特性:超导传感器是利用某些材料,当温度接近绝对零度时,其电阻几乎为零,在其上施加电流时,电流将会无限制地流动下去。材料的这种特性称为超导。具有超导特性的金属导体称为超导体。使用这种超导体做成的传感器称为超导传感器。超导传感器的形状可以根据需要制作而成。

在超导体中,电子可以穿过极薄的绝缘层,这个现象称为超导隧道效应。它可以分为正常电子隧道效应和电子对隧道效应,后者又称为约瑟夫逊效应。

超导体中存在两类电子,即正常电子和超导电子对。超导体中没有电阻,电子流动将不产生电压。如果在两个超导体中间夹一个很厚的绝缘层(大于几千埃)时,无论超导的电子和正常电子均不能通过绝缘层,因此,所连接的电路中没有电流;当绝缘层厚度减小到几百埃以下时,如果在绝缘层两端施加电压,则正常电子将穿过绝缘层,电路中出现电流,这种电流称为正常电子的隧道效应。正常电子隧道效应除了可以用于放大、振荡、检波、混频、微波上,还可用于亚毫米波幅的量子探测等。

当超导隧道结的绝缘层很薄(约为 10 Å)时,超导电子也能通过绝缘层,宏观上表现为电流能够无阻地流通。当通过隧道结的电流小于某一临界值(一般在几十微安至几十毫安)时,在结上没有压降。若超过该临界值,在结上将出现压降,这时正常电子也参与导电。在隧道结中有电流流过而不产生压降的现象,称为直流约瑟夫逊效应,这种隧道电流称为直流约瑟夫逊电流。若在超导隧道结两端加一直流电压,在隧道结与超导体之间将有高频交流电流通过,其频率与所加直流电压成正比,比例常为 483.6 MHz/μV。这种高频电流能向外辐射电磁波或吸收电磁波的特性称为交流约瑟夫逊效应。利用这种效应可制作高速开关电路、电磁波的探测装置、超导量子干涉器件。实际上它是一种超导传感器件,它同有关电路一起可构成高灵敏度的磁通或磁场的探测仪,或称为超导量子磁强计。在后面我们将介绍这种超导器件和由其构成的测量系统。

7.4.2 基本原理

SCQID 一般是指电感很小,包含一个或两个约瑟夫逊结的环路。因此,具有两种不同的 SCQID 系统:一种是包含两个结的 SCQID,它用直流偏置,称为直流 SCQID;另一种是包含一个结的 SCQID,用射频偏置,称为射频 SCQID。

对于任何超导环,当他们所在的磁场小于环的最小临界磁场时,在中空的超导环内磁通的变化都会呈现不连续的现象,这称为磁通量子化现象。其闭合磁通量 $\Phi_0 = \dfrac{h}{2e}$ 的整数倍,其中 h 为普朗克常数,e 为电子电荷。在弱磁场中,磁通量子化是由环内的屏蔽电流 I 来维持的,环的内磁通为

$$\Phi = \Phi_e - L_s = n_0 \Phi \qquad (7\text{-}8)$$

式中　L_s——超导环电感；

　　　Φ_e——外磁通；

　　　n_0——最小临界磁场时超导环的环数（$n_0=1$）。

当环路屏蔽电流为零时，磁通量子化就被破坏了。在环路中使屏蔽电流不为零的那些点，通常称为"弱连接"或"弱耦合"。

约瑟夫逊所考虑的原始的"弱连接"模型，是用绝缘氧化层隔开的两个超导体构成的。如果氧化层足够薄，那么，电子对势垒的穿透性就会导致在两个"隔离"的电子系统间产约瑟夫逊所考虑的原始的"弱连接"模型，是用绝缘氧化层隔开的两个超导体构成的。

如果氧化层足够薄，那么，电子对势垒的穿透性就会导致在两个"隔离"的电子系统间产生一个不大的耦合能量，这时，绝缘层两侧的电子对可以交换但没有电压出现。约瑟夫逊指出通过结的电流：

$$I=I_c\sin\theta \tag{7-9}$$

式中　I_c——超导体的临界电流；

　　　θ——结两侧超导体的相位差。

如果流过结的电流比 I_c 大，就会出现直流电压，并且相位差 θ 也会按交流约瑟夫方程的形式而震荡。

$$\frac{\mathrm{d}\theta}{\mathrm{d}t}=\frac{2eU}{h} \tag{7-10}$$

式中　U——结上的直流电压。

由式（7-10）可看出，伴随直流电压的产生将出现一个交变电流，其频率为

$$f=\frac{2e}{h}U \tag{7-11}$$

式（7-9）和式（7-10）分别是直流约瑟夫逊效应和交流约瑟夫逊效应的数学表达式。

7.4.3　典型电路

利用约瑟夫逊效应，由超导体-绝缘薄膜超导体构成的约瑟夫逊结，通称为隧道结。目前生产的几种隧道结如图 7-23 所示。

图 7-23（a）是绝缘薄膜为 2~5 mm 的氧化层或厚度约为 50 nm 的半导体，近年来该隧道结工艺水平逐步提高，可以生产稳定的器件。

图 7-23（b）是一种"弱连接"的窄颈状超导体连接两个薄膜的结构，该结构也称为微桥结，其颈间距离约为 1 μm。为了进一步减小临界电流，可通过正常金属衬底的方法实现。制作这种结的工艺难度较大，稳定性也不如隧道结。

图 7-23（c）是用铌螺钉结构形成的"弱连接"。尖的铌螺钉轻轻接触在超导平面上，然后固定住。这种点接触的形式有较好的信噪比，但因其稳定性差，不适于大量生产。

图 7-23（d）是"弱连接"的等效电路，它被描述成一个与相位有关的电流、电阻、电容的并联形式。

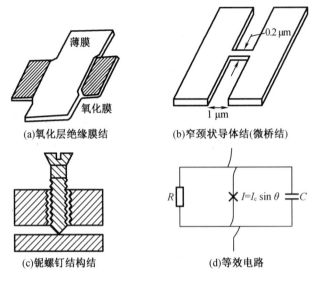

(a)氧化层绝缘膜结　　　(b)窄颈状导体结(微桥结)

(c)铌螺钉结构结　　　(d)等效电路

图 7-23　几种约瑟夫逊结及其等效电路

7.4.4　超声导波应用案例

1. 超导红外传感器

超导红外传感器与一般半导体红外探测器的工作原理完全不同,其检测频带也比半导体红外探测器宽许多。在超导体中存在能隙,当红外辐射照射到超导体上时,"对粒子"分裂变为"准粒子",又因为红外辐射的能量高于能隙,所以可产生大量的准粒子。因此导致超导体能隙变小,电特性改变,可以根据超导体电特性的变化检测红外辐射能量。

当前,比较有实用意义的超导红外传感器是临界约瑟夫逊结型(CBJJ)器件。它是利用超导小颗粒之间产生的约瑟夫逊效应,根据电特性变化检测红外辐射的传感器。

2. 超导可见光传感器

超导陶瓷的多晶膜通常是由 200~300 nm 的晶粒构成的。在各晶粒之间也存在着像半导体晶界一样的势垒,其厚度约为 2 nm。它可以作为隧道型的约瑟夫逊结工作,称为边界约瑟夫逊结(BJI)。

若光子入射超导体多晶膜中,在约瑟夫逊结中的电流将发生变化。因此,通过测量电流变化,可以检测光信号大小,这就是可见光超导传感器工作原理。图 7-24 为使用(BPB)超导可见光传感器检测来自光导纤维的光信号的情况。

桥型约瑟夫逊结传感器结构如图 7-25 所示。它在 YBa_2Cu_2O 陶瓷薄膜上形成沟槽,再制作约瑟夫逊结;当光线照射到结上,流过结的电流发生变化;它可以作为光控开关。

3. 超导微波传感器

若两个超导体之间存在能量差,则在超导隧道结元件内存在准粒子流。当受到微波辐射时,准粒子流发生变化,其隧道结器件的电流-电压(I-V)特性改变。因此,可以利用这个特性检测微波,而且具有超高灵敏度性能。一般将用于微波检测的隧道结器件称为 SIS 混频器,高温超导 SIS 混频器可检测频率为 10 THz 的微波信号。

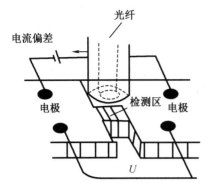

图 7-24　BPB 传感器检测光纤中光信号

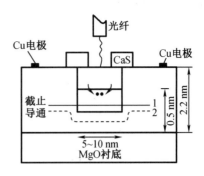

图 7-25　桥型约瑟逊结传感器结构

4. 超声导波测腐蚀

超声导波检测技术能检出管道内外部腐蚀或冲蚀、环向裂纹、焊缝错边、焊接缺陷、疲劳裂纹等缺陷。最新的利用磁致伸缩换能器的超声导波检测已能应用于非铁磁性材料和非金属材料,除了管道检测还能用于棒材、钢索、电缆以及板盘件的检测。

管道腐蚀的超声导波检测的示意图如图 7-26 所示。

图 7-26　管道的超声导波检测示意图

超声导波检测是以探头环位置发射低频导波沿管线向远处传播,甚至在保温层下面传播,一次就能在一定范围内 100% 覆盖长距离的管壁进行测量,反射回波经探头被仪器接收,并以此评价管道的腐蚀状况,架设在一个探头位置的探头列阵可向两侧长距离发射导波和接收回波信号,从而可对探头套环两侧的长距离管壁做 100% 的检测,从而达到更长的检测距离,目前已经能用应用于直径 1.5~80 in[①] 的管道现场检测,理想状态下可以沿管壁单方向传播最长达 200 m。

综合技能实训

1. 超声波测距

空气超声探头发射超声脉冲,到达被测物时,被反射回来,并被另一只空气超声探头所接收。测出从发射超声波脉冲到接收超声波脉冲所需的时间 t,再乘以空气的声速(340 m/s),就是超声脉冲在被测距离所经历的路程,除以 2 就得到距离。

下面主要介绍发射驱动电路、检测电路和超声波测距模块。

---

① 1 in≈25.4 m。

（1）发射驱动电路(图 7-27)

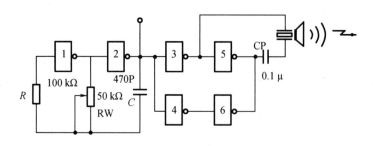

图 7-27　超声波传感器发射基本电路

发射驱动电路由反向器组成 RC 振荡器经门电路完成功率放大,经 CP 耦合传送给超声波振子产生超声发射信号。

（2）检测电路

超声波信号极微弱,需要增益高的放大电路用于检测反射波,输出的高频信号电压连接检波、放大、开关电路输出或报警,如图 7-28 所示。

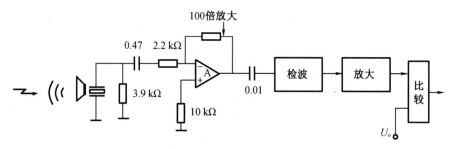

图 7-28　超声波传感器接收电路

（3）超声波测距模块

超声波测距模块测量最大距离 600 cm,最小距离 2 cm。发送:由 555 构成多谐振荡器, RC 电路产生 40 kHz 等幅波放大送功放输出;接收、放大、检波、信号处理根据被测物体的基准距离设定反射脉冲时间,调整振荡器触发时间。定时器控制触发电路和门电路,如图 7-29 所示。

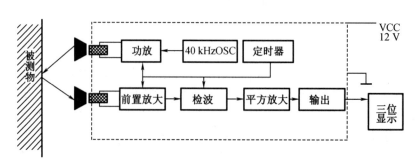

图 7-29　超声波测距模块

2. 超声波测量液位

超声波物位传感器是利用超声波在两种介质的分界面上的反射特性而制成的。如果从发射超声脉冲开始,到接收换能器接收到反射波为止的这个时间间隔为已知,就可以求出分界面的位置,利用这种方法可以对物位进行测量。

根据发射和接收换能器的功能,传感器又可分为单换能器和双换能器。单换能器的传感器发射和接收超声波使用同一个换能器,而双换能器的传感器发射和接收各由一个换能器担任。

在液罐上方安装空气传导型超声发射器和接收器,根据超声波的往返时间,就可测得液体的液面,其原理如图 7-30 所示。

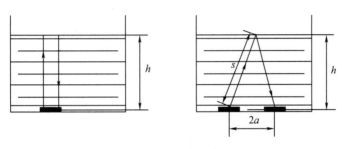

(a)超声波在液体中传播

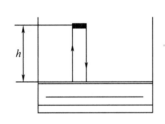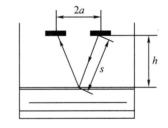

(b)超声波在空气中传播

图 7-30 超声物位传感器的结构原理示意图

超声波从发射到接收经过的路程为 $2s$,而

$$s = \frac{ct}{2}$$

因此液位高度为

$$h = \sqrt{s^2 - a^2}$$

式中 s——超声波从反射点到换能器的距离;

a——两换能器间距之半。

通过以上叙述可知,只要测得超声波脉冲从发射到接收的时间间隔,便可以求得待测的物位。因此可以设计如图 7-31 所示的超声波液位计示意图。

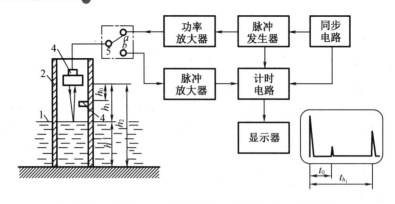

1—液面;2—直管;3—空气超声探头;4—反射小板;5—电子开关。

图 7-31　超声波液位计示意图

超声物位传感器具有精度高和使用寿命长的特点,但若液体中有气泡或液面发生波动,便会产生较大的误差。在一般使用条件下,它的测量误差为±0.1%,检测物位的范围为 $10^{-2} \sim 10^4$ m。

思考与练习

1. 简述超声波测距的基本工作过程。

2. 什么是超声波?

3. 什么是超声导波?

4. 超声波传感器的发射探头和接收探头各自的工作原理分别是基于那些电学效应?

5. 什么是耦合剂?其在超声波传感器的工作过程中起到的作用是什么?

6. 超声波有哪些传播特性?

7. 超声波发生器种类及其工作原理是什么?它们各自的特点是什么?

8. 利用超声波测量流体流量的原理图,如图 7-32 所示,设超声波在静止流体中的流速为 c,试求:

(1)简要分析其工作原理;

(2)流体的流速 v;

(3)流体的流量 Q。

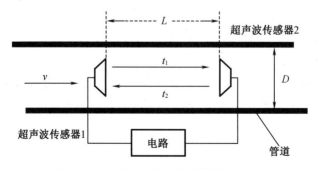

图 7-32　超声波测量流体流量的原理图

第8章　光纤传感器

由于微电子技术，光电半导体技术，光导纤维技术以及光栅技术的发展，使得光电传感器的应用与日俱增。这种传感器具有结构简单、非接触、高可靠性、高精度、可测参数多、反应快，以及结构简单、形式灵活多样等优点，在自动检测技术中得到了广泛应用，它一种是以光电效应为理论基础，由光电材料构成的器件。

光纤传感器是利用光的各种性质，检测物体的有无和表面状态的变化等的传感器。光电传感器主要由发光的投光部和接受光线的受光部构成。如果投射的光线因检测物体不同而被遮掩或反射，到达受光部的量将会发生变化。受光部将检测出这种变化，并转换为电气信号，进行输出。大多使用可视光（主要为红色，也用绿色、蓝色来判断颜色）和红外光。光电传感器主要分为对射型、回归反射型和扩散反射型三类。

为了方便读者学习和总结本章内容，作者给出了本章内容思维导图（图8-1）。

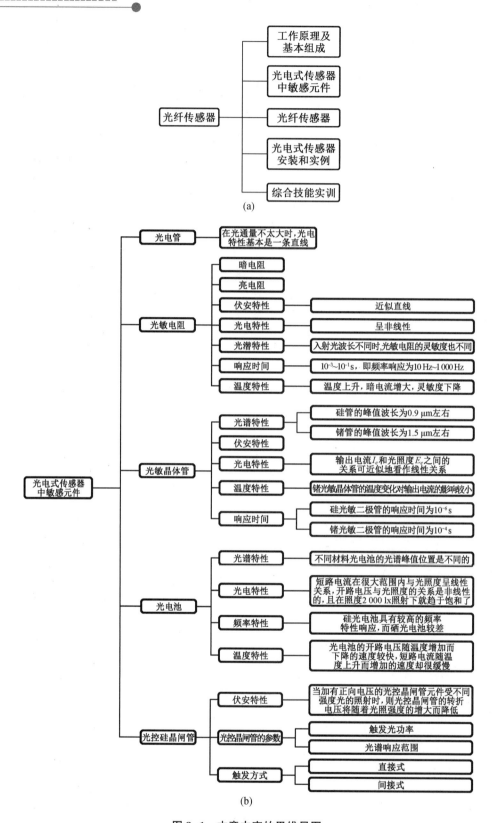

图 8-1　本章内容的思维导图

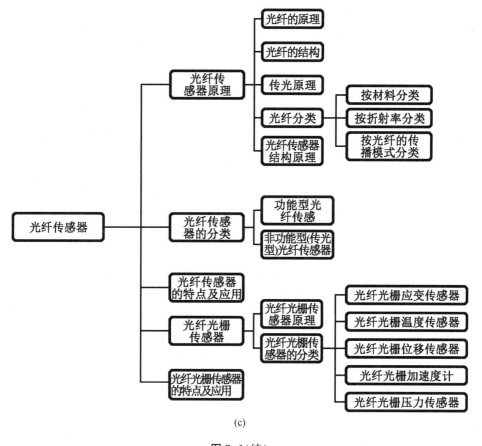

(c)

图 8-1(续)

8.1 光纤传感器的工作原理及基本组成

光电效应一般有外光电效应、光导效应、光生伏特效应。光照在光电材料上,材料表面的电子吸收能量,若电子吸收的能量足够大,电子会克服束缚脱离材料表面而进入外界空间,从而改变光电子材料的导电性,这种现象称为外光电效应。

根据爱因斯坦的光电子效应理论,光子是运动着的粒子流,每种光子的能量为 $h\nu$(ν 为光波频率,h 为普朗克常数,$h=6.63\times10^{-34}$ J/Hz),由此可见,不同频率的光子具有不同的能量,光波频率越高,光子能量越大。假设光子的全部能量交给光子,电子能量将会增加,增加的能量一部分用于克服正离子的束缚,另一部分转换成电子能量。根据能量守恒定律有

$$\frac{1}{2}mv^2=h\nu \cdot A \qquad (8-1)$$

式中 m——电子质量;

ν——电子逸出的初速度;

A——微电子所做的功。

由式(8-1)可知,要使光电子逸出阴极表面的必要条件是 $h>A$。由于不同材料具有不

— 169 —

同的逸出功,因此对每一种阴极材料,入射光都有一个确定的频率限,当入射光的频率低于此频率限时,不论光强多大,都不会产生光电子发射,此频率限称为"红限"。相应的波长为

$$\lambda_K = \frac{hc}{A}$$

式中　　c——光速;

　　　　A——逸出功。

当受到光照射时,吸收电子能量,其电阻率降低的导电现象称为光导效应。它属于内光电效应。当光照在半导体上时,若电子的能量大于半导体禁带的能级宽度,则电子从价带跃迁到导带,形成电子,同时,价带留下相应的空穴。电子、空穴仍留在半导体内,并参与导电在外电场作用下形成的电流。

除金属外,多数绝缘体和半导体都有光电效应,半导体尤为显著,根据光导效应制造的光电元件有固有入射光频率,当光照在光电阻上,其导电性增强,电阻值下降。光强度愈强,其阻值愈小,若停止光照,其阻值恢复到原阻值。

半导体受光照射产生电动势的现象称为光生伏特效应,据此效应制造的光电器件有光电池、光电二极管、管控晶闸管和光耦合器等。

光电传感器是通过把光强度的变化转换成电信号的变化来实现控制的,它的基本结构如图8-2,它首先把被测量的变化转换成光信号的变化,然后借助光电元件进一步将光信号转换成电信号。光电传感器一般由光源、光学通路和光电元件三部分组成。光电检测方法具有精度高、反应快、非接触等优点,而且可测参数多,传感器的结构简单,形式灵活多样,因此,光电式传感器在检测和控制中应用非常广泛。

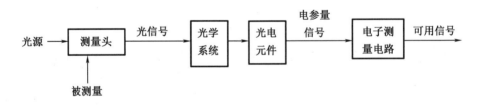

图8-2　光纤传感器的基本结构

光电传感器一般由三部分构成,它们分为发送器、接收器和检测电路,如图8-3所示,发送器对准目标发射光束,发射的光束一般来源于半导体光源,如发光二极管(LED)、激光二极管及红外发射二极管。光束不间断地发射,或者改变脉冲宽度。接收器由光电二极管、光电三极管、光电池组成。在接收器的前面,装有光学元件,如透镜和光圈等;在其后面是检测电路,它能滤出有效信号和应用该信号。此外,光电开关的结构元件中还有发射板和光导纤维。三角反射板是结构牢固的发射装置,它由很小的三角锥体反射材料组成,能够使光束准确地从反射板中返回,具有实用意义。它可以在与光轴0°到25°的范围内改变发射角,使光束几乎是从一根发射线发出,经过反射后,还是从这根反射线返回。

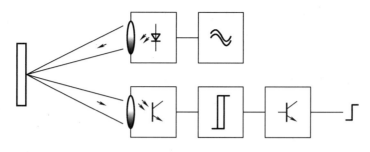

图 8-3 光电传感器的组成示意图

光电传感器是依靠被测物与光电元件和光源之间的关系,来达到测量目的的,因此光电传感器的光源扮演着很重要的角色,光电传感器的光源要是一个恒光源,光源稳定性的设计至关重要,光源的稳定性直接影响到测量的准确性。常用光源有以下几种。

1. 发光二极管

发光二极管是一种把电能转变成光能的半导体器件。它具有体积小、功耗低、寿命长、响应快、机械强度高等优点,并能和集成电路相匹配。因此,广泛地用于计算机、仪器仪表和自动控制设备中。

2. 丝灯泡

丝灯泡是一种最常用的光源,它具有丰富的红外线。如果选用的光电元件对红外光敏感,构成传感器时可加滤色片将钨丝灯泡的可见光滤除,而仅用它的红外线做光源,这样,可有效防止其他光线的干扰。

3. 激光

激光与普通光线相比具有能量高度集中、方向性好、频率单纯、相干性好等优点,是很理想的光源。

由光源、光学通路和光电器件组成的光电传感器在用于光电检测时,还必须配备适当的测量电路。测量电路能够把光电效应造成的光电元件电性能的变化转换成所需要的电压或电流。不同的光电元件,所要求的测量电路也不相同。

光电传感器是一种非接触式小型电子测量设备,依靠检测出其接收到的光强的变化,来达到测量目的。同时它也是一种容易受到外界干扰而失去测量准确度的器件。所以在设计时除了选择先进光电元件,还必须设置参比信号和温度补偿措施,用来削弱或消除这些因素的影响。

光电传感器必须经过光波调制,光波的调制像无线电波的传送和接收,将收音机调到某台,就可以忽略其他的无线电波信号。未经调制的传感器只有通过使用长焦距镜头的机械屏蔽手段,使接收器只能接收到发射器发出的光,才能使其能量变得很高。相比之下,经过调制的接收器能忽略周围的光,只对自己的光或具有相同调制频率的光做出响应。未经调制的传感器用来检测周围的光线或红外光的辐射,如刚出炉的红热瓶子,在这种应用场合如果使用其他的传感器,可能会有误动作。

光电传感器由于非接触、高可靠性等优点,在测量时对被测物体损害小,所以自其发明以来就在测量领域有着举足轻重的地位,目前它已广泛应用于测量机械量、热工量、成分量、智能车系统等。现在它在电力系统自动并网装置中起到了非常重要的作用,因为发电机投入电网运行常采用准同法,必须满足:三相线序一致,频率一致,相位一致,电压幅值相等,其中第一个条件在系统设计时已经满足,后三个条件必须同时满足才能并网,当然人工并网比较困难,光电并网比较容易。

时代在发展,科学技术在更新,光电传感器种类也日益增多,应用领域也越来越广泛,例如近来一种红外光电传感器已在智能车方面得到了应用,其中一种基于红外传感器的智能车的核心就是反射式红外传感器,它运用反射式红外传感器设计路径检测模块和速度监测模块;另外一种基于红外传感器的自寻迹小车则利用红外传感器来采集数据。

光电传感器具有其他传感器所不能取代的优越性,因此它发展前景非常好,应用也越来越广泛。

8.2　光电式传感器中的敏感元件

8.2.1　光电管

以外光电效应原理制作的光电管的结构是由真空管、光电阴极 K 和光电阳极 A 组成的,其符号和基本工作电路如图 8-4 所示。当一定频率的光照射到光电阴极时,阴极发射的电子在电场作用下被阳极所吸引,光电管电路中形成电流,称为光电流。不同材料的光电阴极对不同频率的入射光有不同的灵敏度,可以根据检测对象是红外光、可见光或紫外光而选择阴极材料不同的光电管。光电管的光电特性如图 8-5 所示,从图中可知,在光通量不太大时,光电特性基本是一条直线。

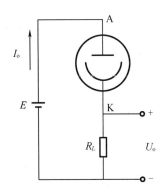

图 8-4　光电管符号及工作电路

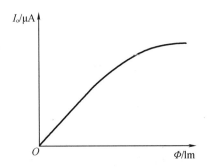

图 8-5　光电管的光电特性

8.2.2　光敏电阻

光敏电阻的工作原理是基于内光电效应,在半导体光敏材料的两端装上电极引线,将其封在带有透明窗的管壳里就构成了光敏电阻。光敏电阻的特性和参数如下。

1.暗电阻

光敏电阻置于室温、全暗条件下的稳定电阻值称为暗电阻,此时流过电阻的电流称为暗电流。

2. 亮电阻

光敏电阻置于室温和一定光照条件下测得的稳定电阻值称为亮电阻,此时流过电阻的电流称为亮电流。

3. 伏安特性

光敏电阻两端所加的电压和流过光敏电阻的电流间的关系称为伏安特性,如图8-6所示。从图中可知,伏安特性近似直线,但使用时应限制光敏电阻两端的电压,以免超过虚线所示的功耗区。

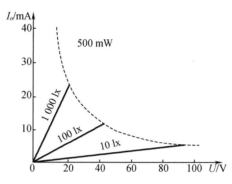

图8-6 光敏电阻的伏安特性

4. 光电特性

光敏电阻两极间电压固定不变时,光照亮度与电流间的关系称为光电特性。光敏电阻的光电特性呈非线性,这是光敏电阻的主要缺点之一。

5. 光谱特性

入射光波长不同时,光敏电阻的灵敏度也不同。入射光波长与光敏器件相对灵敏度间的关系称为光谱特性。使用时可根据被测光的波长范围,选择不同材料的光敏电阻。

6. 响应时间

光敏电阻受光照后,光电流需要经过一段时间(上升时间)才能达到其稳定值。同样,在停止光照后,光电流也需要经过一段时间(下降时间)才能恢复到其暗电流值,这就是光敏电阻的时延特性。光敏电阻上升响应时间和下降响应时间为 $10^{-3} \sim 10^{-1}$ s,即频率响应为 $10 \sim 1\,000$ Hz,可见光敏电阻不能用在要求快速响应的场合,这是光敏电阻的一个主要缺点。

7. 温度特性

光敏电阻受温度影响甚大,温度上升,暗电流增大,灵敏度下降,这是光敏电阻的另一缺点。

8.2.3 光敏晶体管

1. 概述

这里的光敏晶体管指的是光敏二极管和光敏三极管,它的工作原理也是基于内光电效应。

光敏二极管的结构与一般二极管相似,它的 PN 结装在管的顶部,可以直接受到光照射,光敏二极管在电路中一般处于反向工作状态,如图8-7(b)所示。在图8-7(a)中给出了光敏二极管的结构示意图及符号,图8-7(b)中给出了的光敏二极管的接线图,光敏二极管在不受光照射时处于截止状态,受光照射时处于导通状态。

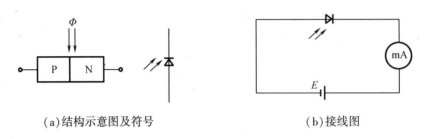

(a)结构示意图及符号　　　　　(b)接线图

图8-7　光敏二极管结构示意图

光敏三极管有 PNP 型和 NPN 型两种,它的结构、等效电路、图形符号及应用电路等,如图8-8(a)(b)(c)所示。光敏三极管工作原理是由光敏二极管与普通三极管的工作原理组合而成。如图8-8(d)所示,光敏三极管在光照作用下,产生基极电流,即光电流,与普通三极管的放大作用相似,在集电极上则产生是光电流 β 倍的集电极电流,所以光敏三极管比光敏二极管具有更高的灵敏度。

有时生产厂家还将光敏三极管与另一只普通三极管制作在同一个管壳里,连接成复合管形式,如图8-7(e)所示,称为达林顿型光敏三极管。它的灵敏度更大($\beta=\beta_1\beta_2$),但达林顿光敏三极管的漏电流(暗电流)较大,频响较差,温漂也较大。

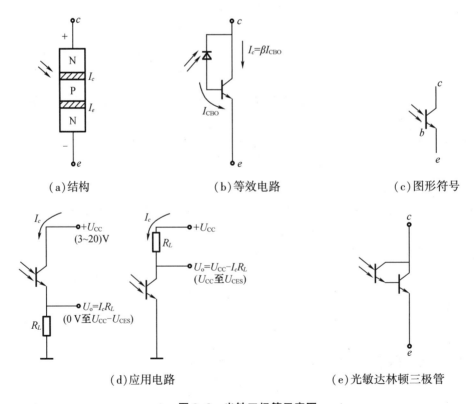

(a)结构　　　　　(b)等效电路　　　　　(c)图形符号

(d)应用电路　　　　　(e)光敏达林顿三极管

图8-8　光敏三极管示意图

2. 光敏晶体管的基本特性

（1）光谱特性

光敏晶体管硅管的峰值波长为 0.9 μm 左右，锗管的峰值波长为 1.5 μm 左右。由于锗管的暗电流比硅管大，因此，一般来说，锗管的性能较差，故在可见光或探测炽热状态物体时，都采用硅管。但对红外光进行探测时，则锗管较为合适。

（2）伏安特性

图 8-9 所示为锗光敏三极管的伏安特性曲线。光敏三极管在不同照度 E_e 下的伏安特性，就像一般三极管在不同的基极电流时的输出特性一样，只要将入射光在发射极与基极之间的 PN 结附近所产生的光电流看作基极电流，就可将光敏三极管看成一般的三极管。

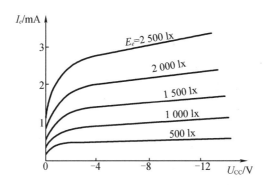

图 8-9 锗光敏三极管的伏安特性曲线

（3）光电特性

光敏晶体管的输出电流 I_e 和光照度 E_e 之间关系可近似地看作线性关系。

（4）温度特性

锗光敏晶体管的温度变化对输出电流的影响较小，主要由光照度所决定，而暗电流随温度变化很大。因此，应用时必须在线路上采取措施进行温度补偿。

（5）响应时间

硅和锗光敏二极管的响应时间分别为 10^{-6} s 和 10^{-4} s 左右，光敏三极管的响应时间比相应的二极管约慢一个数量级，因此，在要求快速响应或入射光调制频率较高时选用硅光敏二极管较合适。

8.2.4 光电池

光电池的工作原理是基于光生伏特效应。它的种类很多，有硅、硒、硫化铊、碲化镉等，其感光灵敏度随材料和工艺方法的不同而有差异，目前，应用最广泛的是硅光电池，它具有性能稳定、光谱范围宽、频率特性好、传递效率高等优点，但对光的响应速度还不够高。另外，由于硒光电池的光谱峰值位置在人眼的视觉范围内，所以很多分析仪器、测量仪器也常用到它，下面着重介绍光电池的基本特性。

1. 光谱特性

图 8-10 所示为硒光电池和硅光电池的光谱特性曲线，即相对灵敏度 K_r 和入射光波长 λ 之间的关系曲线。从曲线上可看出，不同材料光电池的光谱峰值位置是不同的。例如，硅

光电池可在 0.45~1.1 μm 使用,而硒光池只能在 0.34~0.57 μm 使用。

2. 光电特性

图 8-11 所示为硅光电池的光电特性曲线,其中光生电动势 U 与光照度 E_e 间的特性曲线称为开路电压曲线;光电流强度 I_e 与 E_e 间的特性曲线称为短路电流曲线。

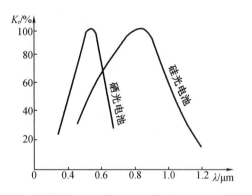

图 8-10　硒和硅光电池的光谱特性曲线

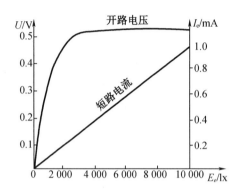

图 8-11　硅光电池的光电特性曲线

从图 8-11 中可以看出,短路电流在很大范围内与光照度呈线性关系,开路电压与光照度的关系是非线性的,且在照度 2 000 lx 照射下就趋于饱和了。因此,用光电池作为敏感元件时,应该把它当作电流源的形式使用,即利用短路电流与光照度呈线性的特点,这也是光电池的主要优点之一。

3. 频率特性

硅光电池具有较高的频率特性响应,而硒光电池较差。因此,在高速计数器、有声电影以及其他方面多采用硅光电池。

4. 温度特性

光电池的温度特性是描述光电池的开路电压 U、短路电流 I 随温度 t 变化的曲线。由于它关系到应用光电池设备的温度漂移,影响到测量精度或控制精度等主要指标,因此,温度特性是光电池的重要特性之一。光电池的开路电压随温度增加而下降的速度较快,短路电流随温度上升而增加的速度却很缓慢,因此,在将光电池作为敏感元件的自动检测系统设计时就应该考虑到温度的漂移,需采取相应措施进行补偿。

8.2.5　光控硅晶闸管

1. 概述

光控晶闸管是一种利用光信号控制的开关器件,它的伏安特性和普通晶闸管相似,只是用光触发代替了电触发。光触发与电触发相比,具有下述优点。

(1)主电路与控制电路通过光耦合,可以抑制噪波干扰。

(2)主电路与控制电路相互隔离,容易满足对高压绝缘的要求。

(3)使用光控晶闸管,不需要晶闸管门极触发脉冲变压器等器件,从而可使质量减轻、体积减小、可靠性提高。

由于光控晶闸管具有独特的光控特性,已作为自动控制元件而广泛用于光继电器,自控、隔离输入开关、光计数器、光报警器、光触发脉冲发生器,以及液位、料位、物位控制等方面,大功率光控晶闸管元件主要用于大电流脉冲装置和高压直流输电系统。

2. 光控晶闸管的结构

从内部结构看,光控晶闸管与普通晶闸管基本相同。通常,小功率光控晶闸管元件只有两个电极,即阳极(A)和阴极(K)。大功率光控晶闸管元件,除有阳极和阴极外,还带有光导纤维线(光缆),光缆上装有作为触发光源的发光二极管或半导体激光器。一般,小功率光控晶闸管是没有控制极的。如果将控制极引出,就可以做成一个光、电两用的晶闸管,当在控制极和阴极之间加上一定的触发正电压,也可使光控晶闸管导通;当所加正电压不够高时,虽然不能使光控晶闸管导通,但可以提高它的光触发灵敏度。

3. 光控晶闸管的特性参数

(1)伏安特性

光控晶闸管的伏安特性曲线形状与普通晶闸管的相同。当加有正向电压的光控晶闸管元件受不同强度光的照射时,则光控晶闸管的转折电压将随着光照强度的增大而降低。

(2)光控晶闸管的参数

光控晶闸管的一般参数的意义与普通晶闸管相同。触发参数是光控晶闸管所特有的,下面介绍光控晶闸管的两个参数,即触发光功率和光谱响应范围。

① 触发光功率

加有正向电压的光控晶闸管由阻断状态转变成导通状态所需的输入光功率称为触发光功率,其值一般为几毫瓦到十几毫瓦。

② 光谱响应范围

光控晶闸管只对一定波长范围的光敏感,超出该波长范围,再强的光也不能使它导通。光控晶闸管元件的光谱响应范围约为 $0.55\sim1.0\ \mu m$,峰值波长约为 $0.85\ \mu m$。用于触发光控晶闸管的光源,有 Nd:YAG 激光器、GaAs 发光二极管和激光二极管。对小功率光控晶闸管元件,可根据具体情况选用合适波长的光源,如自炽灯、太阳光等。

(3)触发方式

光控晶闸管的光触发方式有两种,即直接式和间接式。直接触发方式适合小功率光控晶闸管元件,也可以不用光缆传送光信号,让光源靠近光控晶闸管进行照射触发,或者把发光二极管与光控晶闸管组装在一起组成光电耦合开关。直接触发方式的优点是电路简单、噪声低、可靠性高。间接触发方式利用光电转换电路把光信号变成电信号;然后用此电信号去触发晶闸管或先用信号触发小电流的高压光控晶闸管元件,然后再用此小电流元件去触发普通快速高压大功率晶闸管元件。这种间接触发方式的优点是可靠性高,其缺点是配合使用的电路复杂。

8.3 光纤传感器原理

利用光导纤维的传光特性,把被测量转换为光特性(强度、相位、偏振态、频率、波长)改变的传感器。

传感器在当代科技领域及实际应用中占有十分重要的地位,各种类型的传感器早已广泛应用于各个学科领域。

光纤是近几年发展最为迅速的新一代光无源器件,在光纤通信和光纤传感等相关领域发挥着愈来愈重要的作用。

光纤传感器是近几十年来迅速发展起来的一种新型传感器,它具有抗电磁干扰、电绝缘性好、灵敏度高等一系列优点,具有广泛的应用前景。

光纤传感器分为两类:一类称为功能型传感器,它的光纤对被测信号兼有敏感和传输的作用;另一类称为非功能型传感器,它的光纤仅起传输的作用。功能型传感器是利用光纤本身的特性把光纤作为敏感元件,被测量对光纤内传输的光进行调制,使传输的光的强度、相位、频率或偏振态等特性发生变化,再通过对被调制过的信号进行解调,从而得出被测信号,光纤在其中不仅是导光媒质,而且也是敏感元件。光在光纤内受被测量调制,多采用多模光纤,非功能型传感器是利用其他敏感元件感受被测量的变化,光纤仅作为信息的传输介质,常采用单模光纤,光纤在其中仅起导光作用,光照在光纤型敏感元件上受被测量调制。

近年来,传感器在朝着灵敏、精确、适应性强、小巧和智能化的方向发展。在这一过程中光纤传感器备受青睐。光纤具有很多优异的性能,例如,抗电磁干扰和原子辐射的性能,径细、质软、质量轻的机械性能;绝缘、无感应的电气性能;耐水、耐高温、耐腐蚀的化学性能等,它能够在人达不到的地方(如高温区),或者对人有害的地区(如核辐射区),起到人的耳目的作用,而且还能超越人的生理界限,接收人的感官所感受不到的外界信息。

8.3.1 光纤传感器原理

1.光纤的原理

光纤是光导纤维的简称,形状一般为圆柱形,材料是高纯度的石英玻璃为主,掺少量杂质锗、硼、磷等。芯的折射率比包层的折射率稍大,当满足一定条件时,光就被"束缚"在光纤里面传播。

2.光纤的结构

光纤是用光透射率高的电介质(如石英、玻璃、塑料等)构成的光通路。光纤的结构示意图如图 8-12 所示,它是由折射率 n_1 较大(光密介质)的纤芯和折射率 n_2 较小(光疏介质)的包层构成的双层同心圆柱结构。

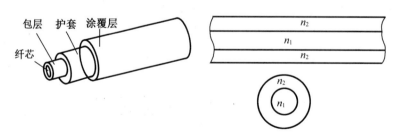

图 8-12　光纤的结构示意图

3. 传光原理

光的全反射现象是研究光纤传光原理的基础。根据几何光学原理,当光线以较小的入射角 θ_1 由光密介质 1 射向光疏介质 2(即 $n_1 > n_2$)时(图 8-13),则一部分入射光以折射角 θ_2 折射入介质 2,其余部分仍以 θ_1 反射回介质 1。

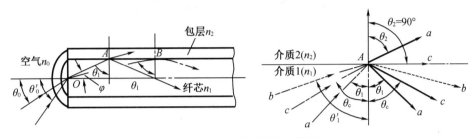

图 8-13　光纤的传光原理示意图

依据光折射和反射的斯涅尔(Snell)定律可知:当 θ_1 角逐渐增大,直至 $\theta_1 = \theta_c$ 时,透射入介质 2 的折射光也逐渐折向界面,直至沿界面传播($\theta_2 = 90°$)。对应于 $\theta_2 = 90°$ 时的入射角 θ_1 称为临界角 θ_c;由图 8-11 和图 8-12 可见,当 $\theta_1 > \theta_c$ 时,光线将不再折射入介质 2,而在介质(纤芯)内产生连续向前的全反射,直至由终端面射出。这就是光纤传光的工作基础。

同理,由图 8-13 和 Snell 定律可导出光线由折射率为 n_0 的外界介质(空气 $n_0 = 1$)射入纤芯时实现全反射的临界角(始端最大入射角)为

$$\sin \theta_c = \frac{1}{n_0}\sqrt{n_1^2 - n_2^2} = NA \tag{8-2}$$

其中,NA 定义为"数值孔径"。它是衡量光纤集光性能的主要参数。它表示:无论光源发射功率多大,只有 $2\theta_c$ 张角内的光才能被光纤接收、传播(全反射)。NA 愈大,光纤的集光能力愈强。产品光纤通常不给出折射率,而只给出 NA。石英光纤的 $NA = 0.2 \sim 0.4$。

4. 光纤分类

(1)按材料分类

①高纯度石英(SiO_2)玻璃纤维

这种材料的光损耗比较小,在波长时,最低损耗约为 0.47 dB/km。锗硅光纤,包层用硼硅材料,其损耗约为 0.5 dB/km。

②多组分玻璃光纤

这种光纤用常规玻璃制成,损耗也很低。如硼硅酸钠玻璃光纤,在波长 $\lambda = 0.84\ \mu m$ 时,最低损耗为 3.4 dB/km。

③塑料光纤

塑料光纤采用人工合成导光塑料制成,其损耗较大,当波长 $\lambda = 0.63\ \mu m$ 时,达到 100 ~ 200 dB/km。但其质量轻、成本低、柔软性好,适用于短距离导光。

(2)按折射率分类

光纤按折射率分为阶跃折射率光纤和渐变折射率光纤,如图 8-14 所示。

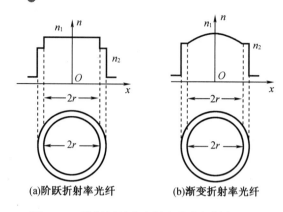

图 8-14 阶跃折射率光纤和渐变折射率光纤

①阶跃折射率光纤

在纤芯和包层的界面上，纤芯的折射率不随半径而变，但在纤芯与包层界面处折射率有突变的称为阶跃型；

②渐变折射率光纤

光纤纤芯的折射率沿径向由中心向外呈抛物线由大渐小，至界面处与包层折射率一致的称为渐变折射率光纤。

（3）按光纤的传播模式分类

根据传输模数的不同，光纤可分为单模光纤和多模光纤。什么是光纤的传播模式？光纤传输的光波，可以分解为沿纵轴向传播和沿横切向传播的两种平面波成分。后者在纤芯和包层的界面上会产生全反射。当它在横切向往返一次的相位变化为 2π 的整倍数时，将形成驻波。形成驻波的光线组称为"模"，它是离散存在的，亦即一定纤芯和材料的光纤只能传输特定模数的光。

单模阶跃折射率光纤（图 8-15）纤芯直径仅有几微米，接近波长。其折射率分布均为阶跃型。单模光纤原则上只能传送一种模数的光，常用于光纤传感器。这类光纤传输性能好，频带很宽，具有较好的线性度；但因芯小，难以制造和耦合。

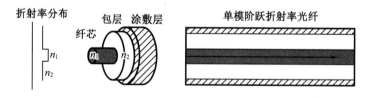

图 8-15 单模阶跃折射率光纤示意图

多模光纤允许多个模数的光在光纤中同时传播，通常纤芯直径较大，达几十微米以上。由于每一个"模"光进入光纤的角度不同，它们在光纤中走的路径不同，因此它们到达另一端点的时间也不同，这种特征称为模分散。特别是多模阶跃折射率光纤（图 8-16），模分散最严重。这限制了多模光纤的带宽和传输距离。

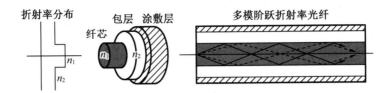

图 8-16 多模阶跃折射率光纤示意图

多模渐变折射率光纤(图 8-17)纤芯内的折射率不是常量,而是从中心轴线开始沿径向大致按抛物线形成递减,中心轴折射率最大,因此,光纤在纤芯中传播会自动地从折射率小的界面向中心会聚,光纤传播的轨迹类似正弦波形,具有光自聚焦效果,故渐变折射率多模光纤又称为自聚焦光纤。渐变折射率多模光纤的模分散比阶跃型小得多。

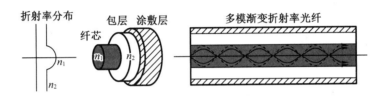

图 8-17 多模阶跃折射率光纤示意图

5. 光纤传感器结构原理

以电为基础的传统传感器是一种把测量的状态转变为可测的电信号的装置。它的电源、敏感元件、信号接收和处理系统以及信息传输均用金属导线连接,如图 8-18(a)所示。而光纤传感器则是一种把被测量的状态转变为可测的光信号的装置,它由光发送器、敏感元件(光纤或非光纤的)光接收器、信号处理系统以及光纤构成,如图 8-18(b)所示。

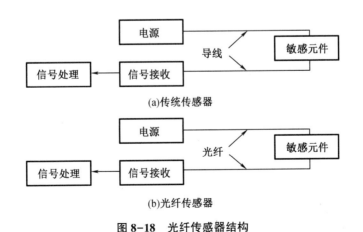

图 8-18 光纤传感器结构

由光发送器发出的光经光纤引导至敏感元件。这时,光的某一性质受到被测量的调制,已调光经接收光纤耦合到光接收器,使光信号变为电信号,最后经信号处理得到所期待的被测量。

可见,光纤传感器与以电为基础的传统传感器相比较,在测量原理上有本质的差别。

传统传感器是以机-电测量为基础,而光纤传感器则以光学测量为基础。

光是一种电磁波,其波长从极远红外的 1 mm 到极远紫外线的 10 nm。它的物理作用和生物化学作用主要因其中的电场而引起。因此,讨论光的敏感测量必须考虑光的电矢量 E 的振动,即

$$E = A\sin(\omega t + \varphi) \tag{8-3}$$

式中　A——电场 E 的振幅矢量;

　　　ω——光波的振动频率;

　　　φ——光相位;

　　　t——光的传播时间。

可见,只要使光的强度、偏振态(矢量 A 的方向)、频率和相位等参量之一随被测量状态的变化而变化,或受被测量调制,那么,通过对光的强度调制、偏振调制、频率调制或相位调制等进行解调,即可获得所需要的被测量的信息。

8.3.2　光纤传感器的分类

1. 功能型光纤传感器

如图 8-19 所示,功能型光纤传感器是指利用对外界信息具有敏感能力和检测能力的光纤(或特殊光纤)做传感元件,将"传"和"感"合为一体的传感器。功能性光纤传感器中光纤不仅起传光作用,而且还利用光纤在外界因素的作用下,其光学特性(光强、相位、频率、偏振态等)的变化来实现"传"和"感"的功能。因此,传感器中光纤是连续的。由于光纤连续,增加其长度,可提高灵敏度。这类传感器主要使用单模光纤。

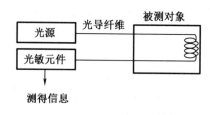

图 8-19　功能型光纤传感器

2. 非功能型(传光型)光纤传感器

非功能型(传光型)光纤传感器(图 8-20)中光纤仅起导光作用,只"传"不"感",对外界信息的"感觉"功能依靠其他物理性质的功能元件完成,光纤在系统中是不连续的。此类光纤传感器无须特殊光纤及其他特殊技术,比较容易实现,成本低;但灵敏度也较低,用于对灵敏度要求不太高的场合。

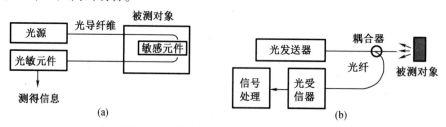

图 8-20　非功能型(传光型)光纤传感器

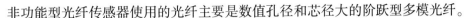

非功能型光纤传感器使用的光纤主要是数值孔径和芯径大的阶跃型多模光纤。

3. 传感探针型光纤传感器

传感探针型光纤传感器的光纤把测量对象辐射的光信号或测量对象反射、散射的光信号传播到光电元件上,通常使用单模或多模光纤。典型的例子有光纤激光多普勒速度计、辐射式光纤温度传感器等。

8.3.3 光纤传感器的特点及应用

光纤有很多的优点,用它制成的光纤传感器(FOS)与常规传感器相比也有很多特点:抗电磁干扰能力强、高灵敏度、耐腐蚀、可挠曲、体积小、结构简单,以及与光纤传输线路相容等。

光纤传感技术是伴随着光导纤维和光纤通信技术发展而形成的一门崭新的传感技术。光纤传感器的传感灵敏度要比传统传感器高许多倍,而且它可以在高电压、大噪声、高温、强腐蚀性等很多特殊环境下正常工作,还可以与光纤遥感、遥测技术配合,形成光纤遥感系统和光纤遥测系统。光纤传感技术是许多经济、军事强国争相研究的高新技术,它可广泛应用于国民经济的各个领域和国防军事领域。在航天(飞机及航天器各部位压力测量、温度测量、陀螺等)、航海(声呐等)、石油开采(液面高度、流量测量、二相流中孔隙度的测量)、电力传输(高压输电网的电流测量、电压测量)、核工业(放射剂量测量、原子能发电站泄漏剂量监测)、医疗(血液流速测量、血压及心音测量)、科学研究(地球自转、敏感蒙皮)等众多领域都得到了广泛的应用。

8.4 光纤光栅传感器

光纤光栅传感器属于光纤传感器的一种,基于光纤光栅的传感过程是通过外界物理参量对光纤布拉格波长的调制来获取传感信息的。它是一种波长调制型光纤传感器。由于光纤光栅与光纤之间天然的兼容性,很容易将多个光纤光栅串联在一根光纤上构成光纤光栅阵列,实现准分布式传感,加上光纤光栅除具有普通光纤的许多优点外,其本身的传感信号为波长调制,测量信号不受光源起伏、光纤弯曲损耗不受光源功率波动和系统损耗影响的特点,因此光纤光栅在传感领域的应用引起了世界各国有关学者的广泛关注和极大兴趣。光纤光栅传感器的应用领域不断拓展,现在人们已将其逐步应用于多种物理量的测量,制成了各种传感器。

8.4.1 光纤光栅传感器原理

光纤光栅传感器可以实现对温度、应变等物理量的直接测量。由于光纤光栅波长对温度与应变同时敏感,即温度与应变同时引起光纤光栅耦合波长移动,使得通过测量光纤光栅耦合波长移动无法对温度与应变加以区分。因此,解决交叉敏感问题,实现温度和应力的区分测量是传感器实用化的前提。通过一定的技术来测定应力和温度变化可实现对温度和应力区分测量。这些技术的基本原理都是利用两根或者两段具有不同温度和应变响应灵敏度的光纤光栅构成双光栅温度与应变传感器,通过确定两个光纤光栅的温度与应变响应灵敏度系数,利用两个二元一次方程解出温度与应变。区分测量技术大体可分为两类,即多光纤光栅测量和单光纤光栅测量。

多光纤光栅测量主要包括混合FBG/长周期光栅(long period grating,LPG)法、双周期光纤光栅法、光纤光栅/F-P腔集成复用法、双FBG重叠写入法。各种方法各有优缺点。FBG/LPG法解调简单,但很难保证测量的是同一点,精度为 9×10^{-6},1.5 ℃。双周期光纤光栅法能保证测量位置,提高了测量精度,但光栅强度低,信号解调困难。光纤光栅/F-P腔集成复用法传感器温度稳定性好、体积小、测量精度高,精度可达 20×10^{-6},1 ℃,但F-P的腔长调节困难,信号解调复杂。双FBG重叠写入法精度较高,但是,光栅写入困难,信号解调也比较复杂。

单光纤光栅测量主要包括用不同聚合物材料封装单光纤光栅法、利用不同的FBG组合和预制应变法等。用聚合物材料封装单光纤光栅法是利用某些有机物对温度和应力的响应不同增加光纤光栅对温度或应力灵敏度,克服交叉敏感效应。这种方法的制作简单,但选择聚合物材料困难。利用不同的FBG组合法是把光栅写于不同折射率和温度敏感性或不同温度响应灵敏度和掺杂材料浓度的两种光纤的连接处,利用不同的折射率和温度灵敏性不同实现区分测量。这种方法解调简单,且解调为波长编码,避免了应力集中,但具有损耗大、熔接处易断裂、测量范围偏小等问题。预制应变法是首先给光纤光栅施加一定的预应变,在预应变的情况下将光纤光栅的一部分牢固地粘贴在悬臂梁上。应力释放后,未粘贴部分的光纤光栅形变恢复,其中心反射波长不变;而粘贴在悬臂梁上的部分形变不能恢复,从而导致了这部分光纤光栅的中心反射波长改变,因此,这个光纤光栅有2个反射峰,一个反射峰(粘贴在悬臂梁上的部分)对应变和温度都敏感;另一个反射峰(未粘贴部分)只对温度敏感,通过测量这2个反射峰的波长漂移可以同时测量温度和应变。

光纤光栅主要有Bragg光栅(FBG)、啁啾光栅、长周期光栅等。其中光纤Bragg光栅是最简单、最普遍的一种光纤光栅,是一段折射率呈周期性变化的光纤,其折射率调制深度和光栅周期一般都是常数。当一束宽光谱光 λ 经过光纤Bragg光栅时,被光栅反射回一单色光 λ_B,相当于一个窄带的反射镜。反射光的中心波长 λ_B 与光栅的折射率变化周期 Λ 和有效折射率 n_{eff} 有关。由耦合模理论可知,均匀的光纤布拉格光栅可将其中传输的一个导模耦合到另一个沿相反方向传输的导模而形成窄带反射,峰值反射波长(Bragg波长) λ_B 为

$$\lambda_B = 2n_{eff}\Lambda$$

式中 λ_B——Bragg波长;

n_{eff}——光栅的有效折射率,即折射率调制幅度大小的平均效应;

Λ——光栅周期,即折射率调制的空间周期。

当光波传输通过FBG时,满足Bragg条件的光波将被反射回来,这样入射光就分成透射光和反射光。FBG的反射波长或透射波长取决于反向耦合模的有效折射率 n 和光栅周期 Λ,任何使这两个参量发生改变的物理过程都将引起光栅Bragg波长的漂移,测量此漂移量就可直接或间接地感知外界物理量的变化。

在只考虑光纤受到轴向应力的情况下,应力对光纤光栅的影响主要体现在两方面:弹光效应使折射率改变,应变效应使光栅周期改变。温度变化对光纤光栅的影响也主要体现

在两方面:热光效应使折射率改变,热膨胀效应使光栅周期改变。当同时考虑应变与温度时,弹光效应与热光效应共同引起折射率的改变,应变和热膨胀共同引起光栅周期的改变。假设应变和温度分别引起 Bragg 波长的变化是相互独立的,则两者同时变化时,Bragg 波长的变化可以表示为

$$\Delta\lambda_B/\lambda_B = (1 - P)\varepsilon + (a + \zeta)\Delta T \tag{8-4}$$

式中　　P——弹光系数;

　　　　ε——轴向应变导致的光栅周期变化;

　　　　a——热胀系数;

　　　　ζ——热光系数;

　　　　ΔT——温度的变化量。

理论上只要测到两组波长变化量就可同时计算出应变和温度的变化量。对于其他的一些物理量,如加速度、振动、浓度、液位、电流、电压等,都可以设法转换成温度或应力的变化,从而实现测量。

8.4.2　光纤光栅传感器的分类

光纤光栅传感器主要包括光纤光栅应变传感器、光纤光栅温度传感器、光纤光栅位移传感器、光纤光栅加速度传感器、光纤光栅压力传感器等。

1. 光纤光栅应变传感器

光纤光栅应变传感器是在工程领域中应用最广泛,技术最成熟的光纤传感器。应变直接影响光纤光栅的波长漂移,在工作环境较好或是待测结构要求精小传感器的情况下,人们将裸光纤光栅作为应变传感器直接粘贴在待测结构的表面或者是埋设在结构的内部。由于光纤光栅比较脆弱,在恶劣工作环境中非常容易破坏,因而需要对其进行封装后才能使用。目前常用的封装方式主要有基片式、管式和基于管式的两端夹持式。

2. 光纤光栅温度传感器

温度是国际单位制给出的基本物理量之一,是工农业生产和科学实验中需要经常测量和控制的主要参数,同时也是与人们日常生活密切相关的一个重要物理量。目前,比较常用的电类温度传感器主要是热电偶温度传感器和热敏电阻温度传感器。光纤温度传感与传统的传感器相比有很多优点,如灵敏度高、体积小、耐腐蚀、抗电磁辐射、光路可弯曲、便于遥测等。基于光纤光栅技术的温度传感器,采用波长编码技术,消除了光源功率波动及系统损耗的影响,适用于长期监测;而且多个光纤光栅组成的温度传感系统,采用一根光缆,可实现准分布式测量。

温度也是直接影响光纤光栅波长变化的因素,人们常常直接将裸光纤光栅作为温度传感器直接应用。同光纤光栅应变传感器一样,光纤光栅温度传感器也需要进行封装,封装技术的主要作用是保护和增敏,人们希望光纤光栅能够具有较强的机械强度和较长的寿命,与此同时,还希望能在光纤传感中通过适当的封装技术提高光纤光栅对温度的响应灵敏度。普通的光纤光栅其温度灵敏度只有 0.010 nm/℃左右,这样对于工作波长在 1 550 nm 的光纤光栅来说,测量 100 ℃的温度范围波长变化仅为 1 nm。应用分辨率为 1 pm 的解码仪进行解调可获得很高的温度分辨率,而如果因为设备的限制,采用分辨率为 0.06 nm 的

光谱分析仪进行测量,其分辨率仅为 6 ℃,远远不能满足实际测量的需要。目前常用的封装方式有基片式、管式和聚合物封装方式等。

3. 光纤光栅位移传感器

研究人员开展了应用光纤光栅进行位移测量的研究,目前这些研究都是通过测量悬臂梁表面的应变,然后通过计算求得悬臂梁垂直变形,即悬臂梁端部垂直位移。这种"位移传感器"不是真正意思上的位移传感器,目前这种传感器在实际工程已取得了应用,国内亦具有商品化产品。

4. 光纤光栅加速度计

1996 年,美国的 Berkoff 等利用光纤光栅的压力效应设计了光纤光栅振动加速度计。转换器由质量板、基板和复合材料组成,质量板和基板都是 6 mm 厚的铝板,基板作为刚性板起支撑作用,8 mm 厚的复合材料夹在两铝板中间起弹簧的作用。在质量块的惯性力作用下,埋在复合材料中的光纤光栅受到横向力作用产生应变,从而导致光纤光栅的布拉格波长变化。采用非平衡 M-Z 干涉仪对光纤光栅的应变与加速度间的关系进行解调。1998 年,Todd 采用双挠性梁作为转换器设计了光栅加速度计。加速度传感器由两个矩形梁和一个质量块组成,质量块通过点接触焊接在两平行梁中间,光纤光栅贴在第二个矩形梁的下表面。在传感器受到振动时,在惯性力的作用下,质量块带动两个矩形梁振动使其产生应变,传递给光纤光栅引起波长移动。

5. 光纤光栅压力传感器

对拉力或压力的监测也是监测的一部分重要内容,如桥梁结构的拉索的整体索力、高纬度海洋平台的冰压力,以及道路的土壤压力、水压力等。欧进萍等学者相继开发出了光纤光栅拉索压力环和光纤光栅冰压力传感器,英国海军研究中心开发了光纤光栅土壤压力传感器,用以监测公路内部的荷载情况。并且各国相继开始光纤光栅油气井压力传感器的研究工作。

除以上介绍的光纤光栅传感器外,光纤光栅研究人员和传感器设计人员基于光纤光栅的传感原理,还设计出光纤光栅伸长计、光纤光栅曲率计、光纤光栅湿度计以及光纤光栅倾角仪、光纤光栅连通管等。此外,人们还通过光纤光栅应变传感器制成用于测量公路运输情况的运输计、用于测量公路施工过程中沥青应变的应变片等。

8.4.3　光纤光栅传感器的特点及应用

光纤光栅传感器的特点:

(1)抗电磁干扰:一般电磁辐射的频率比光波低许多,所以在光纤中传输的光信号不受电磁干扰的影响。

(2)电绝缘性能好,安全可靠:光纤本身是由电介质构成的,而且无须电源驱动,因此适宜于在易燃易爆的油、气、化工生产中使用。

(3)耐腐蚀,化学性能稳定:由于制作光纤的材料——石英具有极高的化学稳定性,因此光纤传感器适宜在较恶劣环境中使用。

(4)体积小、质量轻,几何形状可塑。

(5)传输损耗小:可实现远距离遥控监测。

(6)传输容量大:可实现多点分布式测量。

(7)测量范围广:可测量温度、压强、应变、应力、流量、流速、电流、电压、液位、液体浓度、成分等。

以光纤光栅为传感元件,经过特殊的封装之后,加上光源、解调装置和相应的光学配件就构成了光纤光栅传感器。除了由光纤的本征属性所带来的优点,如质轻、径细、柔韧、化学稳定、耐高温、抗电磁干扰等,光纤光栅传感器还具有很多独特的优势,如传感器尺寸小,易于埋入结构中,复用性好,易于组成网络,实现准分布式测量,灵敏度高,响应速度快,传输距离远,测量信息是波长编码的绝对测量,不受光源的光强波动、光纤连接和耦合损耗以及光波偏振态的变化等因素的影响,有较强的抗干扰能力,这些使得 FBG 传感器成为理想的传感器,并在航空航天航海等军事领域及大型土木工程、电力、医疗等民用领域得到了广泛的应用。

(1)土木工程:如桥梁、大坝、岸堤、大型钢结构等的健康安全监控。

(2)航天工业:如飞机上压力、温度、振动、燃料液位等指标的监测。

(3)船舶航运业:如船舶的损伤评估及早期报警。

(4)电力工业:由于光纤光栅传感器根本不受电磁场的影响,所以特别适合于电力系统中的温度监控。

(5)石油化学工业:光纤光栅本质安全,特别适合于石化厂、油田中的温度、液位等的监控。

(6)核工业中的应用:监视废料站的情况、监测反应堆建筑的情况等。

8.5 光电式传感器的安装和实例

8.5.1 光电式传感器的安装

1.反射式光电传感器的安装

(1)反射取样式光电传感器的工作原理是传感器红外发射管发射出红外光,接收管根据反射回来的红外光强度大小来计数的,故被检测的工件或物体表面必须有黑白相间的部位用于吸收和反射红外光,这样接收管才能有效地截止和饱和达到计数的目的。所以在选择工作点、安装及使用中最关键的一点是接收管必须工作于截止区和饱和区。

(2)使用中光电传感器的前端面与被检测的工件或物体表面必须保持平行,这样光电传感器的转换效率最高。

(3)光电传感器的前端面与反光板的距离保持在规定的范围内。

(4)光电传感器必须安装在没有强光直接照射处,因强光中的红外光将影响接收管的正常工作。

(5)光电传感器的红外发射管的电流在 2~10 mA 时发光强度与电流的线性最佳,所以电流取值一般不超过这个范围,若取值太大发射管的光衰也大,长时间工作影响寿命;在电池供电的情况下电流取值应小,此时抗干扰性下降,在结构设计时应考虑这点,尽量避免外界光干扰等不利因素。

（6）安装焊接时，光电传感器的引脚根部与焊盘的最小距离不得小于 5 mm，否则焊接时易损坏管芯，或引起管芯性能的变化。焊接时间应小于 4 s。

（7）光电传感器在具体的工作环境中最佳工作状态的参数选择方法：根据实际的检测距离选取光电传感器的型号。安装好传感器，做好工件或物体表面的取样标志，在 5 V 工作电压下根据该型号传感器红外发射管所需的工作电流（参考值为 8 mA）选取负载电阻 R_1，红外发射管的正向压降在 1.2 V 左右，对红外接收管负载电阻 R_2 取值（参考值 20 kΩ），测量 AB 两点之间的电压。当光电传感器对准工件或物体表面黑色标志处，AB 间的电压应控制在 0.3~0.6 V，此时光电传感器的工作状态最佳，若 AB 间电压小于 0.3 V，则将 R_2 电阻阻值调大直到符合要求；若 AB 间电压大于 0.6 V，则相反。在工件或物体表面无黑色标记处，AB 间的电压≥4.5 V 即可。

2. 光栅位移传感器的安装

光栅位移传感器以其优越的性能，目前已经得到了较为广泛的应用，下面我们就光栅位移传感器的安装问题进行介绍。

光栅位移传感器的安装比较灵活，可安装在机床的不同部位。

一般将主尺安装在机床的工作台（滑板）上，随机床走刀而动，读数头固定在床身上，尽可能使读数头安装在主尺的下方。其安装方式的选择必须注意切屑、切削液及油液的溅落方向。如果由于安装位置限制必须采用读数头朝上的方式安装时，则必须增加辅助密封装置。另外，一般情况下，读数头应尽量安装在相对机床静止部件上，此时输出导线不移动易固定，而尺身则应安装在相对机床运动的部件上（如滑板）。

（1）光栅位移传感器安装基面

光栅主尺及读数头分别安装在机床相对运动的两个部件上。用百分表检查机床工作台的主尺安装面与导轨运动的方向平行度。百分表固定在床身上，移动工作台时，要求达到平行度为 0.1 mm/1 000 mm 以内。如果不能达到这个要求，则需设计加工一件光栅尺基座。基座要求做到：①应加一根与光栅尺尺身长度相等的基座（最好基座长出光栅尺 50 mm 左右）。②该基座通过铣、磨工序加工，保证其平面平行度 0.1 mm/1 000 mm 以内。另外，还需加工一件与尺身基座等高的读数头基座。读数头的基座与尺身的基座总误差不得大于±0.2 mm。安装时，调整读数头位置，达到读数头与光栅尺尺身的平行度为 0.1 mm 左右，读数头与光栅尺尺身之间的间距为 1 mm 左右。

（2）位移传感器主尺安装

将光栅位移传感器主尺用 M5 螺钉固定在机床安装的工作台安装面上，但不要上紧，把百分表固定在床身上，移动工作台（主尺与工作台同时移动）。用百分表测量主尺平面与机床导轨运动方向的平行度，调整主尺 M5 螺钉位置，使主尺平行度满足 0.1 mm/1 000 mm 以内时，把 M5 螺钉彻底上紧。在安装光栅主尺时，应注意如下三点：

①如安装超过 1.5M 以上的光栅时，不能像桥梁式只安装两端头，还需在整个主尺尺身中有支撑；

②在有基座情况下安装好后，最好用一个卡子卡住尺身中点（或几点）；

③不能安装卡子时，最好用玻璃胶粘住光栅尺身，使基尺与主尺固定好。

（3）位移传感器读数头的安装

在安装读数头时,首先应保证读数头的基面达到安装要求,然后再安装读数头,其安装方法与主尺相似。最后调整读数头,使读数头与光栅主尺平行度保证在 0.1 mm 之内,其读数头与主尺的间隙控制在 1 mm 左右。

（4）位移传感器限位装置

光栅线位移传感器全部安装完以后,一定要在机床导轨上安装限位装置,以免机床加工产品移动时读数头冲撞到主尺两端,从而损坏光栅尺。另外,用户在选购光栅位移传感器时,应尽量选用超出机床加工尺寸 100 mm 左右的光栅尺,以留有余量。

（5）位移传感器检查

光栅线位移传感器安装完毕后,可接通数显表,移动工作台,观察数显表计数是否正常。

在机床上选取一个参考位置,来回移动工作点至该选取的位置。数显表读数应相同（或回零）。另外也可使用千分表（或百分表）,使百分表与数显表同时调至零（或记忆起始数据）,往返多次后回到初始位置,观察数显表与千分表的数据是否一致。

8.5.2　光电式传感器实例

光电式传感器实际上是由光电元件、光源和光学元件组成一定的光路系统,并结合相应的测量转换电路而构成。常用光源有各种白炽灯和发光二极管,常用光学元件有多种反射镜、透镜和半透半反镜等。关于光源、光学元件的参数及光学原理,读者可参阅有关书籍。但有一点需要特别指出,光源与光电元件在光谱特性上应基本一致,即光源发出的光应该在光电元件接收灵敏度最高的频率范围内。

1. 光电式传感器的应用类型

光电式传感器的测量属于非接触式测量,目前越来越广泛地应用于生产的各个领域。因光源对光电元件作用方式不同而确定的光学装置是多种多样的,按其输出量性质可分为:模拟输出型光电传感器和数字输出型光电传感器两大类。无论是哪一种,依被测物与光电元件和光源之间的关系,光电式传感器的应用可分为四种基本类型,如图 8-21 所示。

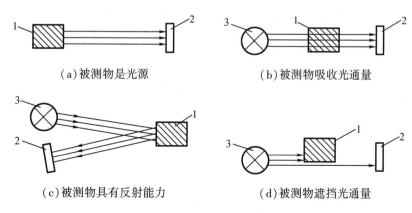

（a）被测物是光源　　　　　　（b）被测物吸收光通量

（c）被测物具有反射能力　　　　（d）被测物遮挡光通量

1—被测物;2—光电元件;3—恒光源。

图 8-21　光电传感器应用的几种基本类型

（1）光辐射本身是被测物，由被测物发出的光通量到达光电元件上。光电元件的输出反映了光源的某些物理参数，如光电比色温度计和光照度计等。

（2）恒光源发出的光通量穿过被测物，部分被吸收后到达光电元件上。吸收量决定于被测物的某些参数，如测液体、气体透明度和混浊度的光电比色计等。

（3）恒光源发出的光通量到达被测物，再从被测物体反射出来投射到光电元件上，光电元件的输出反映了被测物的某些参数，如测量表面粗糙度、纸张白度等。

（4）从恒光源发射到光电元件的光通量遇到被测物被遮挡了一部分，由此改变了照射到光电元件上的光通量，光电元件的输出反映了被测物尺寸等参数，如振动测量、工件尺寸测量等。

以上提到的"恒光源"特指辐射强度和波谱分布均不随时间变化的光源。光电式传感器的应用相当广泛，已有专门的光电检测方面的专著出版。同一光路系统可用于不同物理量的检测，不同光路系统可用于同一物理量的检测，但一般都可归结为以上四种类型。在下面介绍的光电式传感器应用举例中，请读者注意由于背景光频谱及强度等因素对光电元件的影响较大，在模拟量的检测中一般有参比信号和温度补偿措施，用来削弱或消除这些因素的影响。

2. 光电式传感器的应用举例

（1）光电式传感器的模拟量检测

①光电比色温度计

光电比色温度计是根据热辐射定律，使用光电池进行非接触测温的一个典型例子。根据有关的辐射定律，物体在两个特定波长 λ_1、λ_2 上的 I_{λ_1}、I_{λ_2} 之比与该物体的温度呈指数关系。

$$I_{\lambda_1}/I_{\lambda_2} = K_1 e^{-K_2} \tag{8-5}$$

其中，K_1、K_2 和 λ_1、λ_2 是与物体的黑度有关的常数。

因此，我们只要测出 I_{λ_1}、I_{λ_2} 之比，就算出物体的温度 T。图 8-22 所示为光电比色温度计的原理图。

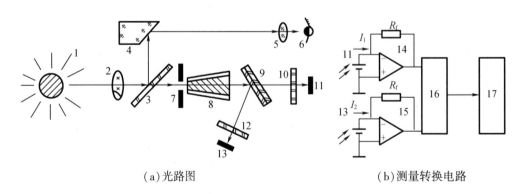

（a）光路图 （b）测量转换电路

1—测温对象；2—物镜；3—半透半反镜；4—反射镜；5—目镜；6—观察者的眼睛；7—光阑；8—光导棒；9—分光镜；10、12—滤光片；11、13—硅光电池；14、15—电流/电压变换器；16—运算电路；17—显示器。

图 8-22 光电比色温度计的原理图

测温对象发出的辐射光经物镜 2 投射到半透半反镜 3 上,它将光线分为两路:第一路光线经反射镜 4、目镜 5 到达使用者的眼睛,以便瞄准测温对象;第二路光线穿过半透半反镜成像于光阑 7,通过光导棒 8 混合均匀后投射到分光镜 9 上,分光镜的功能是使红外光通过,可见光反射。红外光透过分光镜到达滤光片 10,滤光片的功能是进一步起滤光作用,它只让红外光中的某一特定波长 λ_1 的光线通过,最后被硅光电池 11 所接收,转换为与 I_{λ_1} 成正比的光电流 I_1。滤光片 12 的作用是只让某一特定波长的光线通过,最后被硅光电池 13 所接收,转换为与 λ_2 成正比的光电流 I_2。I_1、I_2 分别经过电流/电压转换器 14、15 转换为电压 U_1、U_2,再经过运算电路 16 算出 U_1/U_2 值。由于 U_1/U_2 值可以代表 $I_{\lambda_1}/I_{\lambda_2}$。故采用一定的办法可以计算出被测物的温度 T,由显示器 17 显示出来。

2. 光电式烟尘浓度计

工厂烟囱烟尘的排放是环境污染的重要来源,为了控制和减少烟尘的排放量,对烟尘的监测是必要的。图 8-23 所示为光电式烟尘浓度计的原理图。

光源发出的光线经半透半反镜 3 分成两束强度相等的光线,一路光线直接到达光电三极管 7 上,产生作为被测烟尘浓度的参比信号。另一路光线穿过被测烟尘到达光电三极管 6 上,其中一部分光线被烟尘吸收或折射,烟尘浓度越高,光线的衰减量越大,到达光电三极管 6 的光通量就越小。两路光线均转换成电压信号 U_1、U_2,由运算电路 8 计算出 U_1/U_2 的比值,并进一步算出被测烟尘的浓度。

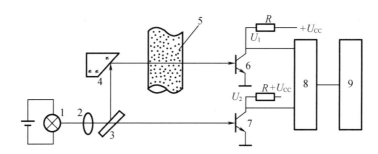

1—光源;2—聚光透镜;3—半透半反镜;4—反射镜;5—被测烟尘;6、7—光电三极管;8—运算器;9—显示器。

图 8-23 光电式烟尘浓度计的原理图

采用半透半反镜 3 及光电三极管 7 作为参比通道的好处是:当光源的光通量由于种种原因有所变化或因环境温度变化引起光电三极管灵敏度发生改变时,由于两个通道结构完全一样,所以在最后运算 U_0/U_z 值时,上述误差可自动抵消,减小了测量误差。根据这种测量方法也可以制作烟雾报警器,从而及时发现火灾现场。

3. 光电式边缘位置检测器

光电式边缘位置检测器用来检测带型材料在生产过程中偏离正确位置的大小及方向,从而为纠偏控制电路提供纠偏信号。例如,在冷轧带钢厂中,某些工艺采用连续生产方式,如连续酸洗、退火、镀锡等。带钢在上述运动过程中易产生走偏。带材走偏时,边缘便常与传送机械发生碰撞而出现卷边,造成废品。在其他工业部门如印染、造纸、胶片、磁带等生产过程中也会发生类似问题。

图 8-24(a)所示为光电式边缘位置检测器的原理示意图。光源 1 发出的光线经透镜 2

会聚为平行光束投射到透镜 3,再被会聚到光敏电阻 4(R_1)上。在平行光束到达透镜 3 的途中,有部分光线受到被测带材的遮挡。从而使到达光敏电阻的光通量减小。图 8-24 (b) 所示为测量电路图。图中,R_1、R_2 是同型号的光敏电阻,R_1 作为测量元件装在带材下方,R_2 用遮光罩罩住,起温度补偿作用,当带材处于正确位置(中间位置)时,由 R_1、R_2、R_3、R_4 组成的电桥平衡,放大器输出电压 U_o 为零。当带材左偏时,遮光面积减小,到达光敏电阻的光通量增大,光敏电阻的阻值 R_1 随之减小,电桥失去平衡,差分放大器将这个平衡电压加以放大,输出电压 U_o 为正值,它反映了带材跑偏的方向及大小。反之,当带材右偏时,U_o 为负值。输出信号 U_o 一方面由显示器显示出来,另一方面被送到执行机构,为纠偏控制系统提供纠偏信号。需要说明,输出电压仅作为控制信号,而不要求精确测量带材偏离的大小,所以光电元件可用光敏电阻,若要求精确测量就不能使用光敏电阻(光敏电阻线性较差)。

(2)光电式传感器的数字量检测

光电开关和光电断续器是光电式传感器的数字量检测的常用器件,它们用来检测物体的靠近、通过等状态的光电传感器。近年来,随着生产自动化、机电一体化的发展,光电开关及光电断续器已发展成系列产品,其品种及产量日益增加,用户可根据生产需要,选用适当规格的产品,而不必自行设计光路及电路。

从原理上讲,光电开关及光电断续器没有太大的差别,都是由红外发射元件与光敏接收元件组成的,只是光电断续器是整体结构,其检测距离只有几毫米至几十毫米,而光电开关的检测距离可达数十米。

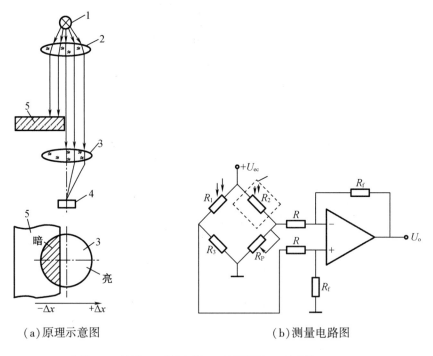

(a)原理示意图　　　　　　　　(b)测量电路图

1—光源;2、3—透镜;4—光敏电阻;5—被测带材;6—遮光罩。

图 8-24　光电式边缘位置检测器示意图

①光电开关

光电开关可分为两类:遮断型和反射型,如图 8-25 所示。

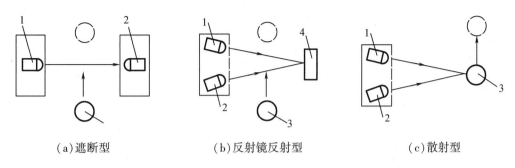

（a）遮断型　　　　　　　　　（b）反射镜反射型　　　　　　　　（c）散射型

1—发射器;2—接收器;3—被测物;4—反射镜。

图 8-25　光电开关类型及应用示意图

图 8-25 (a)中,发射器和接收器相对安放,轴线严格对准。当有物体在两者中间通过时,红外光束被遮断,接收器接收不到红外线而产生一个电脉冲信号。反射型分为两种情况:反射镜反射型及被测物体反射型(简称散射型),分别如图 8-25 (b)、(c)所示。反射镜反射型传感器单侧安装,需要调整反射镜的角度以取得最佳的反射效果,它的检测距离不如遮断型。散射型安装最为方便,并且可以根据被检测物上的黑白标记来检测。但散射型的检测距离较小,只有几百毫米。

光电开关中的红外光发射器一般采用功率较大的红外发光二极管(红外 LED)。而接收器可采用光敏三极管、光敏达林顿三极管或光电池。为了防止日光的干扰,可在光敏元件表面加红外滤光透镜。其次,LED 可用高频(40 kHz 左右)脉冲电流驱动,从而发射调制光脉冲,相应地,接收光电元件的输出信号经选频交流放大器及解调器处理,可以有效地防止太阳光的干扰。

光电开关可用于生产流水线上统计产量、检测装配件到位与否以及装配质量(如瓶盖是否压上、标签是否漏贴等),并且可以根据被测物的特定标记给出自动控制信号。目前,它已广泛地应用于自动包装机、自动灌装机和装配流水线等自动化机械装置中。

②光电断续器

光电断续器的工作原理与光电开关相同,但其光电发射、接收器做在体积很小的同一塑料壳体中,所以两者能可靠地对准,其外形示意图如图 8-26 所示。它也可分成遮断式和反射式两种。遮断式(也称槽式)的槽宽、槽深及光敏元件各不相同,并已形成系列化产品,可供用户选择。反射型的检测距离较小,多用于安装空间较小的场合。由于检测范围小,光电断续器的发光二极管可以直接用直流电驱动,红外 LED 的正向压降约为 1.2~1.5 V,驱动电流控制在几十毫安。

光电断续器是价格便宜、结构简单、性能可靠的光电器件。它广泛应用于自动控制系统、生产流水线、机电一体化设备、办公设备和家用电器中。例如,在复印机中,它被用来检测复印纸的有无;在流水线上检测细小物体的通过及透明物体的暗色标记,以及检测物体是否靠近的接近开关、行程开关等。图 8-27 所示为光电断续器的部分应用实例示意图。

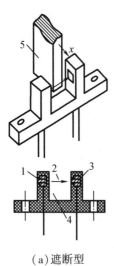

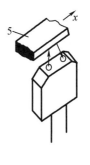

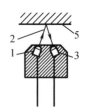

（a）遮断型 （b）反射型

1—发光二极管；2—红外光；3—光电元件；4—槽；5—被测物。

图 8-26 光电断续器外形示意图

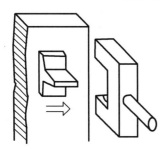

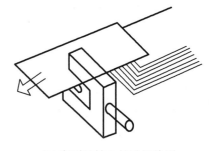

（a）用于防盗门的位置检测 （b）印刷机械上的进纸检测

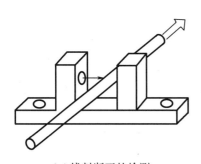

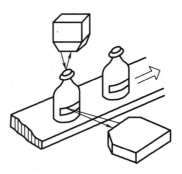

（c）线料断否的检测 （d）瓶盖及标签的检测

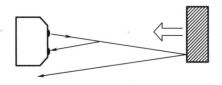

（e）用于物体接近与否的检测

图 8-27 光电断续器的部分应用实例示意图

③光电式转速表

由于机械式转速表和接触式电子转速表精度不高,且影响被测物的运转状态,已不能满足自动化的要求。光电式转速表有反射式和透射式两种,它可以在距被测物数十毫米处非接触地测量其转速。由于光电器件的动态特性较好,所以可以用于高转速的测量而又不影响被测物的转动,图8-28 所示为利用光电开关制成的反射式光电转速表的原理图。

如图8-28 所示,光源 1 发出的光线经透镜 2 会聚成平行光束照射到旋转物上,光线经事先粘贴在旋转物体上的反光纸 4 反射回来,经透镜 5 聚焦后落在光敏二极管 6 上,它产生与转速对应的电脉冲信号,经放大整形电路 8 得到电平的脉冲信号,经频率计电路 9 处理后由显示器 10 显示出每分钟或每秒钟的转数即转速。反光纸在圆周上可等地贴多个,从而减少误差和提高精度。这里由于测量的是数字量,所以可不用参比信号。事实上,图8-28 中的光源、透镜、光敏二极管和遮光罩就组成了一个光电开关。

应该指出,用被测物反射形式的光电传感器并不仅仅用于数字量的检测,也可用于模拟量的检测,如纸张白度的测量。而用于模拟量检测的光路系统就与数字量的不同,除检测信号外,还必须有参比信号。

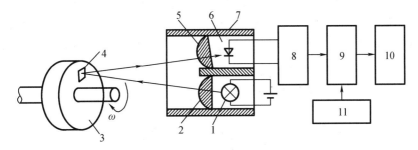

1—光源;2、5—透镜;3—被测旋转物;4—反光纸;6—光敏二极管;7—遮光罩;
8—放大、整形电路;9—频率计电路;10—显示器;11—时基电路。

图8-28　反射式光电转速表原理图

综合技能实训

1.雨水传感器在汽车制造领域的应用

现在,汽车中已经安装了越来越多的传感器以增加主动和被动安全性,一种具有极高的市场渗透性的传感器是雨水传感器,以增加舒适性和安全性。如果汽车有雨水传感器,驾驶者就无须调节雨刮器设置来迅速停止刮片的运动或者得到更好的视角。当在湿路上驾驶时,驾驶者就无须动手来打开雨刮器,所以驾驶者就可以集中精力开车。如果安装了附加的"辅助车灯开关",车灯就会在昏暗超时的条件下打开,不会由于车灯一直开着而浪费燃料。目前大多数车型采用的都是单电机驱动的雨刮器系统。这套系统采用连杆机构驱动 2 个雨刮,成本比较低。但雨刮的噪声和雨雪天气刮刷不净的现象还是时有发生。

(1)雨水传感器工作原理

大多数的雨水传感器使用的是光学系统,由光发射二极管(LED)、光接收二极管

(LRD)、周围环境传感器、电控制单元(ECU)和几个镜头组成。由 LED 发出的光以全反射角度在挡风玻璃的外表面反射,其角度必须在 420(玻璃-空气)和 630(玻璃-水)之间。如果在挡风玻璃上有水,一些光会双倍射出,且这会引起从 LRD 出来的电流减少,电流以电子来评测,从 LED 发出的光反射到 LRD 的挡风玻璃区域称为传感器的"敏感区域"。仅仅当雨水滴到这个区域时,才可以被探测出来。为了获得一个灵敏可靠的系统,挡风玻璃区域和灵敏区域之间必须要有一个较好的比例。

(2)汽车雨刮系统

汽车挡风玻璃雨刮系统由雨传感器、雨刮器电动机、杆式开关、继电器和 ECU 组成。雨水传感器安装在挡风玻璃上,在扫除区域探测雨水时,雨刮器运行运动时不影响驾驶者的视角。其两种不同的系统。

①独立的雨水系统

在这种系统中,雨水传感器直接与雨刮器杆式开关、雨刮器电动机继电器和雨刮器电动机停止信号相连。

②网络雨水传感器

在这种系统中,雨水传感器连接到总线上,它通过网络接收所有信息并且发送所有命令。在驾驶者打开系统后,雨水传感器控制了所有的扫除行为,它将命令单个雨刮器以低速扫除或以高速扫除。因为每个驾驶者对雨刮系统如何反映有不同的期望,因此,灵敏度设置可以使系统满足驾驶者不同的需要。

(3)信号评测信号评测信号评测信号评测

①发射器

发射器由模-数转换器(DAC)和电源组成。DAC 的模拟电压控制决定了 LED 发射出的光的强度,一般情况下使用 2~4 个 LED。发射器的电流调节非常重要,因为光转化的有效性是可变的,且有一个温度梯度。一般地,在 LED 中,光以脉动方式发射以减少损耗和增加电流。使用宽范围的发射器电流的另一个原因是光通过挡风玻璃的发射没有很好的规范,且有很大的公差范围。一般的挡风玻璃都有 4~6 mm 厚且对垂直于表面的 I_R 有特定的发射级别。不同的供应商的上下限是不同的。

②接收器

接收器有几个 LRD、电流-电压转换器、清除或低频偏移的过滤器、放大器和 ADC 组成,它一般还包括微控制器。LRD 由微控制器来控制开关。如果存在干扰光时,LRD 会被关闭。发射的宽范围是使用可变的电流-电压转换来确保接收器系统的余下部分具有良好条件的原因。在转换以后,幸好被过滤。所有的 DC 或低频干扰都会被去掉以获得纯粹的信号。干扰一般由周围环境的光引起,干扰的量由微控制器来测量,以决定光路是令人满意还是被阳光所饱和,且会给出一个信号精度指示。过滤后的信号被 ADC 放大、转换。

③微控制器

微控制器控制整个系统且对信号进行测评。在测量执行之前,最佳工作点被测评。通过测试来进行测评工作。在接收器中的转换比例最不希望在具有最大发射电流的 ADC 中有饱和信号。在发射电流被测评后,它在接收器里生成信号并处于定义的上下限之间。上限由饱和效应决定而不是由 ADC 的精度决定。传感器在操作点开始工作。干扰和信号不

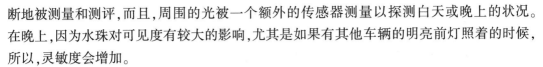

断地被测量和测评,而且,周围的光被一个额外的传感器测量以探测白天或晚上的状况。在晚上,因为水珠对可见度有较大的影响,尤其是如果有其他车辆的明亮前灯照着的时候,所以,灵敏度会增加。

(4)扫除模式

不同的扫除模式用于对所有雨水条件进行性能优化,由雨密度不同确定刮雨速度模式。

①直接模式

在直接模式中,有一个以低雨刮速度的单一擦拭动作。当自动模式打开时和当系统探测到干燥的挡风玻璃时,这是一个最基本的工作状态。从这种状态中,每次下雨事件都会直接触发单一擦拭运动。在擦拭过程中,系统以低速度决定停、接续擦拭或转换到高速擦拭。

②间歇模式

间歇模式适用于下雨的情况且以低速运行单一擦拭。每隔几秒钟,传感器就会探测雨滴,两次下雨之间的时间决定了两次单一擦拭之间的间歇。在每次间歇的终了时,时间会被重新计算,雨越多,间歇越短,反之亦然。在计算中,前次间歇会被考虑进来以达到一种和谐的状态。如果计算的间歇要比最大间歇还要长,则系统会转到直接模式。在每一个擦拭循环中,传感器会检查决定是进行转换还是继续擦拭。

③连续擦拭

在擦拭循环中,下雨的次数会被计算且雨滴的大小也会被评测,用于得到雨强度的信息。根据这一强度,雨水传感器会产生低速、高速或具体的擦拭速度(如 50 r/min)。雨水传感器依靠动态滞后技术在最后的循环中阻止系统从一种速度快速地转换成另一种速度。利用刮雨器电动机停止信号作为时间基准以确保在所有条件下对所有雨刮器电动机正确操作。如果电动机以低速进行擦拭,探测时间减少,且低速和高速之间的临界值会自动提高。雨水传感器模式总是在停止前将速度从高速减到低速以防止雨刮器产生机械应力。

2. 光纤传感器在电力系统的应用

电力系统网络结构复杂、分布面广,在高压电力线和电力通信网络上存在着各种各样的隐患,因此,对系统内各种线路、网络进行分布式监测显得尤为重要。

(1)在高压电缆温度和应变测量中的应用

目前,国外(主要是英国、日本等)已利用激光喇曼光谱效应研制出分布式光纤温度传感器产品。而国内也在积极地开展这方面的研究工作。国内把分布式光纤温度传感技术引入电力系统电缆测温的研究工作只是刚刚开始。

联系到我国南方地区近年来所遭受到的雪灾来考虑,如果能在高压电缆上并行地铺设传感光缆,对电力系统电缆、铁塔等设施的温度、压力等参量进行实时测量,就能够做到及时排险,从而尽可能减少经济损失。可见,光纤传感器在电力系统具有广泛的应用前景。

在理想情况下,光纤应被置于尽可能靠近电缆缆芯的位置,以更精确地测量电缆的实际温度。对于直埋动力电缆来说,表贴式光纤虽然不能准确地反映电缆负载的变化,但是对电缆埋设处土壤热阻率的变化比较敏感,而且能够减少光纤的安装成本。

(2)在电功率传感器中的应用

电功率是反映电力系统中能量转换与传输的基本电量,电功率测量是电力计量的一项重要内容。随着电力工业的迅速发展,传统的电磁测量方法日益显露出其固有的局限性,如电绝缘、电磁干扰、磁饱和等问题,因而人们一直在致力于寻找测量电功率的新方法。可以说光纤传感器的出现给人们解决这一问题带来了福音。

光纤电功率传感器的主要特点是:由于电功率传感同时涉及电压、电流2个电量,因而通常需要同时考虑电光、磁光效应,同时利用2种传感介质或1种多功能介质作为敏感元件,这使得光纤电功率传感头的结构相对复杂;光纤电功率传感器的光传感信号中有时同时包含电压、电流信号,因此其信号检测与处理方法也比较复杂。

(3)在电力系统光缆监测中的应用

电力系统光缆种类繁多,加之我国地域广阔,各地环境差异很大,所以光缆的环境也很复杂,其中温度和应力是影响光缆性能的主要环境因素。因此,在监测光纤断点的同时也应对光缆所处温度和应力情况进行监测,这对光缆的故障预警及维护意义深远。

通过测量沿光纤长度方向的布里渊散射光的频移和强度,可得到光纤的温度和应变信息,且传感距离较远,所以有深远的工程研究价值。

思考与练习

1. 光电效应有哪几种?与之对应的光电元件有哪些?请简述各光电元件的优缺点。

2. 光电传感器可分为哪几类?请各举出几个例子加以说明。

3. 简述反射式光纤位移传感器的工作机理和应用特点。

4. 试分别用光敏电阻、光电池、光敏二极管和光敏三极管设计一种适合 TTL 电平输出的光电开关电路,并叙述其工作原理。

5. 某光敏三极管在强光照射时光电流为 2 mA,选用的继电器吸合电流为 40 mA,直流电阻为 180 Ω。现欲设计两个简单的光电开关,其中一个是有强光照射时继电器吸合;另一个相反,是有强光照射时继电器释放(失电)。请分别画出两个光电开关的电路图(只允许采用分立元件放大光电流),并标出电源极性及选用的电压值。

6. 试比较光敏电阻、光电池、光敏二极管和光敏三极管的性能差异,什么情况下应选用哪种器件最为合适,说明其理由。

7. 模拟式光电传感器有哪几种常见形式?

第9章 图像传感器

人们通过感官从自然界提取各种信息,其中以人眼通过视觉提取的信息量为最多,也最为丰富多彩,最为可靠。成语"百闻不如一见"就说明了这个道理。图像传感器帮助人们提高人眼的视觉范围,使人们看到肉眼无法看到的微观世界和宏观世界,看到人们暂时无法到达处所发生的事件,看到超出肉眼视觉范围的各种物理、化学变化过程,生命、生理、病变的发生、发展过程等。图像传感器在人们的文化、体育、生产、生活和科学研究中起到了非常重要的作用,可以说现代人类活动已经无法离开图像传感器。

本章主要对图像传感器的内容进行了阐述。首先,概述图像传感器的基本内容和分类;其次,对 CCD 和 CMOS 传感器原理、种类及应用进行详细介绍;最后,举例图像传感器的应用场景。为了方便读者学习和总结本章内容,作者给出了本章内容思维导图,图 9-1 所示。

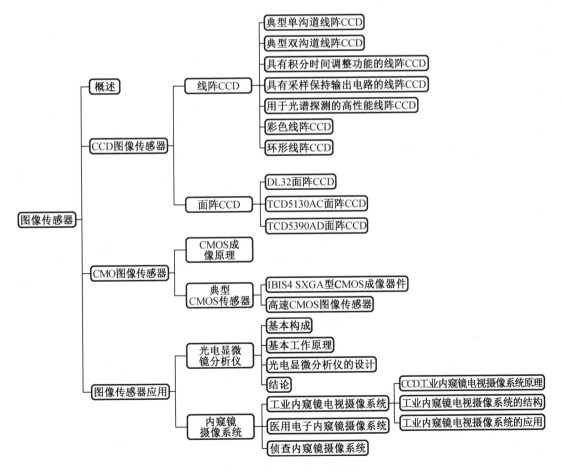

图 9-1 本章内容的思维导图

9.1　图像传感器概述

图像传感器是基于光电技术基础上发展起来的,是将光学图像转换成一维时序信号的器件,能感受光学图像信息并转换成可用输出信号的传感器,具有体积小、质量轻、可靠性高和不需要强光照明等优点。因此,图像传感器在军用、工业控制和民用电器中均有广泛使用。

图像传感器是组成数字摄像头的重要组成部分,根据元件不同分为电荷耦合器件(charge-coupled device,CCD)图像传感器和互补金属氧化物场效应管(complementary metal oxid semiconductor,CMOS)图像传感器。

9.2　CCD 图像传感器

CCD 是一种 20 世纪 70 年代发展起来的新型半导体器件,如图 9-2 所示。它是在 MOS 集成电路技术基础上发展起来的,为半导体技术应用开拓了新的领域。它具有光电转换、信息存贮和传输等功能,它能够把光学影像转换为数字信号。CCD 具有集成度高、功耗小、结构简单、寿命长、性能稳定等优点,故在固体图像传感器、信息存贮和处理等方面得到了广泛的应用。CCD 图像传感器能实现信息的获取、转换和视觉功能的扩展,能给出直观、真实、多层次的、内容丰富的可视图像信息,被广泛应用于军事、天文、医疗、广播、电视、传真通信以及工业检测和自动控制系统。实验室用的数码相机、光学多道分析器等仪器,都采用了 CCD 作为图像探测元件。

图 9-2　CCD 图像传感器

一个完整的 CCD 器件由光敏单元、转移栅、移位寄存器及一些辅助输入、输出电路组成。CCD 工作时,在设定的积分时间内由光敏单元对光信号进行取样,将光的强弱转换为各光敏单元的电荷多少。取样结束后各光敏元电荷由转移栅转移到移位寄存器的相应单元中。移位寄存器在驱动时钟的作用下,将信号电荷顺次转移到输出端。将输出信号接到示波器、图像显示器或其他信号存储、处理设备中,就可对信号再现或进行存储处理。由于

CCD 光敏元可做得很小(约 10 μm),所以它的图像分辨率很高。

CCD 的基本单元是 MOS 电容器,这种电容器能存贮电荷,其基本结构如图 9-3 所示。以 P 型硅为例,在 P 型硅衬底上通过氧化在表面形成 SiO₂ 层,然后在 SiO₂ 上淀积一层金属为栅极,P 型硅里的多数载流子是带正电荷的空穴,少数载流子是带负电荷的电子,当金属电极上施加正电压时,其电场能够透过 SiO₂ 绝缘层对这些载流子进行排斥或吸引。于是带正电的空穴被排斥到远离电极处,剩下的带负电的少数载流子在紧靠 SiO₂ 层形成负电荷层,电子一旦进入电场作用就不能复出,故又称为电子势阱。当器件受到光照时,光子的能量被半导体吸收,产生电子-空穴对,这时出现的电子被吸引存贮在势阱中,这些电子是可以传导的。光越强,势阱中收集的电子越多,光弱则反之,这样就把光的强弱变成电荷的数量,实现了光与电的转换,而势阱中收集的电子处于存贮状态,即使停止光照一定时间内也不会损失,这就实现了对光照的记忆。

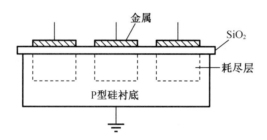

图 9-3　CCD 基本结构示意图

CCD 中的 MOS 电容器的形成方法是:在 P 型或 N 型单晶硅的衬底上用氧化的办法生成一层厚度为 100~150 nm 的 SiO₂ 绝缘层,再在 SiO₂ 表面按一定层次蒸镀金属电极或多晶硅电极,在衬底和电极间加上一个偏置电压(栅极电压),即形成了一个 MOS 电容器,具有光生电荷、电荷存储和电荷传移的功能,如图 9-4 所示。

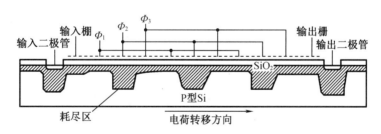

图 9-4　CCD 中 MOS 结构

总之,上述结构实质上是个微小的 MOS 电容,用它构成像素,既可"感光"又可留下"潜影",感光作用是靠光强产生的电子电荷积累,潜影是各个像素留在各个电容里的电荷不等而形成的,若能设法把各个电容里的电荷依次传送到输出端,再组成行和帧并经过"显影",就实现了图像的传递。

目前 CCD 分为线阵 CCD 和面阵 CCD 两种。前者用于尺寸和位移的测量,后者用于平面图形、文字的传递等。目前面阵 CCD 已作为固态摄像器用于可视电话和闭路电视等,在生产过程的监视和楼宇安保系统等领域的应用也日趋广泛。

9.2.1 线阵 CCD

目前,线阵 CCD 图像传感器的种类很多,分类方法也很多。可以根据 CCD 图像传感器的某些特性进行分类,如根据它的驱动频率(或工作速度)分类,将线阵 CCD 图像传感器分为高、中、低速的;也可以根据它们的灵敏度、动态范围等特性,分成高灵敏度的与超高灵敏度的。不同类型的线阵 CCD 具有不同的特点,适于不同的应用场合。

1. 典型单沟道线阵 CCD

(1)TCD1209D 的基本结构

TCD1209D 是二相单沟道型线阵 CCD 图像传感器,其基本结构、工作原理及驱动电路等都具有典型性。该器件为 2048 像敏单元的长阵列器件,也采用单沟道结构形式,目的是为了提高器件的像敏单元的不均匀度和提高器件的动态范围。TCD1209D 的原理结构如图 9-5 所示。从原理结构图可以看出,TCD1209DT 是只有一个转移栅和一个模拟移位寄存器的单沟道型线阵器件。

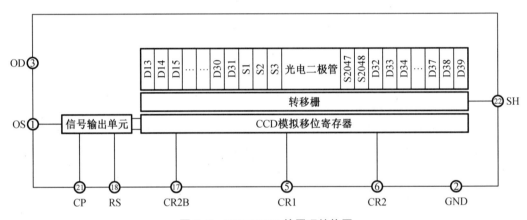

图 9-5　TCD1209D 的原理结构图

TCD1209D 的光敏阵列共有 2 075 个光电二极管,其中有 27 个光电二极管被遮蔽(前边的 D13~D31 和后边的 D32~D39),中间的 2 048 个光电二极管为有效的光敏单元。每个光敏单元的尺寸为 14 μm×14 μm,相邻两个光敏单元的中心距为 14 μm。光敏单元的总长度为 28 672 mm。转移栅与光敏阵列及模拟移位寄存器构成如 9-6 所示的交叠结构。这种结构可以使转移栅完成将光敏区的信号电荷向模拟移位寄存器中转移的工作,又能在模拟移位寄存器转移信号电荷期间将光敏区与模拟移位寄存器隔离,使光敏区进行光积分的同时模拟移位寄存器进行信号电荷的转移。转移栅上加转移脉冲 SH,SH 为低电平时,转移栅电极下的势阱为浅势阱,对于光敏区 UP 下的深势阱来说起到隔离的势垒作用,不会使光敏区 UP 下积累的信号电荷向 CR1 电极下深势阱中转移。当 SH 的电位为高电平时,转移栅电极下的势阱为如图 9-6 所示的深势阱,深势阱使光敏区 UP 下的深势阱与 CR1 电极下的深势阱沟通。光敏区 UP 下积累的信号电荷将通过转移栅 SH 向 CR1 电极的深势阱中转移。转移到 CR1 电极势阱中的信号电荷将在驱动脉冲 CR1 和 CR2 的作用下做定向转移(向左转移),最靠近输出端的为 CR2B 电极。当 CR2B 电极上的电位由高变低时,信号电荷将从

CR2B 电极下的势阱通过输出栅转移到输出端的检测二极管中,如图 9-7 所示。

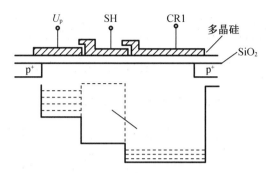

图 9-6　光生电荷向 CR1 电极下势阱转移

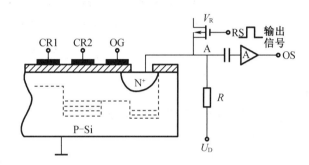

图 9-7　电荷检测电路

（2）TCD1209D 的基本工作原理

TCD1209D 的驱动脉冲波形图如图 9-8 所示。它由转移脉冲 SH、在驱动脉冲 CR1 和 CR2、复位脉冲 RS 和缓冲控制脉冲 CP 等 5 路脉冲构成。转移脉冲 SH 在高电平期间驱动脉冲 CR1 必须也为高电平,而且必须保证 SH 的下降沿落在 CR1 的高电平上,这样才能保证光敏区的信号电荷并行地向模拟移位寄存器的 CR1 电极转移。完成信号电荷的并行转移后,SH 变为低电平,光敏区与模拟移位寄存器被隔离。在光敏区进行光积累的同时,模拟移位寄存器在驱动脉冲 CR1 和 CR2 的作用下,将转移到模拟移位寄存器的 CR1 电极里的信号电荷向左转移,在输出端得到被光强调制的序列脉冲输出,如图 9-8 中所示的 OS 信号。

SH 的周期称为行周期,行周期应大于等于 2 088 个转移脉冲 CR1 的周期 T_{CR1}。只有行周期大于 $2 088T_{CR1}$,才能保证 SH 在转移第 2 行信号时第 1 行信号全部转移出器件。当 SH 由高变低时,OS 输出端便开始进行输出。如图 9-8 所示,OS 端首先输出 13 个虚设单元的信号(所谓虚设单元是没有光电二极管与之对应的 CCD 模拟寄存器的部分),然后输出 16 个哑元信号(哑元是指被遮蔽的光电二极管与之对应的 CCD 模拟寄存器的部分产生的信号),再输出 3 个信号(这 3 个信号可因光的斜射而产生电荷信号的输出,但这 3 个信号不能被作为信号处理)后才能输出 2 048 个有效像敏单元信号。有效像敏单元信号输出后,再输出 8 个哑元信号(其中包括 1 个用于检测 1 个周期结束的检测信号)。这样,1 个行周期总共包含 2 088 个单元,行周期应该大于等于这些单元输出的时间(即大于等于 $2 088T_{CR1}$)。

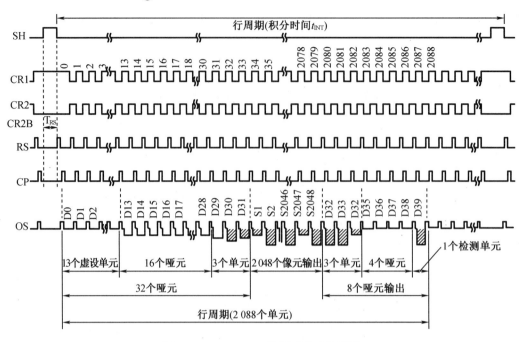

图 9-8　TCD1209D 的驱动脉冲波形图

（3）TCD1209D 的特性参数

TCD1209D 是一种性能优良的线阵 CCD 器件。它具有速度快、灵敏度高、动态范围宽、像敏单元不均匀性好、功耗低、光谱响应范围宽等优点。

①光谱响应特性

TCD1209D 的光谱特性曲线如图 9-9 所示。光谱响应的峰值波长为 550 nm，短波响应在 400 nm 处大于 70%（实践证明该器件在 300 nm 处仍有较好的响应），光谱响应的长波限在 1 100 nm 处。响应范围远远超出人眼的视觉范围。

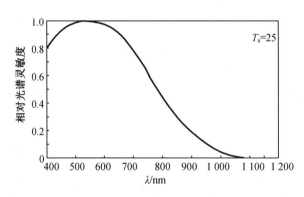

图 9-9　TCD1209D 光谱特性曲线

该器件像敏单元不均匀性的典型值为 3%，这是 2 048 像敏单元的双沟道线阵 CCD 器件所无法达到的。像敏单元不均匀性的定义有两种：一种定义为在 50% 饱和曝光量的情况下各个像敏单元之间输出信号电压的差值 ΔU 与各个像敏单元输出信号均值电压 $\overline{U}$ 之比的百分数，即

$$\text{PRNU} = \frac{\Delta U}{U}\% \tag{9-1}$$

另一种用 PRNU(V) 表示,定义为 50% 饱和曝光量情况下的相邻像素输出电压的最大差值。

②灵敏度

线阵 CCD 的灵敏度参数定义为单位曝光量的作用下器件的输出信号电压,即

$$R = \frac{U_o}{H_V} \tag{9-2}$$

式中　U_o——线阵 CCD 输出的信号电压;

　　　H_V——光敏面上的曝光量。

当然,器件灵敏度参数还常用器件输出信号电压饱和时光敏面上的曝光量表示,称为饱和曝光量,记为 SE。饱和曝光量 SE 越小的器件,其灵敏度越高。TCD1209D 的饱和曝光量 SE 仅为 0.06(lx · s)。

③动态范围

动态范围 D_R 定义为饱和曝光量与信噪比等于 1 时的曝光量之比。但是,这种定义方式不容易计量,为此常采用饱和输出电压与暗信号电压之比代替,即

$$D_R = \frac{U_{SAT}}{U_{DARK}} \tag{9-3}$$

式中　U_{SAT}——CCD 的饱和输出电压;

　　　U_{DARK}——CCD 没有光照射时的输出电压(暗信号电压)。

显然,降低暗信号电压 U_{DARK} 是提高动态范围的最好方法。动态范围越大的器件品质越高。

TCD1209D 的特性参数如表 9-1 所示。由表中可以看出,它是一种性能优良的线阵 CCD 器件。

表 9-1　TCD1209D 的特性参数

特性参数	参数符号	最小值	典型值	最大值	单位	备注
灵敏度	R	25	31	37	V/(lx · s)	
像敏单元的不均匀性	PRNU		3	10	%	
	PRNU(V)		4	10	mV	
饱和输出电压	U_{SAT}	1.5	2.0		V	
饱和曝光量	E_{SAT}	0.04	0.06		lx · s	
暗信号电压	U_{DARK}		1.0	2.5	mV	
暗信号电压不均匀性	D_{SNU}		1.0	2.5	mV	
直流功率损耗	P_D		160	400	mW	

表 9-1（续）

特性参数	参数符号	最小值	典型值	最大值	单位	备注
总转移效率	TTF	92	98		%	
输出阻抗	Z_o		0.2	1	kΩ	
动态范围	D_R		2 000			
输出信号的直流电位	U_{OS}	4.0	5.5	7.0	V	
噪声	N_{DO}		0.6		mV	
驱动频率	f		1	20	MHz	$f_1 = f_R$

测试条件:环境维度 25 ℃,U_{OD} = 12 V,驱动频率为 1 MHz,积分时间为 10 ms,负载电阻为 100 kΩ 时在 2 856 K 标准白炽钨丝灯光源情况下的特性参数。

（4）TCD1209D 的驱动电路

由图 9-8 可以看出,TCD1209D 的驱动器应产生 SH、CR1、CR2、RS、CP 等 5 路脉冲,其中转移脉冲的周期远远大于其他 4 路脉冲的周期。按照图 9-8 所示驱动脉冲波形的要求,驱动电路可用现场可编程逻辑器件(FPGA)进行设计。FPGA 的内部逻辑电路图如图 9-10 所示。图中由 R_1、R_2、G_1、G_2 和石英晶体振荡器 Z 构成的振荡器产生主时钟脉冲,经分频器整形后输出所需频率 f,送入 74LS393 的输入端。74LS393 的输出端 Q_1、Q_2、Q_3 分别经过 G_3、G_4、G_5、G_6 和 G_7 组成的逻辑电路产生 RS、CP、CR$_1$ 和 CR$_2$ 脉冲信号。将 RS 送入 N 位二进制计数器的输入端。利用 N 位二进制计数器的第 j 与第 p 位输出端 Q_j 与 Q_p,当计数器所计的数大于 2 088 个 RS 后,使与门 G_8 的输出 SHA 位高电平,之后再与 RS 相与(G_9)后生成转移脉冲 SH。N 位二进制计数器的复位脉冲 R 是由 74LS393 的 Q_1 端与转移脉冲 SH 相与(G_{10})产生,使 N 位二进制计数器复位。

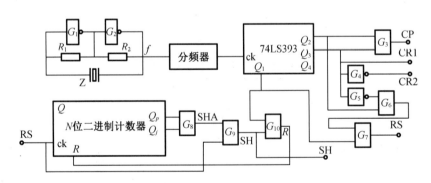

图 9-10　TCD1209D 驱动脉冲产生电路

将转移脉冲 SH,驱动脉冲 $\overline{CR_1}$、$\overline{CR_2}$、$\overline{RS}$ 与 CP 脉冲送给如图 9-11 所示的 TCD1209D 的驱动电路,TCD1209D 即可输出如图 9-8 所示的 OS 视频信号。

显然,转移脉冲 SH 的周期 Q_j 与 Q_p 在 N 位二进制计数器的位置改变的,即驱动器积分时间可由选取不同的 Q_j 与 Q_p 值进行改变。但是,对于 TCD1209D 来说,最短的积分时间必须大于 2 088T_{RS}。

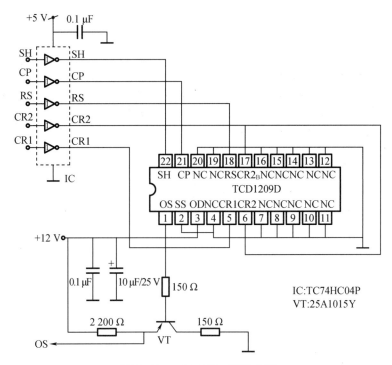

图 9-11　TCD1209D 驱动电路

从图 9-11 中可以看出,TCD1209D 器件是 5 V 的脉冲驱动的(采用 74HC04 为驱动器),OS 输出信号经 PNP 型三极管构成的射极电路输出,因此,该电路的输出阻抗很低。

(5)TCD1209D 的外形尺寸

TCD1209D 为 DIP22 封装形式的双列直插型器件,外形尺寸如图 9-12 所示。器件的外形总长为 41.6 mm,宽 10.16 mm,高 7.7 mm;器件的光敏单元总长为 28.672 mm;光敏单元(像敏面)距离器件表面玻璃的距离为 1.72 mm,表面玻璃的厚度为(0.7±0.1)mm。这些参数对于实际应用都是很重要的。而且,器件的外形尺寸与封装尺寸关系等对于同系列器件基本相同。了解器件的外形尺寸后,在应用中必须要将被测的图像成像在它的光敏面上而不是前面的保护玻璃上。

2. 典型双沟道线阵 CCD

(1)TCD1206SUP 的基本结构

目前最具有典型性的双沟道器件为 TCD1206SUP,该器件广泛应用于物体外形尺寸的非接触自动测量领域,是一种较为理想的一维光电探测器件。图 9-13 所示为 TCD1206SUP 的基本结构原理图。它由 2 236 个 PN 结光电二极管构成光敏单元阵列,其中前 64 个和后 12 个是用做暗电流检测而被遮蔽的,图中用符号 $Di(i=0,1,2,\cdots)$ 表示;中间的 2 160 个光电二极管是曝光像敏单元,图中用 $Si(i=0,1,2,\cdots)$ 表示。每个光敏单元的尺寸为 14 μm 长、14 μm 高,中心距亦为 14 μm,光敏单元阵列总长为 3 024 mm。光敏单元阵列的两侧是用做存储光生电荷的 MOS 电容存储栅。MOS 电容存储栅的两侧是转移栅电极 SH,转移栅电极的两侧为 CCD 模拟移位寄存器,其信号输出部分由输出放大器单元的 OS 端输出,并在补偿输出单元的 DOS 端输出补偿信号。

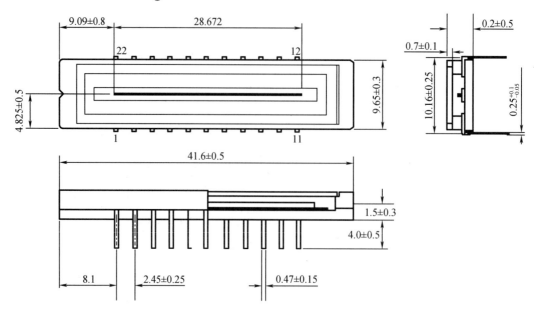

图 9-12　TCD1209D 外形尺寸图

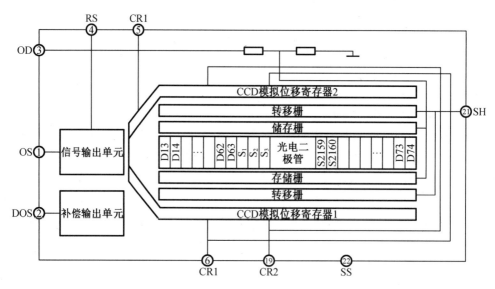

图 9-13　TCD1206SUP 的基本结构原理图

（2）TCD1206SUP 的工作原理

TCD1206SUP 在如图 9-14 所示的驱动脉冲作用下工作。图中当 SH 脉冲为高电平时，CR1 脉冲亦为高电平，其下均形成深势阱。这样，SH 的深势阱使 CR1 电极下的深势阱与 MOS 电容存储势阱沟通，MOS 电容存储栅中的信号电荷将通过转移栅转移到模拟移位寄存器 CR1 电极下的势阱中。当 SH 由高变低时，SH 低电平形成的浅势阱（也可以称为势垒）将存储栅下的势阱与 CR1 电极下的势阱隔离开。存储栅下的势阱进入光积分状态，而模拟移位寄存器将在 CR1 与 CR2 脉冲的作用下驱动信号电荷进行定向转移。最初由存储栅转移到 CR1 电极下势阱中的信号电荷将向左转移进入 CR2 电极下势阱中，而后再转移至 CR1 电极下势阱中，一位地向左转移，最后经过输出电路由 OS 端输出哑元信号和 2 160 个有效像元信号,而由 DOS 端输出补偿信号(或参考信号)。由于结构上的安排,OS 端首先输出 13 个虚设单元信号;再输出 51 个暗信号;最后才连续输出 S1~S2160 的有效像素单元信号。S2160 信号输出后,又输出 9 个暗信号,再输出 2 个奇偶检测信号,之后便是没有信号的空驱动信号。空驱动数目可以是任意的,但必须大于 0,否则会影响下一行信号的输出。由于该器件是两列并行分奇、偶传输的,所以在一个 SH 周期中至少要有 1 118 个 CR1 脉冲。即 TSH>1 118T1,T1 为驱动脉冲 CR1 的周期。

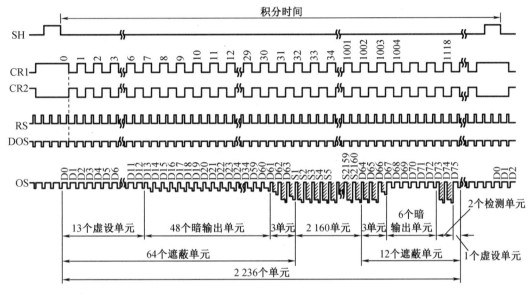

图 9-14 TCD1206SUP 驱动脉冲波形图

(3)TCD1206SUP 的驱动电路

TCD1206SUP 的驱动电路如图 9-15 所示。转移脉冲 $\overline{SH}$、驱动脉冲 $\overline{CR_1}$ 与 $\overline{CR_2}$、复位脉冲 $\overline{RS}$ 这四路驱动脉冲可以由类似于如图 9-14 所示的驱动脉冲发生器产生,经反相驱动器 74HC04P 反相后加到 TCD1206SUP 的相应管脚上。在这四路驱动脉冲的作用下,该器件将输出 OS 信号及 DOS 信号。其中 OS 信号含有经过光积分的有效光电信号,DOS 输出的是补偿信号。

从图 9-14 可以看出,DOS 信号反映了 CCD 的暗电流特性,也反映了 CCD 在复位脉冲的作用下信号传输沟道产生的容性干扰。比较 OS 信号与 DOS 信号的输出波形,不难看出 OS 信号与 DOS 信号被 RS 容性干扰的相位是相同的。可以利用差分放大器将它们之间的共模干扰抑制掉。因而可以采用高速视频差分放大器 LF357 来完成信号的放大与抑制共模干扰。

经过放大的输出信号如图 9-16 所示。

图 9-16 中还引入了两个很有用的同步脉冲 HC 及 SP,其中 HC 为与转移脉冲 SH 同周期的行同步脉冲,SP 为与 CCD 的像敏单元同步的像敏单元采样脉冲,常用做采样控制信号。HC 的上升沿对应于 CCD 的第一个有效像素单元 S_1 的有效期间,因而用它做同步脉冲要比用 SH 做同步脉冲具有更好的同步特性。

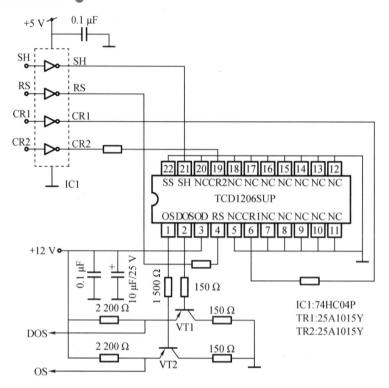

图 9-15　**TCD1206SUP** 驱动电路图

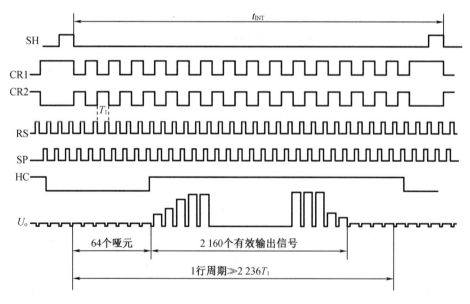

图 9-16　具有放大与同步控制功能的 **TCD1206SUP** 驱动器驱动脉冲波形图

（4）TCD1206SUP 的特点

①驱动简便

TCD1206SUP 的四路驱动脉冲均可由 CMOS 逻辑器件 HC7404 提供 0.3～5 V 的脉冲，这是因为在 CCD 芯片的内部已经设置了电平转换驱动器电路，极大地方便了用户。

②灵敏度高

TCD1206SUP 的光电灵敏度为 45 V/(lx·s),它的饱和曝光量为 0.037 lx·s,虽然低于 TCD1208AP[110 V/(lx·s)],但是它的动态范围为 1 700,比 TCD1208AP(400)高很多。因而它被广泛地应用于各种尺寸的测量领域。

③光谱响应

TCD1206SUP 的光谱响应曲线如图 9-17 所示。其峰值响应波长 λ_m 为 550 nm,与人眼的光谱响应峰值波长很接近;长波截止波长为 1 100 nm,在近红外区有较好的响应;短波截止波长可延长到紫外谱区。它的前代产品 TCD1200D 的紫外波长响应可延长至 250 nm,响应范围宽。可见该器件在整个可见光谱区的响应是比较理想的,可用做可见光谱区的光谱探测和尺寸检测的探测器。

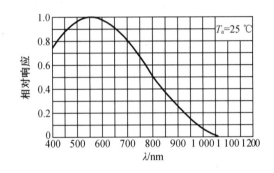

图 9-17　TCD1206SUP 光谱响应

④温度特性

TCD1206SUP 的温度特性如图 9-18 所示。当环境温度由 0 ℃增长到 60 ℃时,由于它能够分别从 OS 和 DOS 端输出光敏单元信号和暗电流信号,而且尽管这两个信号都随温度变化,但是它们随温度变化的规律是相同的,又相当于在同温槽内,因此,差分放大器能够抑制信号对温度变化的影响。

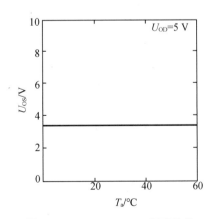

图 9-18　TCD1206SUP 温度特性

⑤积分时间与暗电压的关系变化

各种线阵 CCD 器件的暗电压(或暗电流)都与积分时间有关,这是由于 CCD 器件属于积分类型的光电器件,它对暗电流引起的热激发载流子也进行积累,使得器件的暗电压随累积时间的增长而增大。TCD1206SUP 的输出暗信号电压与积分时间的关系曲线如图 9-19 所示。

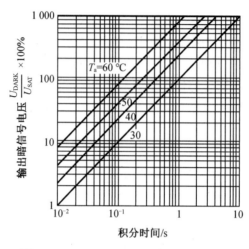

图 9-19　TCD1206SUP 积分时间与暗电压

（5）TCD1206SUP 的特性参数

TCD1206SUP 的特性参数如表 9-2 所示。由表中可以看出,TCD1206SUP 为具有高灵敏度、较高动态范围的线阵 CCD 器件。它的像敏单元的不均匀性参数不如单沟道器件 TCD1209D,因为双沟道器件的信号分别通过两个移位寄存器沟道输出,这两个沟道的转移特性的差异会造成输出信号的奇偶性,必然影响器件像敏单元的不均匀性参数。

表 9-2　TCD1206SUP 的特性参数

参数名称	符号	最小值	典型值	最大值	计量单位	备注
响应	R	33	45	56	V/(lx·s)	对于发光二极管(660 nm)光源的响应为 600 V/(lx·s)
像敏单元不均匀性	PRNU			10	%	
饱和输出电压	U_{SAT}	1.5	1.7		V	
饱和曝光量	E_{SAT}		0.037		lx·s	U_{SAT}/R
暗信号电压	U_{DARK}		1	2	mV	所有有效像素单元暗信号的最大值
暗信号不均匀性	D_{SNU}		2	3	mV	
直流功率损耗	P_D		140	180	mW	
总传输效率	TTE	92			%	
输出阻抗	Z_O			1	kΩ	
动态范围	D_R		1 700			U_{SAT}/U_{DARK}
直流信号输出电压	U_{OS}	4.5	5.5	7	V	
直流参考输出电压	U_{DOS}	4.5	5.5	7	V	
直流失调电压	$|U_{OS}-U_{DOS}|$		20		mV	

3.具有积分时间调整功能的线阵 CCD

TCD1205D 为具有积分时间调整功能的线阵 CCD。线阵 CCD 器件光照灵敏度的定义是单位曝光量的输出电压。在要求输出信号电压一定的情况下,若有较长的光积分时间,光敏面上的光照度可以很低。也就是说,在光照度较低的情况下,可以通过增长光积分时间的方式使输出信号达到所希望的幅度;或者,当光照较强时,可以通过缩短光积分时间的方式使输出信号达到所希望的幅度。因此,可以认为能够通过调整积分时间来调整 CCD 器件的光照灵敏度。显然,积分时间的调整功能对于 CCD 的应用是非常重要的。

（1）TCD1205D 的基本结构

TCD1205D 为日本东芝公司生产的线阵 CCD 器件,它具有灵敏度高、光积分时间可调等特点,广泛应用在条码识别系统,作为光电输入设备。

TCD1205D 为双沟道型线阵 CCD 器件封装形式为 22 脚的双列直插式。图 9-20 所示为 TCD1205D 的俯视图,图中 OS 与 DOS 为 TCD1205D 的有效信号输出端与补偿信号输出端。OD 为直流 5 V 电源输入端,SS 为公共地端,ICG 为光积分（或称电子快门）控制栅,SH、RS、CR1 与 CR2 分别为转移脉冲、复位脉冲、驱动脉冲。BT 电极为增强信号电压的脉冲,记为增压脉冲。凡标注 NC 的均为空脚。

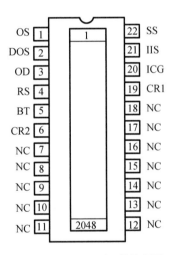

图 9-20　TCD1205D 的俯视图

TCD1205D 的光敏单元长 14 μm,高 200 μm,中心距为 14 μm,共有 2 048 个有效像素单元。TCD1205D 的原理结构如图 9-21 所示。图中光敏单元阵列的上下两行为光积分栅,这里的光积分栅与 TCD1206SUP 原理方框图中的存储栅是相同的,不同的是这里的积分栅引出器件,外加控制脉冲称为光积分控制脉冲,并以 ICG 符号表示。当 ICG 为低电平时,光积分栅失去光积分作用;只有 ICG 为高电平时,积分栅才能使光电二极管阵列产生的光电流在积分栅形成的存储电容阵列中积累,产生光生电荷积累效应。为此,合理地控制 ICG 电平,就可以控制器件的曝光时间。相当于给器件加了个"快门",并将这个"快门"称为电子快门。

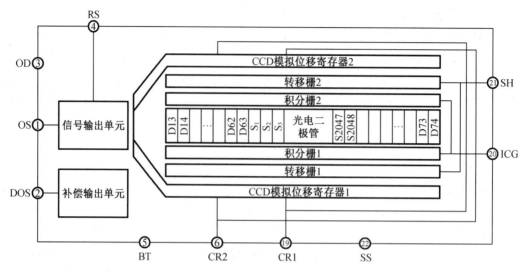

图 9-21 TCD1205D 原理结构图

（2）TCD1205D 的基本工作原理

TCD1205D 的基本工作原理与 TCD1206SUP 基本相同，不同的是 TCD1205D 引入了电子快门功能，比 TCD1206SUP 多了一个光积分电极 ICG 和一个光积分控制脉冲。图 9-22 为 TCD1205D 的驱动脉冲波形图，在转移脉冲 SH 的一个周期中，只有在光积分电极 ICG 为高电平期间光积分栅下才能建立起深势阱，才能进行光积分。因此，图 9-22 所示的波形图中，光积分时间要短于转移脉冲 SH 的周期（行周期）。适当地调整光积分时间，可以使 CCD 的输出信号稳定在某个范围内。这个功能在采用线阵 CCD 作为条码扫描识别系统的光电输入传感器应用中是非常重要的。

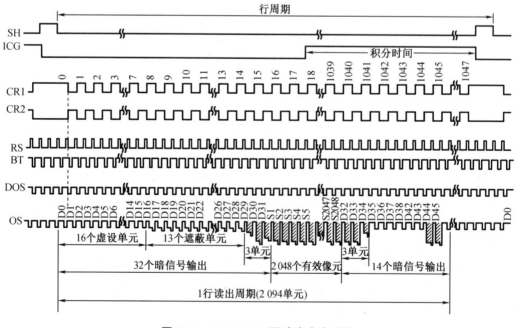

图 9-22 TCD1205D 驱动脉冲波形图

BT 的引入使 OS 视频输出信号的有效信号输出时间增长。图 9-23 所示为 BT 与复位脉冲 RS 之间的相位关系。图中 t_1 为 RS 使复位场效应管有效复位到 BT 开始上升的时间，它的最小值为 20 ns。t_2 为 BT 由高电平到 RS 开始下降的时间，该时间的最小值为 40 ns。t_3 为 BT 由低电平到 RS 开始上升的时间，这个时间一般为 100 ns，最小为 50 ns。t_4 为视频输出信号的有效输出信号时间。t_5 为 BT 的持续时间，一般为 200 ns，最小为 70 ns。由于 BT 脉冲的引入使输出信号的有效时间增长，也使信号的输出幅度稳定。

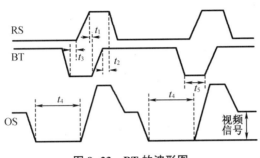

图 9-23　BT 的波形图

图 9-24 为另一种改变积分时间的方法，即在一个行周期中采用两次转移的方法。如图所示，在一个行读出周期中插入两个转移脉冲 SH，其中第 1 个转移脉冲的高电平对应于移位寄存器驱动脉冲 CR1 的低电平，使移位寄存器 CR1 电极不形成深势阱，光积分电极下积累的信号电荷无法倒入 CR1 电极，即无法将信号电荷转移到移位寄存器中。在第 2 个转移脉冲到来之前光积分栅所积累的信号电荷白白地倒掉。只有在第 2 个转移脉冲到来后，SH 的高电平对应于移位寄存器驱动脉冲 CR1 的高电平，才能将光积分栅所积累的信号电荷转移到 CR1 电极下的势阱中(才能将信号电荷转移到移位寄存器中)，而后被驱动脉冲 CR1 与 CR2 移出器件，形成视频信号 OS。因此在如图 9-24 所示的情况下，光积分时间仅为后面两个 SH 之间的时间，为行读出周期的很小部分。积分时间的缩短使器件的光电灵敏度下降，器件对环境光的抗干扰能力增强，可以使 CCD 器件用于日光下测量较强辐射的光信号，如发光二极管光源、激光辐射光源下强光信号的探测。

(3)TCD1205D 的特性参数

TCD1205D 的光谱响应特性与光积分特性等均与 TCD1206SUP 相似，这里不再赘述。它的灵敏度、动态范围和输出功耗等特性参数如表 9-3 所示。由表 9-3 可以看出 TCD1205D 的光电灵敏度是比较高的，但是它的动态范围比较小，仅为 400。因此，该器件一般只适用于光电数字扫描输入，不适用于分辨率要求较高的图像扫描输入。

4.具有采样保持输出电路的线阵 CCD

(1)TCD1500C 的基本结构

具有采样保持输出电路的线阵 CCD 种类很多。TCD1500C 是一种典型的具有采样保持输出电路的 5340 像素单元线阵 CCD，它的像敏单元尺寸为 7 μm 长、7 μm 高，中心距亦为 7 μm，像敏单元总长度为 37.38 mm。该器件常被用作非接触尺寸测量系统中的光电传感器。

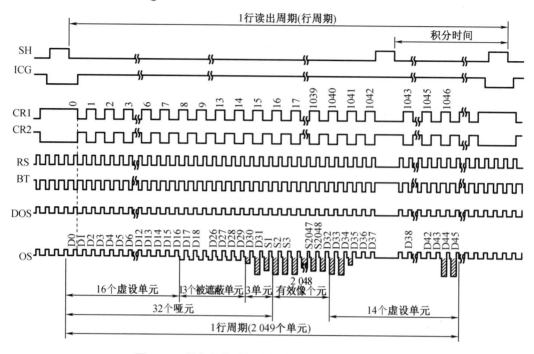

图 9-24　具有积分时间调整功能的驱动脉冲波形图

表 9-3　TCD1205D 的特性参数

参数名称	符号	最小值	典型值	最大值	计量单位	备注
响应	R	64	80		V/(lx·s)	对于发光二极管(660 nm)，光源的响应为 600 V/(lx·s)
像敏单元不均匀性	PRNU			10	%	$\dfrac{\Delta x}{\bar{x}}\times 100\%$
饱和输出电压	U_{SAT}	0.55	0.8		V	
饱和曝光量	E_{SAT}	0.006	0.01		lx·s	U_{SAT}/R
暗信号电压	U_{DARK}		2	5	mV	所有有效像素单元暗信号的最大值
直流功率损耗	P_D			25	mW	
总传输效率	TTL	92	95		%	
输出阻抗	Z_O		0.5	1	kΩ	
动态范围	D_R		400			U_{SAT}/U_{DARK}
直流信号输出电压	U_{OS}	1.5	3.0	4.5	V	
直流参考输出电压	U_{DOS}	1.5	3.0	4.5	V	
直流失调电压	$|U_{OS}-U_{DOS}|$			200	mV	

　　TCD1500C 的原理结构框图如图 9-25 所示。它比 TCD1206SUP 多一个片内驱动器和采样保持输出电路。片内驱动器使送入 CCD 的驱动脉冲简化，它只需要外部驱动电路提供

一路驱动脉冲 CR1,片内驱动器便可生成 CR1 与 CR2。这样,TCD1500C 驱动器由转移脉冲 SH、复位脉冲 RS、采样脉冲 SP 与驱动脉冲 CR1 等四路脉冲构成。其中采样脉冲 SP 为采样保持电路的采样控制脉冲。引入采样保持电路后,OS 端输出的信号将变为如图 9-26 中所示的那样平滑(采样保持电路去掉了输出信号的脉冲成分)。图 9-25 中的 WS 电极为末级(模拟移位寄存器的最后一个转移电极)选择电极,一般接地。WS 接地时,它的输出信号 OS 与 DOS 如图 9-26 所示。

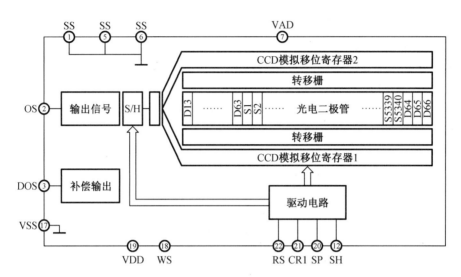

图 9-25　TCD1500C 结构原理图

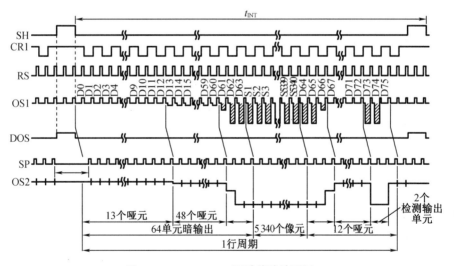

图 9-26　TCD1500C 驱动脉冲波形图

(2)TCD1500C 驱动器

图 9-26 为 TCD1500C 的驱动脉冲波形图。图中 OS1 输出波形为在没有加采样保持控制脉冲 SP 情况下的输出波形,此时采样保持电路不起作用,输出仍为调幅脉冲信号。OS2 输出波形为在加有采样保持控制脉冲 SP 情况下的输出波形。

TCD1500C 驱动电路如图 9-27 所示。图中由晶体 Z(8 MHz)与反相器 G_1、G_2 及电阻

R_1、R_2 构成的晶体振荡器产生主时钟脉冲 f_M,经分频电路(二进制计数器)分频输出 2 分频 f_1(4 MHz)、4 分频 f_2(2 MHz)与 8 分频 f_3(1 MHz)。将 f_2 与 f_3 通过与非门 G_3 得到 1 MHz 的 RS 复位脉冲;而经与非门 G_4、G_5 得到采样脉冲 SP;将 RS 脉冲送入 N 位二进制计数器的输入端,在其输出端 Q_0 获得驱动脉冲 CR1;将 Q_j 与 Q_p 相与,得到转移脉冲 SH;将 SH 和 RS 相与所得的尖脉冲送入 N 位计数器的复位端,对 N 位计数器进行清 0 复位,完成一个行周期的工作。将以上四路脉冲经反相或同相处理后加到 TCD1500C 器件的相应电极上,便可以使 TCD1500C 输出如图 9-26 所示的 OS_1 与 DOS 信号。由图可以看出,在加有采样脉冲 SP 后,TCD1500C 的输出信号去掉了调幅脉冲成分,OS 端输出的信号波形如图 9-26 中的 OS_2 所示,其幅度直接反映了每个像敏单元上的光照度。采样脉冲 SP 的引入对一些测量应用的信号处理是十分有利的。

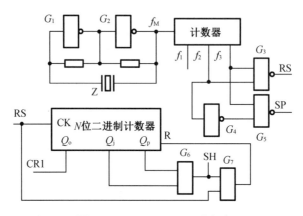

图 9-27 TCD1500C 驱动电路

(3)TCD1500C 的特性参数

①光谱响应

TCD1500C 的光谱响应特性曲线与 TCD1206SUP 的光谱响应特性曲线(图 9-17)基本相同,光谱响应的峰值波长为 550 nm,短波截止波长为 300 nm,长波限为 1 000 nm。

②光电特性

TCD1500C 的光电转换特性为线性,它与 TCD1206SUP 器件的光电特性相似,也具有光积分特性。当积分时间增长时它的暗电压(图 9-19)将增高。当然,在一定的光照下 TCD1500C 的输出电压将随积分时间的增长而增高。

③分辨率

衡量线阵 CCD 空间分辨本领的参数用分辨率描述,分辨率又分为极限分辨率与光学传递函数。极限分辨率定义为每毫米分辨的线对数,TCD1500C 的像敏单元长为 7 μm,它的极限分辨率为 77 对线。TCD1500C 在 X 与 Y 方向的模调制传递函数如图 9-28 所示。从图中可以看出它在 X 与 Y 方向的极限空间频率接近于 77(pl/mm)。

④其他特性

TCD1500C 的灵敏度、像敏单元的不均匀性、饱和曝光量、动态范围等特性如表 9-4 所示。

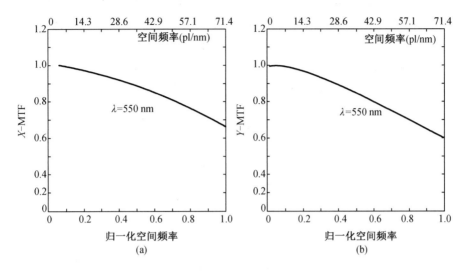

图 9-28　TCD1500C 模调制传递函数

表 9-4　TCD1500C 特性参数

特性	符号	最小值	典型值	最大值	单位
灵敏度	R	3.8	4.8	5.8	V/(lx·s)
像敏单元的不均匀性	PRNU	—		10	%
	PRNU(3)	—	3	8	mV
寄存器不平衡性	RI	—		3	%
饱和输出电压	U_{SAT}	1.0	1.5		V
饱和曝光量	E_{SAT}	0.17	0.3	—	lx·s
暗信号电压	U_{DARK}			2	mV
暗信号不均匀性	D_{SNU}			3	mV
驱动电流	I_{DD}			10	mA
总转移效率	TTE	92		—	%
输出阻抗	Z_O	—	0.5	1	kΩ
动态范围	D_R		1 500		

5. 用于光谱探测的高性能线阵 CCD

用于光谱探测的线阵 CCD 应具有光谱响应范围宽、动态范围大、噪声低、暗电流小、灵敏度高和像敏单元的均匀性好等特点。下面以 RL1204SB、RL2048DKQ、TCD1208AP 为例进行介绍。

(1) RL1208SD

RL1204SB 为自扫描光电二极管阵列式的线阵 CCD 器件,下面从几个方面进行讨论。

① RL1204SB 的结构与工作原理

RL1024SB 为 1 024 像敏单元的线阵 CCD 器件,它的像敏单元由是由较大光敏面积的光电二极管构成,光敏面的有效尺寸为长 25 μm、高 2.5 μm,1 024 像敏单元的总长度为 25.6 mm。

RL1024SB 的管脚定义如图 9-29 所示。由图可见 RL1024SB 管脚中除了我们熟悉的两相驱动脉冲 CR1 与 CR2、转移脉冲 SH、复位脉冲 RS 电极外,增加了抗晕栅 ABS、抗晕漏 ABD、行输出结束信号 EOS、温敏二极管 TD1 与 TD2。供电电源系统由 V_{DD} 提供+5 V 电压,V_{SS} 为器件的地,V_{sub} 为器件的衬底偏压,复位场效应管的漏极 RD 电压为 V_{DD} 的 $1/2$,OS 为有效像敏单元信号的输出端,DOS 为被遮蔽光电二极管(补偿信号)的输出端。

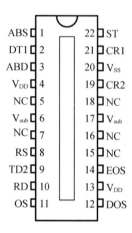

图 9-29　RL1024SB 管脚定义图

RL1024SB 的等效电路原理图如图 9-30 所示。图中有两列光电二极管阵列,上面为被遮蔽的光电二极管阵列。输出补偿信号 DOS;下面为有效光电二极管阵列,每一个光电二极管都对应着一个 MOS 场效应管(相当于存储栅的功能),用来存储光电二极管所产生的信号电荷,并兼有模拟开关或转移栅的功能。有效光电二极管下面的场效应管为抗晕用的场效应管,它们的栅极由抗晕栅 ABS 控制,它的作用是使场效应管累积的信号电荷量大于某值时抗晕场效应管导通,多余的信号电荷将通过抗晕场效应管排出而不会影响临近的光敏单元信号。图的最上面为移位寄存器,它在驱动脉冲 CR1 和 CR2 的作用下将顺序地打开场效应管构成的模拟开关,使有效光电信号和参考信号(暗光电信号)分别经 OS 与 DOS 端输出。

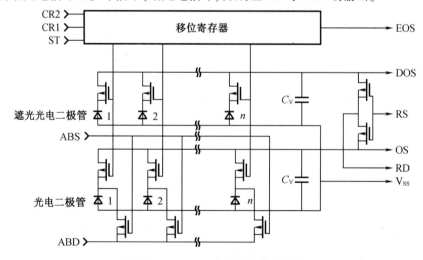

图 9-30　RL1024SB 等效电路原理图

②RL1204SB 的驱动器

RL1024SB 的驱动脉冲波形如图 9-31 所示。从图中可以看出,它只需要三路驱动脉冲,即转移脉冲 ST 及驱动脉冲 CR1 和 CR2,且幅度要求为 5 V,便于驱动。器件输出的脉冲为行扫描结束脉冲 EOS,该信号可以作为 A/D 转换器的行同步信号。

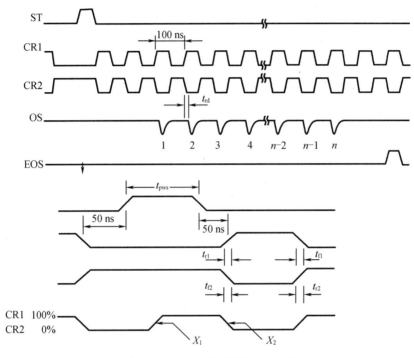

图 9-31 RL1024SB 驱动脉冲波形图

RL1024SB 的驱动电路如图 9-32 所示,它由 3 个二进制同步计数器(74HC161)构成的可预置计数器(由四位开关的状态预置)、D 触发器和逻辑电路组成,产生 ST、CR1 与 CR2脉冲。

RL1024SB 的输出信号放大电路如图 9-33 所示。由于器件的有效信号 OS 与参考信号DOS 的输出是同步的,因此需要将其送入差分放大器进行差分放大。差分放大器不但能抑制共模噪声,而且还能够消除温度漂移的影响。该电路同时兼有将信号电荷转换成模拟电压输出的功能。该电荷放大电路初看起来比较简单,但是,电荷信号经 R_1 向电容 C_1 充电,电阻 R_3 既作为 C_1 放电电阻,又为放大器的反馈电阻,调整起来比较麻烦。

③RL1204SB 的特点

a.光谱响应

图 9-34 所示为 RL1024SB 的光谱响应特性曲线。普通光学玻璃在紫外波段对光的吸收较大,使得用普通光学玻璃为窗口的器件,其光谱响应曲线截止于 350 nm;以石英玻璃为窗口的器件在紫外波段对光的吸收很小,其光谱响应曲线可延长至 200 nm 的紫外谱区。因此,在要求探测紫外波段的光谱时,要选用石英玻璃窗口的器件。区别其窗口玻璃的方法是在器件型号的尾部以 Q 符号表示石英窗口的器件,而以 G 表示普通玻璃窗口的器件。选用时一定要注意观察器件的型号,RL1024SBG-011 即为石英玻璃窗的器件,而 RL1024SBG-011

为普通光学玻璃窗口的器件。

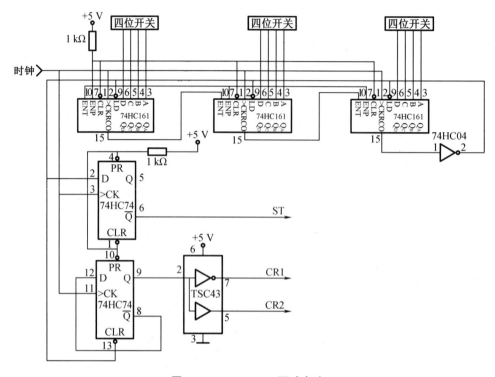

图 9-32　RL1024SB 驱动电路

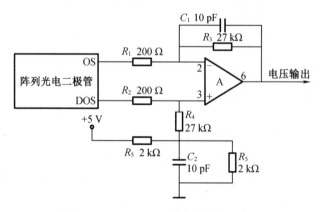

图 9-33　RL1024SB 输出信号放大电路

　　b.输出信号电荷与曝光量的线性

　　RL1024SB 的输出信号电荷与曝光量的关系曲线如图 9-35 所示。图中横坐标为曝光量 $H(\text{J/cm}^2)$，纵坐标为 CCD 器件的输出电荷量 $Q_o(\text{pC})$。可以看出,在曝光量较低(低于饱和曝光量)时曲线的线性很好。当曝光量接近饱和曝光量时,曲线才出现弯曲,线性关系变坏。因此,应用时要控制曝光时间,使它工作在线性范围之内。

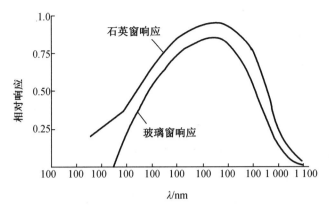

图 9-34　RL1024SB 光谱响应特性曲线

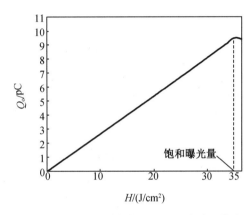

图 9-35　输出信号电荷与曝光量的关系曲线

c. RL1024SB 的其他特性

RL1024SB 的像敏单元的不均匀性、动态范围与灵敏度等其他特性参数如表 9-5 所示。从表中不难看出 RL1024SB 具有动态范围宽,灵敏度高,像敏单元的均匀性好等特点,是一种性能优良的器件。这些特点源于它的像敏面积大和以电荷为信号。它的像敏单元面积为 $25 \times 2\,500\ \mu m^2$,比其他线阵的面积大千倍之多。

表 9-5　RL1024SB 系列 CCD 的特性

特征	典型值	最大值	单位
像敏单元中心距	25		μm
像敏单元高度	2.5		mm
灵敏度	2.9×10^{-4}		$C/(J \cdot cm^{-2})$
像敏单元不均匀性	5	10	$\pm\%$
饱和曝光量	35		nJ/cm^2
饱和电荷	10		pC
动态范围	31 250		
暗电流(均方根值)	0.20	0.50	pA
峰值波长	750		nm
光谱响应范围	200～1 000		nm

（2）RL2048DKQ

RL2048DKQ 是美国 Reticon 公司 D 系列 CCD 器件。它具有 2 048 个有效像素单元,每个单元尺寸为长 13 μm、高 26 μm、中心距 13 μm,属于高速(数据率高达 30 MHz)低功耗器件。

①RL2048DKQ 的基本工作原理

RL2048DKQ 等 D 系列 CCD 原理等效电路图如图 9-36 所示。图中二极管为有效光敏单元,它产生的光生电流分别被两侧的 MOS 电容所收集。当转移栅 SH 为高电平时,场效应管导通,将存储在 MOS 电容中的电荷转移到图中上下两列模拟移位寄存器的 CR2 电极的势阱中。当 SH 为低电平时,场效应管关断,存储区和移位寄存器分别工作。模拟移位寄存器在驱动脉冲 CR1 和 CR2 的作用下向右转移,分别从 OS1 和 OS2 端输出。

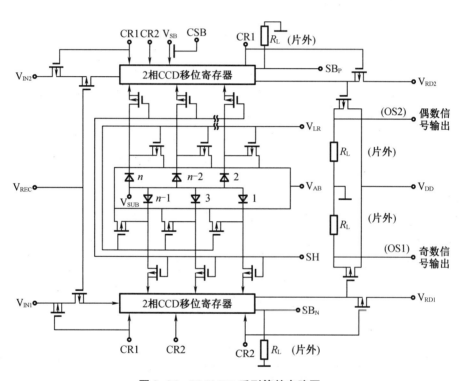

图 9-36　RL2048D 系列等效电路图

图 9-36 中 V_{AB} 为抗开花(antiblooming)偏置电压。所谓"开花"是指光敏单元所存储的电荷超出了势阱容纳电荷的容量而溢出势阱,扩散到邻近势阱的现象。若某个势阱中的信号电荷太多,它可通过 V_{AB} 进入衬底,不会扩散到邻近单元。

②RL2048DKQ 的驱动电路

RL2048DKQ 驱动脉冲波形图如图 9-37 所示。它由 4 路脉冲 SH、CR1、CR2 和 CSB 构成,SH 为转移脉冲,CR1 及 CR2 为驱动脉冲,CSB 为缓冲输出的附加转移脉冲。从 OS1 和 OS2 输出波形上可以看出,它先输出 10 个哑元信号,然后再输出 2 048 个有效信号 S_1 至 $S_{2\,048}$。它的奇偶两列信号是分时输出的,分时输出可以通过模拟开关将奇偶信号合成一列输出。

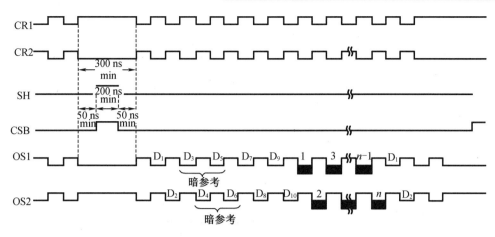

图 9-37 RL2048DKQ 驱动脉冲波形图

③RL2048DKQ 的特性参数

a. 光谱响应

RL2048DKQ 的光谱响应曲线如图 9-38 所示。它的光谱响应范围为 200~1 100 nm,峰值响应波长为 750 nm。该器件在中紫外至近红外波段的光谱响应较好,常用于这段谱区的光谱探测和光谱分析,尤其是对紫外波段的光谱探测更为重要。虽然它的光谱灵敏度不如 SB 系列的高,但它的光敏单元尺寸小,像敏单元数多,光谱分辨率要比 SB 系列高得多,因此主要应用在对光谱灵敏度要求并不太高的情况下,如吸收光谱的应用中。

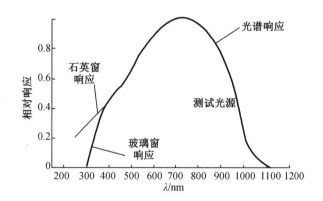

图 9-38 RL2048DKQ 的光谱响应

b. 线性

RL2048DKQ 的光电转换特性如图 9-39 所示。从特性曲线上可以看出,曲线在 0.001~0.47(J/cm²)的曝光量范围内的线性很好,即 RL2048DKQ 在 4 700 倍的曝光量范围内具有近似于直线的光电转换特性。曲线的斜率为器件的响应。从图中可以看出 RL2048DKQ 的响应为 2.7 V/(J·cm⁻²),属于有较高响应的器件。

c. RL2048DKQ 的动态范围等特性

RL2048DKQ 的动态范围大,峰值动态范围为 2 600,而均方根值动态范围为 13 000。它的像敏单元的不均匀性、暗电流特性和噪声特性等参数也很好。RL2048DKQ 系列器件的特性参数如表 9-6 所示。

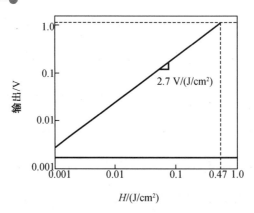

图 9-39　RL2048DKQ 光电转换特性

表 9-6　RL2048DKQ 系列器件的特性参数

特性	最小值	典型值	最大值	单位
动态范围(峰值)		2 600		
动态范围(均方根值)		13 000		
灵敏度	4.0	5.4	6.6	$V/(\mu J \cdot cm^{-2})$
饱和曝光量	0.15	0.24	0.32	$\mu J \cdot cm^{-2}$
噪声等效曝光量(峰-峰值)		0.09		$nJ \cdot cm^{-2}$
像敏单元不均匀性		5	12	±%
等效暗信号不均匀性		0.03	0.25	±%
饱和输出电压	0.8	1.3	1.6	V
直流功耗		126		mW
噪声(峰-峰值)		0.5		mV
输出阻抗		2		kΩ
输出电路温漂		10		mV/℃
最大输出数据率	20			MHz

（3）TCD1208AP

TCD1208AP 为日本东芝公司生产的超高灵敏度的线阵 CCD。尽管它的动态范围仅为 750,但是它的灵敏度却很高,使它在荧光光谱的探测中占有一席之地。TCD1208AP 与 TCD1206SUP 在结构、工作原理、光谱响应,以及驱动脉冲等方面的特性基本相同,不再赘述。

6.彩色线阵 CCD

在彩色印刷行业中常需要进行几种单一颜色的分段印刷(例如 R、G、B 分三基色印刷),并将多次印刷的单色图案叠加起来才能印出栩栩如生的彩色图案。在这种印刷工艺中,能否正确地套色是这项工艺的关键技术。在套色印刷生产线中常用"电眼"进行跟踪套色。所谓的"电眼"实际上是一套彩色线阵 CCD 图像识别器,它能够对彩色图像进行颜色与图案的采集,并根据所采集的信号进行图样的测量和印刷机运行速度的测量,控制后面单色图像的印刷工作,确保所印出的彩色图像色彩真实。

彩色线阵 CCD 能够方便地对运动着的彩色图像进行分色采集。彩色线阵 CCD 有单行串行的与 3 行并行的两种形式。下面将分别讨论这两种输出方式的彩色线阵 CCD 的基本结构及其基本工作原理。

（1）TCD2000P

TCD2000P 为串行式彩色线阵 CCD,管脚定义如图 9-40 所示。它也是 2 相时钟驱动的器件。它由 480 个有效光电二极管构成像敏单元阵列,每个像敏单元尺寸为长 11 μm、高 33 μm、中心距为 11 μm。它的像敏单元 3 个为一组,每一组含 G、B、R 三色(由其上面的滤色片颜色决定)像敏单元,颜色的顺序为 G、B、R。像敏元总长为 5.28 mm。

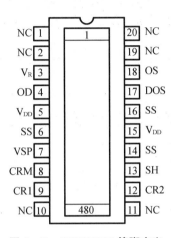

图 9-40　TCDP2000 管脚定义

TCD2000P 的原理结构图如图 9-41 所示。由图可见,它为单沟道型线阵 CCD,在器件内部设置有脉冲发生器、驱动器、采样保持器和补偿输出单元等。

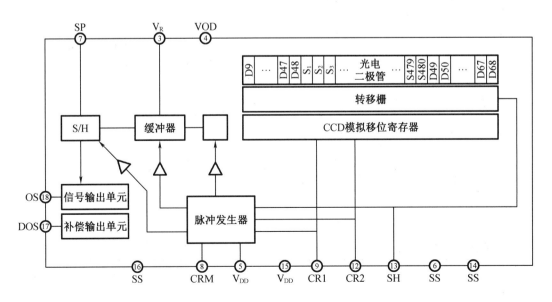

图 9-41　TCD2000P 原理结构图

TCD2000P 的驱动脉冲波形如图 9-42 所示。它由转移脉冲 SH、驱动脉冲 CR1、CR2 和主时钟 CRM 构成。它的输出信号波形如图中 OS 所示。由于 CCD 像敏单元对 G、B、R 三色光的响应不同,在同样照度情况下,输出信号的幅度高低不同。这是彩色信号串行排列的彩色线阵 CCD 的缺点。它的优点是结构简单,彩色信号输出速度快。因此这种器件一般应用在对色彩分辨率要求不高,而要求快速检索某种颜色的情况。

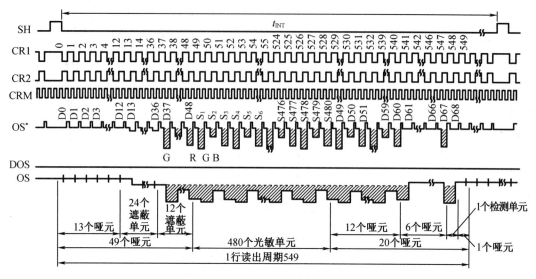

图 9-42 TCD2000P 驱动脉冲波形图

TCD2000P 的其他特性参数如表 9-7 所示。

表 9-7 TCD2000P 彩色 CCD 特性参数

名称	符号	最小值	典型值	最大值	单位
灵敏度	R_B	3.7	5.3	6.9	V/(lx·s)
	R_G	8.4	12.0	15.6	
	R_R	4.6	6.6	8.7	
像敏单元不均匀性	PRNU		10	20	/
饱和输出电压	U_{SAT}	1.2	2.0		V
饱和曝光量	E_{SAT}		0.17		lx·s
暗信号电压	U_{DARK}		12	25	mV
暗信号电压不均匀性	D_{SNU}		5	10	mV
总转移率	TTE	92			%
输出阻抗	Z_O		0.5	1.0	kΩ
直流信号电平	U_{OS}	4.5	6.0	7.5	V

(2)TCD2558D

TCD2558D 为高灵敏度低暗电流的彩色线阵 CCD 器件。它的三条 5340 像敏单元阵列如图 9-43 所示并行排列,每列之间的间距为 28 μm(间隔 4 行)。像敏单元的尺寸为长 7 μm、高 7 μm、中心距 7 μm;像敏阵列总长度为 37.38 mm。

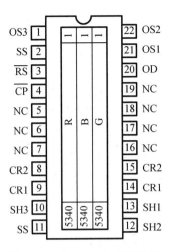

图 9-43 TCD2558D 管脚定义

TCD2558D 的原理结构如图 9-44 所示。R、G、B 三列像敏单元并行排列,每列之间的间距为 64 μm。TCD2558D 的每列单色像敏单元是由 5 340 个像敏单元的单沟道线阵 CCD 构成的,每列的转移栅单独引出到相应管脚。模拟移位寄存器由 2 相驱动脉冲 CR1 与 CR2 驱动。器件的输出端加有复位脉冲 $\overline{RS}$ 和缓冲脉冲 $\overline{CP}$;模拟电荷信号经输出二极管、缓冲器到输出放大器,并由放大器的源极输出 OS1、OS2、OS3 信号。

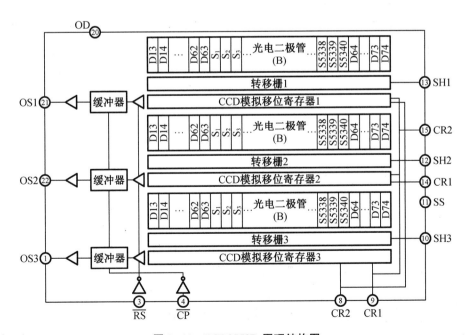

图 9-44 TCD2558D 原理结构图

TCD2558D 的驱动脉冲波形图如图 9-45 所示。图中仅画出其中 1 列像敏单元阵列的驱动脉冲波形和输出信号 OS 的波形。由波形图可以看出它与前文讲述的单沟道器件 TCD1209D 的驱动脉冲基本相同。三色信号 R、G、B 并行地从 OS1、OS2、OS3 端口分别输出。容易将其输出的信号合成真彩色图像,这对彩色图像进行彩色扫描的应用是非常重要的。

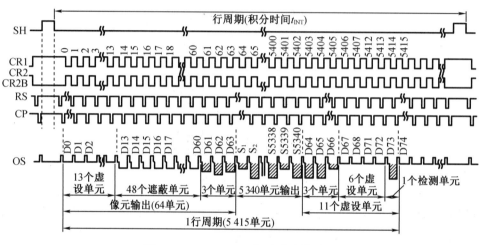

图 9-45 TCD2558D 驱动脉冲波形图

利用 TCD2558D 做彩色扫描仪探头。常采用 3 路并行 A/D 转换器进行模数转换,可以获得分辨率为 400DPI 的彩色图像。TCD2558D 的驱动电路与 TCD2000P 的驱动电路类似,都是 2 相驱动的单沟道器件,也都是内部具有电平转换的器件,驱动脉冲的幅度都要求 5 V 的 CMOS 电平。TCD2558D 的光谱响应特性曲线如图 9-46 所示,由 3 条曲线 B、G、R 构成,分别取决于各自的滤色片和 CCD 对各种光谱的响应。显然,红光(R)的光谱响应高于绿光(G)的响应,蓝光(B)的光谱响应最低。

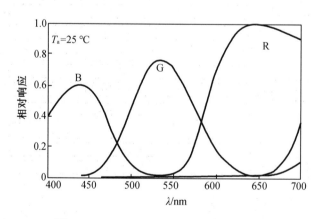

图 9-46 TCD2558D 的光谱响应特性曲线

红光的光谱响应范围较宽,它对红外光谱有一定的响应,应用时要注意这个问题。

TCD2558D 的分辨率特性常用光学传递函数的方法描述,它在 X 方向(平行于像敏单元排列方向)和 Y 方向的模调制传递函数如图 9-47 所示。

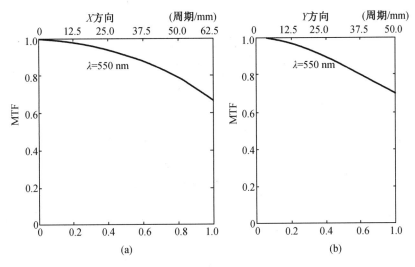

图 9-47 TCD2558D 的传递函数

TCD2558D 与其他并行三色线阵 CCD 的特性参数列于表 9-8。

表 9-8 几种彩色线阵 CCD 的特性参数

名称	TCD2557D			TCD2558D			TCD2901D			单位
特性	最小值	典型值	最大值	最小值	典型值	最大值	最小值	典型值	最大值	
像敏单元数		5 340×3			5 340×3			10 550×3		
像敏单元尺寸		7×7			7×7			4×4		μm²
行间距		28			28			48		μm
灵敏度　R	6.5	9.3	12.1	6.5	9.3	12.1	1.7	2.5	3.3	V/(lx·s)
灵敏度　G	6.9	9.9	12.9	6.9	9.9	12.9	1.6	2.4	3.2	
灵敏度　B	3.8	5.4	7.0	3.8	5.4	7.0	0.9	1.4	1.9	
饱和曝光量		0.23			0.35			0.91	1.46	lx·s
像敏单元不均匀性		10	20		10	20		15	20	%
饱和输出电压	2	2.5			3.2	3.5		2.9	3.5	V
暗信号电压		0.5	2.0		0.5	2.0		0.5	2.0	mV
直流功耗		300	400		430	600		260	450	mW
输出阻抗		0.5	1.0		0.1	1.0		0.3	1.0	kΩ
总转移效率	92				92		92	98		%

(3)TCD2901D

TCD2901D 为并联输出的彩色线阵 CCD。它由 3 个 10 550 像敏单元的线阵 CCD 并行排列构成,每一行像敏单元的窗口上镀有单色滤色片,分别为 B、G、R。2 相驱动的线阵

CCD 像敏单元尺寸为长 4 μm,高 4 μm,中心距亦为 4 μm。像敏单元阵列总长度为 42.2 mm。像敏单元阵列的间距为 48 μm。封装在标准 22 脚陶瓷封装的 DIP 管座中,其管脚定义如图 9-48 所示。

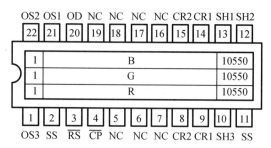

图 9-48 TCD2901D 管脚定义

TCD2901D 的原理结构如图 9-49 所示。它的 3 个线阵 CCD 均由 2 相驱动脉冲 CR1 与 CR2 驱动,3 个转移栅 SH1、SH2 与 SH3 分别引出,这样可以使 CCD 的工作更为灵活。将 SH1、SH2 与 SH3 并联起来,可使 CCD 工作在并联工作状态,3 个输出端 OS1、OS2 与 OS3 的输出信号并行输出。当然,也可以将转移脉冲分别加到 SH1、SH2 与 SH3 端,使 R、G、B 阵列像敏单元信号分时转移到各自的模拟移位寄存器中,在驱动脉冲的驱动下分时输出(此时要注意信号的转移问题,必须要重新安排驱动脉冲的时序)。由图可以看出,TCD2901D 为 3 个双沟道 2 相驱动的线阵 CCD 并行制作在一块硅片上的器件,它的每个输出端都要经过复位场效应管的控制(复位脉冲 RS),并经缓冲器(缓冲脉冲 CP)输出 OS1(B)、OS2(G) 和 OS3(R)信号。

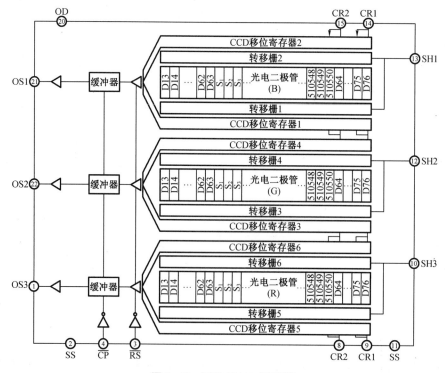

图 9-49 TCD2910D 原理图

TCD2901D 的驱动脉冲波形如图 9-50 所示,它在转移脉冲 SH1、SH2 与 SH3 和驱动脉冲 CR1、CR2 的作用下,将带有 3 种颜色信息的像敏单元的电荷包从模拟移位寄存器中转移出来,并经复位脉冲 RS 和钳位脉冲 CP 后,分别经各自的源极放大器的输出端 OS1、OS2 和 OS3 输出调幅脉冲信号。

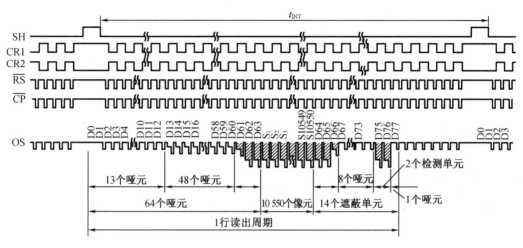

图 9-50 TCD2901D 驱动脉冲波形图

由于 3 路并行线阵 CCD 的滤色片对光的吸收情况不同,线阵 CCD 对不同光谱的响应也不相同,因此,TCD2901D 的光谱响应参数随滤光片的颜色而变。

TCD2901D 的光谱响应特性曲线如图 9-51 所示。

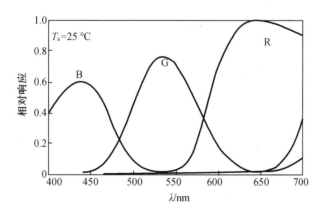

图 9-51 TCD2901D 的光谱响应

TCD2901D 的其他特性参数详见表 9-8。

7. 环形线阵 CCD

RO0720B 为具有 720 个像敏单元的环形线阵 CCD。图 9-52 所示为该器件的外形图和管脚定义。

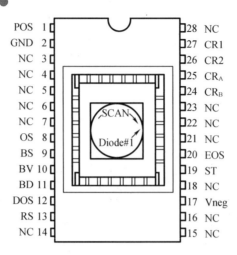

图 9-52　RO0720B 外形图和管脚定义

RO0720B 由 720 个光电二极管和 720 个被遮蔽的光电二极管(虚设单元)构成一个圆环光敏阵列。被遮蔽的光电二极管用做有效光电二极管的间隔,使得 720 个光电二极管均匀地分布在 360°的圆周上,每个像敏单元所占角度为 0.5°。圆环的外径尺寸为 r_2,内径尺寸为 r_1。每个光敏单元的尺寸用,如图 9-53 所标注的 a、b 和 c 表示。

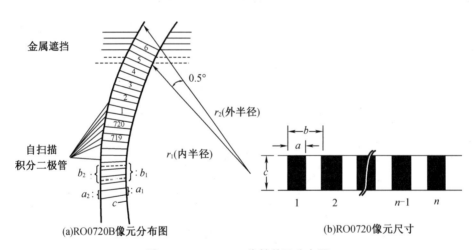

图 9-53　RO0720B 像敏单元分布图

RO0720B 为自扫描光电二极管方式。它的驱动脉冲由启动脉冲 ST、驱动脉冲 CR1 与 CR2,以及 CRA 与 CRB 驱动。CRA 与 CRB 是非对称的方波脉冲,它的周期为方波脉冲 CR1 与 CR2 的一半。图 9-54 所示为 RO0720B 的等效电路图。它的基本结构及信号输出方式都与 RL1024SB 基本相同,不再讨论。

RO0720B 驱动脉冲与输出信号的波形图如图 9-55 所示。从图中可见,启动脉冲 ST 由高电平变为低电平时,扫描输出开始。像敏二极管的输出信号是在辅助脉冲 CR1 或 CR2 刚刚变为低电平时输出的,如图中的信号 1 是 CR_A 由高变低 100 ns 后,CR2 由高变低时输出。信号 2 则是 CR_B 由高变低时输出(此时 CR2 已是低电平)。信号 3 为 CR_A 由高变低后 100 ns,CR2 由高变低时输出。信号 4 则为 CR_B 由高变低时输出……一直将 720 个信号都输出完时才产生扫描结束脉冲 EOS(EOS 由高变低)。

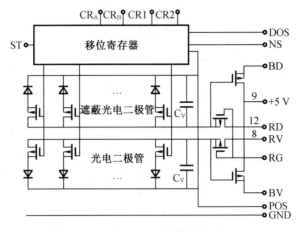

图 9-54　RO072B 的等效电路图

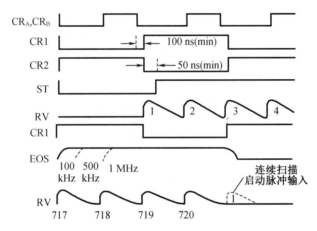

图 9-55　RO0720B 驱动脉冲与输出信号的波形图

RO0720B 的驱动电路如图 9-56 所示。石英晶体振荡器产生的方波脉冲经逻辑电路处理,产生 TTL 方波脉冲,送到由 D 触发器构成的逻辑电路并经 MH0026 进行功率驱动及电平变换,然后送给 CR1、CR2、CR_A 及 CR_B 进行驱动。

图 9-57 为 RO0720B 的光谱响应曲线。图中所示的光谱响应曲线的短波响应与玻璃窗口材料有关。石英窗的短波响应可达 200 nm,普通光学玻璃窗口为 300,长波长可延伸至红外(1 100 nm)。图中虚线所示为测试光源的发光光谱分布曲线。

图 9-58 为 RO0720B 的动态响应曲线。因光敏面积的不同,两个型号的环形 CCD 的灵敏度和动态范围也不相同。RO0720BJG 的光敏面积大于 RO0720BAG,因此,前者的辐射照度与输出电荷量的关系曲线较陡,灵敏度较大。

RO0720B 的其他特性列于表 9-9。环形线阵 CCD 被广泛地用于测角位移及跟踪、定位系统等面阵 CCD 的应用领域。然而,它所处理的像敏单元数少,每位像敏单元都赋予了角度信息,所以定位的速度更快。

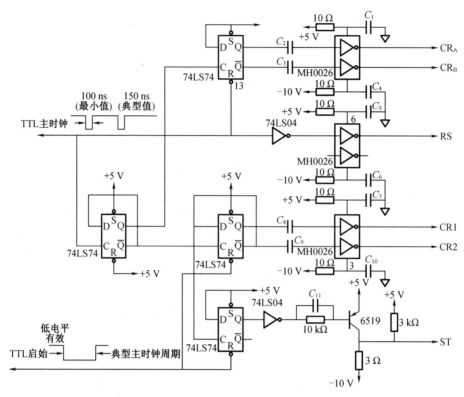

图 9-56　RO0720B 驱动电路

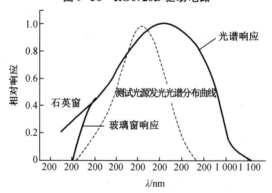

图 9-57　RO0720B 的光谱响应曲线

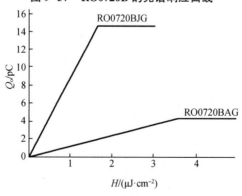

图 9-58　RO0720B 的动态响应曲线

表 9-9　RO0720B 的外形尺寸与特性参数

参数名称	R00720BJG			R00720BAC			
中心距 b_1	15.3			30.1			
中心距 b_2	31.9			31.9			
内径 r_1	1.75 mm			3.45 mm			
外径 r_2	3.65 mm			3.65 mm			
r_2-r_1	1.9 mm			0.2 mm			
内环长 a_1	0.5			20			
外环长 a_2	20			20			
参数名称	最小值	典型值	最大值	最小值	典型值	最大值	单位
灵敏度		91			11		$pC/(\mu J \cdot cm^{-2})$
像敏单元不均匀性		10	15		10	15	%
饱和曝光量		0.16			0.35		$\mu J \cdot cm^{-2}$
饱和电荷量		14.6			3.9		pC
动态范围(均方根值)		2 000			2 000		
动态范围(峰-峰值)	100	200		100	200		

9.2.2　面阵 CCD

　　面阵 CCD 图像传感器广泛地应用于保安监控、道路交通管理、非接触图像测量、图像摄取与图像信息处理等领域,已经成为人类生活不可缺少的一种工具。本节主要讨论 DL32 型和 TCD5130AC 型面阵 CCD 器件的结构。

　　1. DL32 面阵 CCD

　　DL32 型面阵 CCD 为 N 型表面沟道、三相三层多晶硅电极、帧转移型面阵器件。该器件主要由像敏区、存储区、水平移位寄存器和输出电路等四部分构成,如图 9-59 所示。像敏区和存储区均由 256×320 个三相 CCD 单元构成,水平移位寄存器由 325 个三相交叠的CCD 单元构成。其输出电路由输出栅 OG、补偿放大器和信号通道放大器构成。

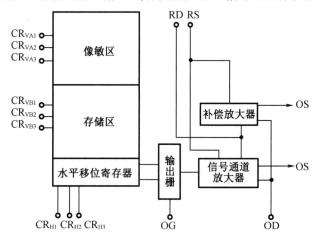

图 9-59　DL32 型 CCD 结构图

像敏区和存储区的 CCD 单元结构相同,其单元尺寸如图 9-60 所示,其沟道区长为 20 μm,沟阻区长为 4 μm。在垂直方向上,它由三层交叠的多晶硅电极构成,每层电极的宽度为 8 μm,一个 CCD 单元的垂直尺寸为 24 μm,光敏区总面积为 77 mm×61 mm,对角线的长度为 982 mm。

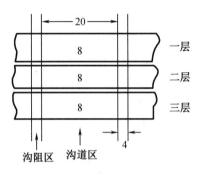

图 9-60　像敏区、存储区单元结构

水平移位寄存器的 CCD 单元尺寸如图 9-61 所示,水平方向长为 18 μm,沟道宽度为 36 μm,每个电极处理电荷的实际区域为 6 μm×36 μm。

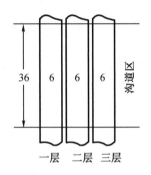

图 9-61　水平单元的结构

CCD 的输出电路如图 9-62 所示,由一个双栅(直流栅电压 URD 和交流栅脉冲 RS)复位场效应管和用做源极跟随放大器的场效应管构成。复位管双栅沟道长为 30 μm、宽为 20 μm。放大管沟道长为 10 μm、宽为 60 μm。这两个场效应管的跨导分别为 180 μS 和 600 μS。

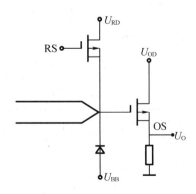

图 9-62　输出电路

DL32 型 CCD 摄像器的工作需要 11 路驱动脉冲和 6 路直流偏置电压。11 路驱动脉冲包括像敏区的三相交叠脉冲 CR_{VA1}、CR_{VA2}、CR_{VA3}；存储区的三相交叠驱动脉冲 CR_{VAB1}、CR_{VB2}、CR_{VB3}；水平移位寄存器的三相驱动交叠脉冲 CR_{H1}、CR_{H2}、CR_{H3}；其他特殊脉冲，如 CR_{IS} 和复位脉冲 RS。6 路直流偏置电平为复位管及放大管的漏极电平 U_{OD}、直流复位栅电平 U_{RD}、注入直流栅电平 U_{G1} 与 U_{G2}、输出直流栅电平 U_{OG} 和衬底电平 U_{BB}。这些直流偏置电压对于不同的器件，要求亦不相同，要做适当的调整。

当像敏区工作时，三相电极中有一相为高电平，处于光积分状态，其余二相为低电平，起到沟阻隔离作用。水平方向上有沟阻区，使各个像敏单元成为一个个独立的区域，各区域之间在水平方向无电荷交换。这样，各个像敏单元光电转换所产生的信号电荷（电子）存储在像敏单元的势阱里，完成光积分过程。

从图 9-63 中看出，第一场场正程（场扫描）期间 CR_{VA2} 处于高电平时，CR_{VA1} 和 CR_{VA3} 处于低电平（左侧虚线的左边），CR_{VA2} 电极下的 256×320 个单元均处于光积分时间。当第一场正程结束后，进入场逆程（场消隐）期间（图中 256 所指的时间段），像敏区和存储区均处于转移驱动脉冲的作用下，将像敏区的 256×320 个单元所存的信号电荷转移到存储区，在存储区的 256×320 个单元中暂存起来。帧转移完成后，场逆程结束，进入第二场正程期间，像敏区也进入第二场光积分时间。CR_{VA3} 电极处于高电平，CR_{VA2} 与 CR_{VA1} 处于低电平。故 CR_{VA3} 的 256×320 个电极均处于第二场光积分时间。当像敏区处于第二场光积分时（第二场正程期间），存储区的驱动脉冲处于行转移过程。在整个场正程期间，存储区进行 256 次行转移，行转移发生在行逆程（行消隐）期间（如图中所示的 12 μs 期间）。每次行转移，驱动脉冲将存储区各单元所存的信号电荷向水平移位寄存器方向平移一行。第一个行转移脉冲将第 256 行的信号移入第 255 行中，而第一行所存的信号移入水平移位寄存器的 CR_{H2} 下的势阱中。水平移位寄存器上的三相交叠脉冲在行正程期间（52 μs）快速地将一行的 320 个信号经输出电路输出，此刻存储区的驱动脉冲处于暂停状态，靠近水平移位寄存器的电极 CR_{VB1} 上的电平为低电平，所形成的浅势阱将水平移位寄存器的变化势阱与存储区的深势阱隔开。当一行的信号全部输出后，进入行逆程；在行逆程期间存储区又在行驱动脉冲的驱动下进行转移，各行信号又步进一行，又向水平移位寄存器传送一行信号，水平驱动脉冲再使之输出。这样，在像敏区进行第二场光积分期间，存储区和水平移位寄存器在各自的驱动脉冲作用下，将第一场的信号逐行输出。第二场光积分结束，第一场的信号也输出完毕，再将第二场的信号送入存储区暂存。在第三场光积分的同时输出第二场的信号电荷。显然，奇数场光积分的同时，输出偶数场的信号；若奇数场是 CR_{VA2} 电极下的势阱在光积分，则偶数场是 CR_{VA3} 电极下的势阱在光积分。一帧图像由奇、偶两场组成，实现隔行扫描模式。图 9-64 为 DL32 型面阵 CCD 的管脚图。

2. TCD5130AC 面阵 CCD

TCD5130AC 是一种帧转移型面阵 CCD。它常被用于三管彩色 CCD 电视摄像机中。它的有效像敏单元数为 754（H）×583（V）；像素单元尺寸（长×高）为 120 μm×115 μm；像敏面积为 905 mm×670 mm，一般将它封装在如图 9-65 所示的 24 脚的扁平陶瓷管座中。

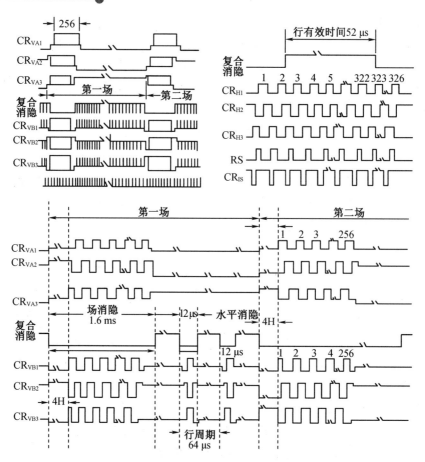

图 9-63　DL32 型面阵 CCD 驱动脉冲波形图

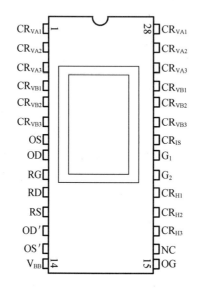

图 9-64　DL32 型面阵 CCD 的管脚图

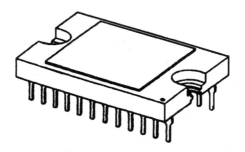

图 9-65　TCD5130AC 外形图

图 9-66 为 TCD5130AC 的管脚定义图。图 9-67 为 TCD5130AC 的结构原理图。由这两图可以看到,TCD5130AC 由像敏区、存储区、水平移位寄存器和输出部分等构成。它的像敏区的结构和存储区的结构基本相同。像敏区曝光,而存储区被遮蔽。像敏区和存储区均为四相结构,分别由 CR_{I1}、CR_{I2}、CR_{I3}、CR_{I4}(像敏区的驱动脉冲)和 CR_{S1}、CR_{S2}、CR_{S3}、CR_{S4}(存储区的驱动脉冲)驱动。水平移位寄存器由二相时钟脉冲 CR_{H1} 和 CR_{H2} 驱动。由图 9-67可以看出,水平移位寄存器的最末端的电极为 CR_{H1B},其后是输出栅 OG,输出栅与复位栅RS 之间为输出二极管,信号由输出二极管经输出放大器由 OS 端输出。第 5、6、18 脚为地,第 3、4 脚为输出放大器提供的 OD 电源,第 1 脚为复位管提供的电源 RD,复位脉冲 RS 加在第 7 脚上。复位脉冲在每个光敏单元信号到来之前使输出二极管复位,确保每个光敏单元信号不受前面输出信号的干扰。

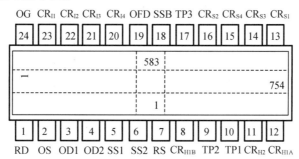

图 9-66　TCD5130AC 管脚定义图

3. TCD5390AP 面阵 CCD

TCD5390AP 是隔列转移型面阵图像传感器。可用于 PAL 制式黑白电视摄像系统。它的总像素单元数为 542(H)×587(V),有效像敏单元数为 512(H)×582(V),像敏单元尺寸为 7.2 μm(H)×4.7 μm(V),像敏区的总面积为 3.6 mm(H)×2.7 mm(V),封装在 14 脚的DIP 标准陶瓷管座上。其外形如图 9-68 所示,管脚定义如图 9-69 所示,其中 OD 与 RD 为电源输入端;SS 为地端;CR_{V1}、CR_{V2}、CR_{V3} 和 CR_{V4} 为垂直驱动脉冲;CR_{H1}、CR_{H2} 为水平驱动脉冲;CR_{ES} 为曝光控制;OS 为信号输出端。

TCD5309AP 的原理图如图 9-70 所示,它由光电二极管及 MOS 电容构成垂直排列的光敏单元列阵、垂直 CCD 移位寄存器列阵及水平 CCD 模拟 TCD5309AP 管脚定义拟移位寄存器等三部分构成。垂直 CCD 移位寄存器将它的像敏区(光电二极管列阵)隔开,故取名为隔列转移型面阵CCD 图像传感器。它的水平模拟移位寄存器由水平驱动脉冲 CR_{H1}、CR_{H2} 与复位脉冲 RS 驱动。工作原理与二相线阵 CCD 类似。信号由场效应管构成的源极输出器输出。

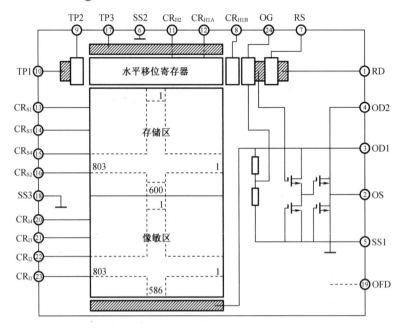

图 9-67　TCD5130AC 原理结构图

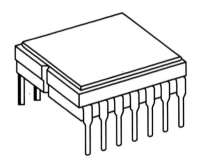

图 9-68　TCD5390AP 外形图

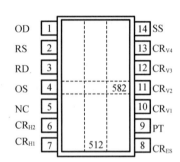

图 9-69　TCD5390AP 管脚定义

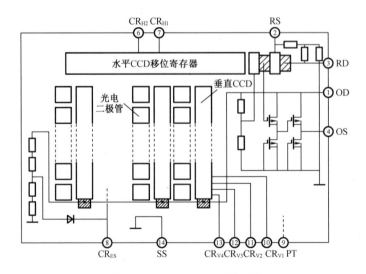

图 9-70　TCD5309AP 原理图

9.3　CMOS 图像传感器

CMOS 图像传感器是 20 世纪 80 年代为克服 CCD 生产工艺复杂、功耗较大、价格高、不能单片集成和有光晕、拖尾等不足而研制出的一种新型图像传感器,它是一种用传统的芯片工艺方法将光敏元件、放大器、A/D 转换器、存储器、数字信号处理器和计算机接口电路等集成在一块硅片上的图像传感器件,如图 9-71 所示。

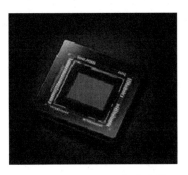

图 9-71　CMOS 图像传感器

CMOS 图像传感器具有明显的简单和低成本的特点,因此 CMOS 传感器已成为消费类数码相机、电脑摄像头、可视电话等多功能产品的理想之物,随着技术的发展,已逐步应用于高端数码相机和电视领域。

9.3.1　CMOS 成像原理

CMOS 成像器件的原理框图如图 9-72 所示,它的主要组成部分是像敏单元阵列和MOS 场效应管集成电路,而且这两部分是集成在同一硅片上的。像敏单元阵列实际上是光电二极管阵列,它也有线阵和面阵之分。

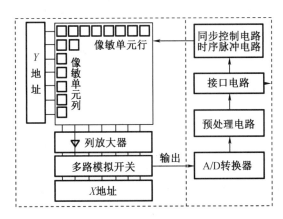

图 9-72　CMOS 成像器件原理框图

像敏单元阵列按 X 和 Y 方向排列成方阵,方阵中的每一个像敏单元都有它在 X、Y 各方向上的地址,并可分别由两个方向的地址译码器进行选择;每一列像敏单元都对应于一个列放大器,列放大器的输出信号分别接到由 X 方向地址译码控制器进行选择的模拟多路开关,并输出至输出放大器;输出放大器的输出信号送 A/D 转换器进行模数转换,经预处理电路处理后通过接口电路输出。时序信号发生器为整个 CMOS 图像传感器提供各种工作脉冲,这些脉冲均可受控于接口电路发来的同步控制信号。

图像信号的输出过程可由图像传感器阵列原理图更清楚地说明。其原理如图 9-73 所示,在 Y 方向地址译码器(可以采用移位寄存器)的控制下,依次序接通每行像敏单元上的模拟开关(图中标志的 $S_{i,j}$),信号将通过行开关传送到列线上,再通过 X 方向地址译码器(可以采用移位寄存器)的控制,传送到放大器。当然,由于设置了行与列开关,而它们的选通是由两个方向的地址译码器上所加的数码控制的,因此,可以采用 X、Y 两个方向以移位寄存器的形式工作,实现逐行扫描或隔行扫描的输出方式。也可以只输出某一行或某一列的信号,使其按着与线阵 CCD 相类似的方式工作。还可以选中你所希望观测的某些点的信号,例如图 9-73 中所示的第 i 行、第 j 列的信号。

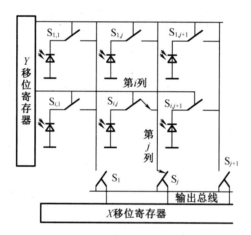

图 9-73 CMOS 图像传感器原理示意图

在 CMOS 图像传感器的同一芯片中,还可以设置其他数字处理电路。例如,可以进行自动曝光处理、非均匀性补偿、白平衡处理、γ 校正、黑电平控制等处理。甚至于将具有运算和可编程功能的 DSP 器件制作在一起,形成具有多种功能的器件。

9.3.2 典型 CMOS 传感器

本节以 FillFactorg 公司的 CMOS 成像器产品为例,介绍典型的 CMOS 图像传感器。

1. IBIS4 SXGA 型 CMOS 成像器件

IBIS4 SXGA 型是彩色面阵 CMOS 成像器件,但也可以作为黑白成像器件。它的特点是像素尺寸小、填充因子大、光谱响应范围宽、量子效率高、噪声等效光电流小、无模糊(Smear)现象、有抗晕能力和可做取景控制等。

SXGA 型 CMOS 成像器原理结构图如图 9-74 所示,它是 CMOS 图像传感器的主要部分。Y 向复位移位寄存器用于对各像敏单元进行复位,以清除帧与帧之间信号的影响。此外,还可用于曝光控制,各像敏单元被复位时即开始积分光信号,而当 Y 向移位寄存器启动时就迅速读出信号。从复位开始至读出开始的时间间隔即为曝光时间。复位和读出的行地址指示器用于准确控制行的位置,避免出现错位空行的现象。

2. 高速 CMOS 图像传感器

LUPA1300 为帧频高达每秒 450 帧的高速图像传感器,它有 16 路并行输出端,每路的数据率均为 40 MHz,因此,它是一个高速率的图像传感器。

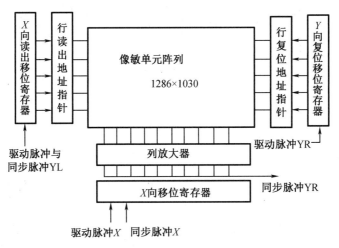

图 9-74 SXGA 型 CMOS 成像器件的原理结构图

LUPA1300 成像器件的结构如图 9-75 所示,它除包含有像敏单元阵列、Y 和 X 移位寄存器,以及列放大器外,还有 16 路并行输出的放大器、Y 和 X 的起始点定位器、像敏单元信号驱动电路和逻辑电路等。

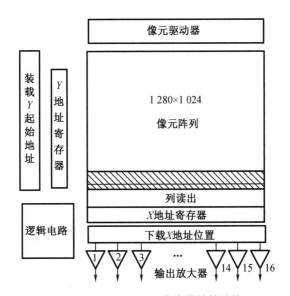

图 9-75 LUPA1300 成像器件的结构

LUPA1300 成像器件的像敏单元结构如图 9-76 所示,它为主动式像敏单元结构。它的主要特点在于增加了预存储器,用它储存像敏单元信号,以便曝光结束时能立即将像敏单元信号存下来,这样就可以将像敏单元迅速复位,开始下一周期的积分工作。为了消除在存储器中储存的上一帧像敏单元信号,需要对此存储器进行复位,即预充电的工作。

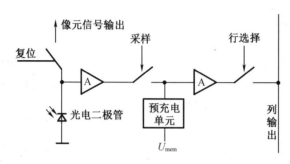

图 9-76　像敏单元结构

像敏单元输出信号要经过列放大器放大,列放大器同时还起着像敏单元与输出放大器之间的接口作用。为了提高工作速度,该放大器必须尽量简化,减少放大级数。像敏单元的尺寸很小,而列总线却很长,寄生电容必然会很大,二者不能很好地匹配,无效时间便会很长,影响器件的工作速度。为此,在器件中采用了妥善方法,解决了这一问题。从列放大器输出的信号还要经过输出放大器放大,才能向外读出。图 9-77 所示是该放大电路的原理框图,总共有 16 个这种放大器,以便得到 16 路并行输出;负载电容(20 pF)很小,以保证器件高速运行。为了消除电源电压波动的影响,采用专用稳压电源,而且引入稳定的参考电源。

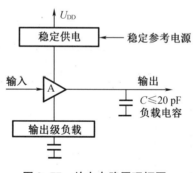

图 9-77　放大电路原理框图

9.4　图像传感器的应用

9.4.1　光电显微分析仪

借助于高倍率的光学放大镜头或显微镜,人们可以观测到肉眼无法看到的一些细微结构,如细菌、细胞和微粒等微小物体的细微结构。一般的高倍率光学放大镜或显微镜只能一个人观察,不能使更多的人同时观测同一时刻的细微图像;而且,有些必须借助于显微镜观测。长时间借助于显微镜工作,容易造成操作人员视觉疲劳,视力减弱,也容易出现错判和误判。为了提高显微镜下观察目标的视觉感,人们研制出了各种双目体视显微镜。但是长时间观看显微镜图像也有损于操作人员的身心健康。另外,一般的光学显微镜没办法将图像送入计算机,进行数字化处理,以及进行图像的存储与重现。因此,将普通光学显微镜配装图像传感器,构成光电显微镜,已成为现实。

光电显微镜不但能够将只由一个人观看的图像通过监视器供更多的人共同观看,而且还能将图像信号通过图像采集卡送入计算机。进入计算机的图像可以完成图像信息的计算、存储、远距离传输,以及对原图像的编辑与处理。于是又可以将光电显微镜与计算机系统称为光电显微分析仪。

1. 光电显微镜的基本构成

普通光学显微镜基本上有三种类型:单目镜光电显微镜、双目镜光电微镜、具有照相机接口的双目光电显微镜。这三种光学显微镜均可以配装图像传感器,构成光电显微镜。

(1) 单目镜光电显微镜

将单目镜光学显微镜改造为光电显微镜的方法是将目镜取下,将光电图像传感器装配在目镜筒上,只要光电图像传感器的光学物镜与显微镜的光学系统匹配,就可以构成理想的单目镜光电显微镜。

(2) 双目镜光电显微镜

对于具有 2 个目镜的双目体视显微镜,利用任意一个目镜筒来装配图像传感器便可构成光电显微镜。当然,图像传感器前要装配适当焦距的成像物镜。

(3) 具有照相接口的双目光电显微镜

在双目体视显微镜中,有些型号的显微镜为了能使被观察到的图像记录下来,常在显微镜上设计出第 3 个光学通道,以便接入照相机进行拍摄。可以利用这个光学通道直接安装图像传感器,组装成双目光电显微镜。双目光电显微镜既能用人眼直接观测目标物图像,又能用图像传感器将所观测到的图像送入计算机,进行图像数字处理。因此,这种双目光电显微镜是比较理想的光电显微镜。下面主要讨论这种光电显微镜构成的光电显微分析仪。

2. 光电显微分析仪的基本工作原理

这里介绍一种典型的光电显微分析仪,该仪器具有自动调焦的功能。图 9-78 所示是该仪器的原理方框图。

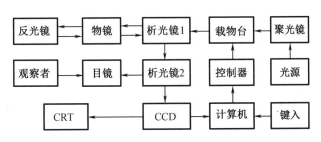

图 9-78 显微分析仪原理方框图

由光源发出的光经聚光镜将刻有十字线的目标载物台均匀地照明。载物台位于准直物镜的焦平面上。因此,载物台上的十字线及目标物经析光镜1和物镜后,以平行光照射到被测目标的反射镜上;由反射镜反射的光线又经物镜和析光镜1,向下经析光镜2后分成两路,一路送目镜,可用于目视观察;另一路经成像物镜成像在面阵CCD图像传感器上。当观察者对所成图像满意时,在CRT彩色监视器上便得到所要求的清晰的图像。若不满意,操作者可键入信息,通过微机或发出指令信号去控制驱动装置,驱使载物台按操作者的意愿上下调焦或前、后、左、右移动,寻找所需要观测的目标物图像。此图像再由软件控制,采集到计算机,并经处理后再送到CRT显示,即完成了图像的显示、识别和处理。显微分析仪也可配置照相机,以满足不同用户的要求。

3. 光电显微分析仪的设计

(1)显微镜设计

显微镜采用消色差平场物镜,能有效地消除色差和场曲这两项系统中的光学畸变。物镜倍率设计为100倍,数值孔径为125。物镜的分辨率公式中,$\lambda = 550$ mm(光源波长);NA=125(数值孔径)。

物场采用直流稳流电源供电的20 W卤钨灯做光源,卤钨灯属于白炽灯系列,它发出近似于标准C光源的连续光谱,经聚光镜后对待测物体(载玻片)均匀照明。实验表明,该光源工作稳定、可靠,亮度可手动自由调节,使用非常方便。

(2)选择图像传感器

采用MTV—7266PD彩色CCD摄像机为图像传感器,它具有体积小、影像质量高、灵敏度高、寿命长、微功耗和价格低等优点。实践表明,该图像传感器图像清晰,临床医务人员满意。主要技术指标:电源电压为+12 V,电流<200 mA,像素数为752(H)×582(V),分辨率为470TVL。

(3)控制器单元的设计

光电显微分析仪设计中,考虑到仪器应具有手动调焦与自动调焦的功能,并且仪器还应该具有左右移动和前后移动以搜索被测物图像的控制功能。为此,系统采用单片机为控制中心单元,由它发出各种控制指令,由驱动电路驱动步进电机完成各种操作。调焦与搜索控制电路原理图如图9-79所示。图中单片机在操作人员的控制下发出操作控制脉冲,打开光电耦合器(TIL113),经隔离器(74LS04)将驱动脉冲送入脉冲分配器(LCB052),产生如图9-80所示的三相六拍驱动脉冲,驱动步进电机执行各种操作。在电机运动过程中图像卡在计算机软件的操作下实时对图像进行判断,当图像的清晰度达到要求时,发出命令,停止调焦操作,从而完成自动调焦工作。对观测目标图像的搜寻,必须在操作人员的控制下进行。操作人员控制仪器面板上的控制开关,边观测边操作。

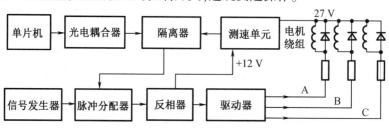

图9-79　调焦与搜索控制电路原理图

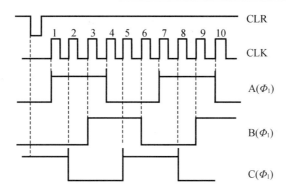

图 9-80 步进电机的驱动波形图

仪器面板上设有正转、反转、自锁等开关,以及转速的调整旋钮,载物台的上下(手动调焦)、左右与前后都能在操作人员的控制下运动,使用方便。

光电显微分析仪采用 OK—C30 图像采集卡采集显微摄像图像传感器输出的全电视视频信号。

该采集卡的图像分辨率为 768(H)×576(V),与 MTV—7266PD 彩色 CCD 摄像机相匹配。

光电显微分析仪软件是在 VisualC++语言环境下编写的,具有图像的存储、开窗、局部放大、判读信息存储数据库等功能。

4. 结论

在光学显微镜上加装图像传感器构成光电显微分析仪已经被广泛应用在科学研究领域。例如,生物医学工程领域用来观察细胞组织、病毒,以及分析生物的遗传基因的变化;冶金工业中用金相光电显微镜分析金属材料的金相结构;精密测量仪器中利用光电测量显微镜,可以测量亚微米物体的尺寸,也可以测量光纤连接器小孔及其端面的表面疵病。可见光电显微分析系统具有广泛的应用前景。

9.4.2 内窥镜摄像系统

内窥镜摄像系统根据不同的应用,可分为医学内窥镜、工业内窥镜与侦查内窥镜等多种形式。内窥镜的基本类型有两种:一种是利用光导纤维将照明光和被测图像送到图像传感器,由图像传感器输出视频信号;另一种为电子内窥镜,它直接将超小型的 CCD 图像传感器插入到被测体内进行观测。本节着重讨论图像传感器在各种内窥镜中的应用问题。

1. 工业内窥镜电视摄像系统

在工业质量控制、测试及维护中,正确地识别裂缝、应力、焊接整体性及腐蚀等缺陷是非常重要的。但是传统光纤内窥镜的光纤成像却常使检验人员难于判断是真正的瑕疵,还是图像不清造成的结果。而且直接用人眼通过光纤观察,劳动强度势必很大。因此,工业电视内窥镜摄像系统成为工业产品质量检验的关键。

一种新的成像技术——光电图像传感器,可以使难于直接观察的地方,通过电视荧光屏看到一个清晰的、色彩真实的放大图像。根据这个明亮而分辨率高的图像,检查人员能够快速而准确地进行检查工作。这就是 CCD 工业内窥镜电视摄像系统。

在这种工业内窥镜中,利用电子成像的办法,不但可以提供比光纤更清晰及分辨率更高的图像,而且能在探测步骤及编制文件方面提供更大的灵活性。这种视频电子成像系统最适用于检查焊接、涂装或密封,检查孔隙、阻塞或磨损,寻查零件的松动及震动。在过去,内表面的检查,只能靠成本昂贵的拆卸检查,而现在则可迅速地得到一个非常清晰的图像。此系统可为多个观察人员在电视荧光屏上提供悦目的大型图像,也可制成高质量的录像带及相应的图像文件。

(1)CCD工业内窥镜电视摄像系统原理

CCD工业内窥镜电视的基本原理框图如图9-81所示。利用发光二极管LED(黑白探头)或导光光纤束(彩色探头)对被观测区进行照明(照明窗),探头前部的成像物镜将被观测的物体成像在CCD的像敏面上,通过面阵CCD图像传感器将光学图像转换成全电视信号,由同轴电缆线输出。此信号经过放大、滤波及时钟分频等电路处理,并经图像处理器把模拟视频信号变成数字信号,经数字处理,再送给监视器、录像机或计算机。换用不同的CCD图像传感器,可以得到高质量的彩色或黑白图像。由于曝光量是自动控制的,因此可使探测区获得最佳照明状态。另外,内窥镜电视摄像系统具有伽马校正电路,它可以使图像的层次更为丰富,使图像黑暗部分的细节显示出来。

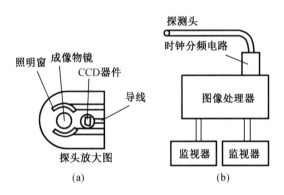

图9-81 工业内窥镜电视的基本原理框图

(2)工业内窥镜电视摄像系统的结构

工业内窥镜电视摄像系统的基本结构如图9-82所示。它包括一只CCD图像传感器探头及其导光连接器,一台冷光源及其图像调节器和用来显示图像的电视监视器(或计算机显示器),还可以配备录像机或硬盘录像机。系统中也可以采用一只安装于探头前端的微小面阵CCD图像传感器来代替传像光纤。前端探头的环行照明窗与成像物镜几乎排在一个端面上。当探头插入被测工件的探测位置时,照明光照亮被测面,成像物镜将被测图像成像到CCD图像传感器的像敏面上,CCD输出视频图像信号,通过视频传输线将其传送给图像处理器(或经图像采集卡送入计算机)进行数字处理,并通过监视器(或计算机显示器)显示图像。可以用录像机记录图像或用计算机硬盘记录图像。

这种CCD工业内窥镜电视摄像系统具有如下的特点。

①分辨率高

上述结构的CCD工业电视内窥镜摄像系统属于电子内窥镜,它的分辨率远远高于光导纤维内窥镜摄像系统。因为传像光导纤维束的密度(单位面积纤维个数)无法与微小面阵CCD像敏单元的密度相比,而且传像光导纤维束还必须与面阵CCD在后面接像配合,因此必然使分辨率降低。

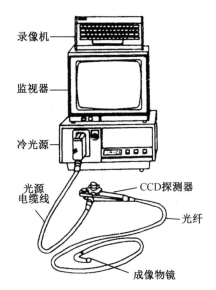

图 9-82　工业内窥镜摄像系统的结构图

目前,电子内窥镜摄像系统的最高分辨率已经达到或超过 450TVL,完全满足观测的需要。

②景深更大

所谓景深是指在像平面上获得清晰图像的空间深度。CCD 工业内窥镜摄像系统比传统的光纤内窥镜摄像系统有更大的景深,可以节省移动探头及使探头调焦的时间。

③不会发生纤维束被折断的弊端

长期使用光纤内窥镜摄像系统,因弯曲及拐折,会使传像光纤折断,像素消失而成黑点,产生"黑白点混成灰色"效应,使图像区域出现空档,因而导致漏检重点检验部位的后果。CCD 工业内窥镜摄像系统不用传像光纤,而用视频电缆线传送图像信息。视频电缆线是经严格工业环境而设计的,因此工作寿命很长。

④图像更容易观察

在电视监视器上观察放大图像,可以使检查结果更精确。因为在 CRT 荧光屏上观察,消除了目镜观察时人的眼睛和身体的不舒服和疲劳感。

⑤可多人同时观察

在检测过程中,可以多人同时观察监视器。此外,还可以传送到远方观察。可将图像录入磁带,以便事后讨论、存档及进一步研究,也可以借助计算机进行瑕疵判断或图像测量。

⑥可做真实的彩色检查

在识别腐蚀、焊接区域烧穿及化学分析缺陷时,准确的彩色再现往往是很重要的。光纤内窥镜有断丝、图像恶化等缺点,影响对被观测部位彩色图像的真实再现;而 CCD 工业内窥镜摄像系统没有传像光纤,不存在光纤老化问题,彩色再现逼真。

⑦方便而高质量的文件编制

CCD 工业内窥镜摄像系统以视频信号输出,可以采用多种方式记录图像信息,尤其是可以用计算机记录,很容易编制成各种格式的文件,供保存或使用。

(3)CCD工业内窥镜电视摄像系统的应用

由于CCD工业内窥镜电视摄像系统能提供精确的图像,而且操作方便,使用灵活,因而非常适用于质量控制、常规维护工作及遥控目测检验等领域。在航空航天方面,用来检查主火箭引擎,检查飞行引擎的防热罩及其工作状态,监视固体火箭燃料的加工操作过程等。在发电设备方面,用于核发电站中热交换管道的检查,锅炉管及蒸气发动机内部工作状况的检查,水力发电涡轮机内部变换器等的检查,蒸气涡轮机电枢及转子的检查等。

在质量控制方面,用来检查不锈钢桶的焊缝、船用锅炉内管的检查、制药管道焊接整体的检查、飞机零部件的检查、飞机结构中异物的检查、内燃机及内部部件检查和对水下管道系统的检查等。

2. 医用电子内窥镜摄像系统

图像传感器在医用电子内窥镜摄像系统中的应用非常广泛。例如,观察人体各部位组织图像的状况对于诊断病情是非常有利的。由于人体的许多部位都需要观测,而不同部位的情况又各不相同,因此与之相应的医用电子内窥镜摄像系统的种类也很多。例如,医用电子胃窥镜、肠镜、肛门内窥镜、耳鼻内窥镜、阴道内窥镜等。这些内窥镜都配备了图像传感器,构成了各种医用电子内窥镜摄像系统。

医用电子内窥镜摄像系统与工业电子内窥镜摄像系统相比,原理是相同的,基本结构也相同,都是由光源、成像物镜与CCD等图像传感器构成。但是,医用电子内窥镜的可消毒性,具有可采样"活组织"的工具,以及通水、通气等功能都是需要考虑的。

3. 侦查内窥镜摄像系统

侦查内窥镜摄像系统是图像传感器的又一种应用,它在刑事侦查方面起着非常重要的作用。在刑事侦查中常常要在十分狭小、黑暗或深洞中提取所需要的证据或线索,这样就需要一些特殊的内窥镜摄像系统,我们称其为侦查内窥镜摄像系统。侦查内窥镜摄像系统种类很多,图9-83所示为诸多侦查内窥镜中一些具有代表性的内窥镜摄像器材。图(a)为具有调焦功能的内窥镜探头;图(b)为三种不同直径的深孔侦查细管取样探头;图(c)为带有各种采样工具的侦查取样探头,这些探头的后面都接有图像采集处理单元与显示、存储和远距离传输系统等,即构成了侦查内窥镜摄像系统。

(a)可调焦探头　　　　(b)细管取样探头　　　　(c)具有取样功能的探头

图9-83　几种侦查内窥镜摄像器材

综合技能实训

1. CCD 传感器在医学影像设备中的应用

CCD 传感器在医学影像设备中的应用极大地提高了医学影像的质量和清晰度，为医生提供了更加准确、真实的影像资料，有助于医生进行准确的诊断和手术操作。CCD 传感器在医学影像设备中的应用非常广泛，其高灵敏度、高分辨率和低噪声等特点使得它在医学影像领域发挥着重要作用。随着技术的不断进步和 CCD 传感器性能的不断提升，其在医学影像领域的应用前景将更加广阔。以下是 CCD 传感器在医学影像设备中的具体应用。

（1）成像质量提升

①细节捕捉：CCD 传感器能够捕捉更多的细节信息，使得医学影像更加清晰，有助于医生准确判断病情。

②色彩还原：CCD 传感器具有出色的色彩还原能力，能够准确还原人体组织、器官的颜色和质地，为医生提供更加真实的影像资料。

（2）应用设备

①X 射线成像设备：在 X 射线成像设备中，CCD 传感器用于接收 X 射线透过人体后形成的影像信号，将其转换为数字信号并进行处理，生成高质量的 X 光片。

②CT 扫描设备：CT 扫描设备通过多个角度的 X 射线照射和 CCD 传感器的接收，构建出人体内部的三维影像，帮助医生发现病变组织。

③内窥镜和显微镜：在内窥镜和显微镜等设备中，CCD 传感器用于捕捉微小组织的影像，为医生提供清晰的视野，有助于进行精细的手术或检查。

（3）优势与特点

①高灵敏度：CCD 传感器对光线的敏感度较高，能够在较低的光照条件下获得清晰的影像，减少患者因接受高剂量辐射而带来的风险。

②低噪声：CCD 传感器在信号转换过程中产生的噪声较低，使得医学影像更加纯净，有利于医生进行准确的诊断。

③高分辨率：高分辨率的 CCD 传感器能够捕捉到更多的像素点，使得医学影像的细节更加丰富，有助于医生发现微小的病变组织。

（4）实际应用案例

在医学影像诊断中，医生常常利用 CCD 传感器捕捉到的影像信息来观察患者身体对应部分的内部结构，如肺部纹理、血管分布、肿瘤形态等，从而做出准确的诊断。

在手术过程中，医生可以通过内窥镜上的 CCD 传感器实时观察手术部位的情况，确保手术的准确性和安全性。

2. CMOS 传感器在医学设备中的应用

CMOS 传感器在医学影像设备中的应用非常广泛，其高度集成、低功耗和高灵敏度等特性使其成为多种医学影像技术的核心组成部分。以下是 CMOS 传感器在医学影像设备中的具体应用和优势。

（1）X 射线成像

CMOS 传感器常用于数字 X 射线摄影设备中,实现更快速的成像速度和更低的辐射剂量。通过其高灵敏度,CMOS 传感器能够在低辐射剂量下获取高质量的影像,这对于保护患者免受过度辐射的危害具有重要意义。

（2）性能优势

在 X 射线摄影中,CMOS 传感器不仅提高了成像速度,还降低了辐射剂量,为医生提供了更准确的诊断结果。

（3）计算机断层扫描(CT)：

CMOS 传感器在 CT 扫描中能够实现更高的空间分辨率和更快的扫描速度,这有助于提高扫描效率和诊断准确性。

（4）优化诊断

高分辨率的影像有助于医生更清晰地观察人体内部结构,发现更细微的病变。

（5）磁共振成像(MRI)

辅助成像:虽然 MRI 主要依赖磁场和射频波进行成像,但 CMOS 传感器在信号接收和处理中可能发挥辅助作用,提高成像的稳定性和质量。

思考与练习

1. 图像传感器分类有哪些?
2. 简述线阵 CCD 与面阵 CCD 的概念。
3. CMOS 传感器与 CCD 传感器的区别有哪些?
4. TCD1209D 与 TCD1206SU 的区别是什么? 它与 TCD1206SU 相比有哪些优点?
5. TCD1205D 与 TCD1206SU 相比有哪些特点?
6. 图像传感器在内窥镜摄像系统中的应用有哪些?

第 10 章　生物传感器

　　生物传感器作为一种结合生物学和传感技术的前沿领域,具有在医学诊断、环境监测、食品安全等领域中发挥重要作用的潜力。本章将深入探讨生物传感器的工作原理、关键组成部分以及应用场景,介绍其在生物分析领域中的重要性和优势。通过对生物传感器的研究与应用展开全面而深入的剖析,有助于我们更好地理解和利用这一先进技术,推动生物传感器在各个领域的进一步发展和应用。同时,本章还将探讨生物传感器面临的挑战和未来发展方向,为读者提供对这一领域的全面了解和深入思考的机会。

　　本章主要对生物传感器的内容进行了阐述。首先,概述生物传感器的工作原理及基本组成;其次,对生物传感器中的敏感元件及生物传感器的种类进行详细介绍;最后,举例生物传感器的应用场景。

　　通过本章内容的阐述,希望能够启发和激发读者对生物传感器的兴趣,促进相关领域的学术交流和技术创新。

　　为了方便读者学习和总结本章内容,作者给出了本章内容的思维导图(图 10-1)。

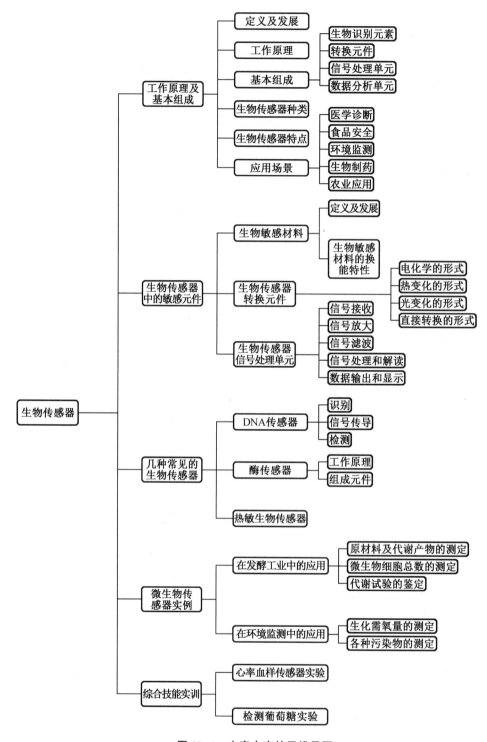

图 10-1　本章内容的思维导图

10.1　生物感器的工作原理及基本组成

10.1.1　定义及发展

生物传感器（biosensor）是一种对生物物质敏感并将其浓度转换为电信号进行检测的仪器；是由固定化的生物敏感材料作识别元件（包括酶、抗体、抗原、微生物、细胞、组织、核酸等生物活性物质）、适当的理化换能器（如氧电极、光敏管、场效应管、压电晶体等）及信号放大装置构成的分析工具或系统。生物传感器具有接收器与转换器的功能。

各种生物传感器有以下共同的结构：包括一种或数种相关生物活性材料（生物膜）及能把生物活性表达的信号转换为电信号的物理或化学换能器（传感器），二者组合在一起，用现代微电子和自动化仪表技术进行生物信号的再加工，构成各种可以使用的生物传感器分析装置、仪器和系统。

生物传感器技术的发展历程可以追溯到20世纪初，随着科学技术的进步和对生物分子的认识不断深入，生物传感器的概念逐渐形成并得到了实际的应用。以下是生物传感器技术发展的主要里程碑。

1. 早期研究（20世纪初至1960年）

生物传感器的起源可以追溯到20世纪初，当时人们开始意识到生物体内特定物质（如葡萄糖、酶等）的浓度与生理状态之间存在着密切的关联。在此期间，早期的研究主要集中在生物化学方法的发展，例如用于测量血糖水平的酶法分析。

2. 生物传感器概念的提出（1960—1970年）

在20世纪60至70年代，随着对生物体内信号传导和生物识别机制的深入研究，人们开始意识到可以利用生物分子的特异性识别能力来设计传感器。这一时期，生物传感器的概念逐渐被提出，并且开始进行基础研究。

3. 第一代生物传感器（1970—1980年）

在这一时期，第一批生物传感器问世，主要是基于酶的生物传感器，如用于测量血糖的葡萄糖氧化酶传感器。这些传感器的原理是利用酶与目标分子的专一性反应，将目标分子的浓度转化为可测量的信号。

4. 技术创新与多样化（1990—2000年）

随着生物传感器领域的不断发展，出现了更多类型的生物传感器，包括基于免疫反应、核酸识别等原理的传感器。同时，传感器的检测技术也得到了改进，如光学传感器、电化学传感器等。此外，纳米技术的发展也为生物传感器的制备和应用提供了新的可能性。

5. 高灵敏度和微型化（2010年至今）

近年来，生物传感器技术不断向着高灵敏度、快速响应和微型化方向发展。纳米材料、微流控技术等的引入使得传感器的灵敏度和响应速度大幅提升，同时，微型化和集成化技术的发展使得生物传感器可以广泛应用于医学诊断、环境监测、食品安全等领域。

总的来说，生物传感器技术的发展经历了从早期的概念提出到技术创新和多样化，再到如今的高灵敏度和微型化的阶段。随着科学技术的不断进步,生物传感器将会在更多领域发挥重要作用,为人类健康和环境监测提供更有效的解决方案。

10.1.2　工作原理

待测物质经扩散作用进入生物活性材料,经分子识别,发生生物学反应,产生的信息继而被相应的物理或化学换能器转变成可定量和可处理的电信号,再经二次仪表放大并输出,便可知道待测物浓度,其工作原理图如图 10-2 所示。

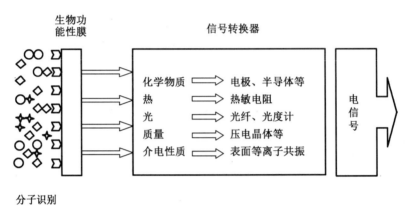

图 10-2　生物传感器工作原理图

生物传感器的工作过程主要包括以下几个关键步骤。

1. 识别阶段

生物传感器通过与生物分子的特定相互作用来实现生物识别。这种相互作用可以是生物分子与生物传感器表面上的生物识别元素(如抗体、酶、核酸等)的特异性结合,或是与生物传感器中的化学反应相关的变化(如电位、光谱等)。

2. 转换阶段

识别元素与目标分子的相互作用引起了一系列生物学变化,转换成了可测量的信号。常见的转换方式包括电化学传感、光学传感、质量传感等。

3. 检测阶段

转换后的信号被检测器检测并转化为数字信号或其他形式的输出。检测器可以是电子设备、光学仪器等,用于记录和量化信号的强度或变化。

4. 信号处理阶段

最后将获得的信号进行数据处理,通常涉及数据分析、信号放大、校准等操作,以获得目标分子的浓度或其他相关参数。

在整个工作过程中,生物传感器能够实现对目标分子的高度敏感性和特异性检测,具有快速、准确、实时性强等优点。这使得生物传感器在医学诊断、食品安全、环境监测等领域有着广泛而重要的应用前景。通过不断的研究和创新,生物传感器技术将进一步完善和拓展其应用范围,为人类健康和环境保护提供更多可能性。

10.1.3　基本组成

1. 生物识别元素

生物传感器的表面通常涂覆有生物识别元素,如抗体、酶、核酸等,用于特异性地识别目标生物分子。

2. 转换元件

转换元件将生物识别事件转换为可测量的信号。这可能涉及电化学传感器、光学传感器、声学传感器等不同类型的传感器。

3. 信号处理单元

用于接收、放大、滤波和解码传感器输出的信号,通常包括放大器、滤波器、模数转换器等组件。

4. 数据分析单元

用于对传感器输出的信号进行分析和处理,通常包括数据采集系统、计算机算法等。

10.1.4　生物传感器种类

生物传感器是一种利用生物物质作为敏感元件,将生物信号转换为电信号进行检测的装置。它的种类和特点多种多样,可以根据不同的分类标准进行如下分类。

按照其感受器中所采用的生命物质分类,可分为微生物传感器、免疫传感器、组织传感器、细胞传感器、酶传感器、DNA 传感器等。

按照传感器器件检测的原理分类,可分为热敏生物传感器、场效应管生物传感器、压电生物传感器、光学生物传感器、声波道生物传感器、酶电极生物传感器、介体生物传感器等。

按照生物敏感物质相互作用的类型分类,可分为亲和型和代谢型两种。

10.1.5　生物传感器特点

(1)采用固定化生物活性物质作催化剂,价值昂贵的试剂可以重复多次使用,克服了过去酶法分析试剂费用高和化学分析烦琐复杂的缺点;

(2)专一性强,只对特定的底物起反应,而且不受颜色、浊度的影响;

(3)分析速度快,可以在 1 min 得到结果;

(4)准确度高,一般相对误差可以达到 1%;

(5)操作系统比较简单,容易实现自动分析;

(6)成本低,在连续使用时,每例测定仅需要几分钱人民币;

(7)有的生物传感器能够可靠地指示微生物培养系统内的供氧状况和副产物的产生。

在实际应用中,生物传感器的种类和特点可以根据具体的需求进行选择。例如,在医疗领域中,可以利用生物传感器检测血糖、尿酸等生理参数;在环境监测中,可以利用生物传感器检测水中的重金属离子、有机物等污染物;在食品工业中,可以利用生物传感器检测食品中的营养成分、添加剂等物质。总之,生物传感器的应用范围非常广泛,随着科技的不断发展,其应用前景也将越来越广阔。

目前,一些新型的生物传感器正在不断涌现。例如,基于纳米技术的纳米生物传感器、基于微纳加工技术的微纳生物传感器等。这些新型的生物传感器具有更高的灵敏度、更低的检测限、更快的响应速度等特点,为生物传感器的应用提供了更多的可能性。

总的来说,生物传感器是一种非常重要的生物技术,其应用前景广泛。随着技术的不断进步和应用需求的不断提高,未来生物传感器的种类和特点将更加多样化,为人类的生产和生活带来更多的便利和效益。在未来的发展中,我们期待着更多的科研人员和企业能够关注和投入生物传感器的研究和应用中来,推动其不断创新和发展。

10.1.6 应用场景

1.医学诊断

生物传感器可用于检测体液中的生物标志物,用于癌症、糖尿病、心血管疾病等疾病的早期诊断与监测。

2.食品安全

生物传感器可用于检测食品中的有害微生物、毒素或化学残留物,以确保食品安全。

3.环境监测

生物传感器可用于监测环境中的污染物,如重金属、有机污染物等,以评估环境质量和生态系统的健康状况。

4.生物制药

生物传感器可用于监测生物制药过程中的生物反应和产品质量,以提高生产效率和产品质量。

5.农业应用

生物传感器可用于监测土壤中的营养物质、土壤 pH 值、水分含量等参数,以帮助农民优化农作物生长条件和管理农业资源。

生物传感器的应用领域广泛,其不断发展的技术和新型传感器的出现为各个领域提供了更加灵活、快速和精确的生物分析及监测方法。

10.2 生物传感器中的敏感元件

10.2.1 生物敏感材料

1.定义及发展

生物敏感材料是利用酶、微生物、抗原和细胞等与生物有关联的物质只和某种特定的物质发生生物化学反应,并能将其中的离子浓度、气体浓度和温度等物理与化学量变为电信号的材料。这类材料具有选择性好、感度高、精度高以及用少量的被测物就可进行检测的特点。常用它制成传感器,主要用于医疗上的检测、环境上的测量和生物化学方面的测量等。最近已出现将其制成的超小型传感器,通过埋入皮下或筋肉内,可对生物体内的一些指标进行连续检测。

生物敏感材料主要用于生物传感器,它通常是指由一种分子识别元件(感受器)即敏感器件和信号转换器(换能器)即转换器件紧密结合,对特定种类化学物质或生物活性物质具有选择性和可逆响应的分析装置。

生物传感器的研究起源于20世纪60年代。1962年,Clark和Lyons首次把嫁接酶法和离子敏感氧电极技术结合,在传统的离子选择性电极上固定具有生物选择性的酶而创制了测定葡萄糖含量的酶电极,这就是最初的生物传感器雏形。1967年,Updike和Hicks把葡萄糖氧化酶(GOD)固定化膜和氧电极组装在一起,制成了第一种生物传感器,即葡萄糖酶传感器,使反复测量血糖成为可能,代表了生物传感器的诞生。

到目前为止,生物传感器的发展可以大致分为三个阶段:第一阶段为起步阶段(20世纪60至70年代),此阶段的生物传感器由固定了生物成分的非活性基质膜(透析膜或反应膜)和电化学电极所组成,以Clark传统酶电极为代表;第二阶段为生物传感器发展的第一个高潮时期(20世纪70年代末至20世纪80年代),这一时期的生物传感器将生物成分直接吸附或共价结合到转化器的表面,而无须非活性的基质膜,测定时不必向样品中加入其他试剂,以介体酶电极为代表;第三阶段为生物传感器发展的第二个高潮时期(20世纪90年代至今),生物传感器把生物传感成分直接固定在电子元器件上,它们可以直接感知和放大界面物质的变化,从而把生物识别和信号转换处理结合在一起,以表面等离子体和生物芯片为代表,此阶段生物传感器的市场开发获得了显著成就。

2.生物敏感材料的换能特性

生物传感器一般由分子识别元件(生物敏感膜或生物功能膜)、信号转换器及电子放大器组成。分子识别元件,是具有分子识别能力的生物活性物质(如组织切片、细胞、细胞器、细胞膜、酶、抗体、核酸、有机物分子等);信号转换器,是将分子识别元件进行识别时所产生的化学的或物理的变化转换成可用信号的装置,主要有电化学电极(如电位、电流的测量)、光学检测元件、热敏电阻、场效应晶体管、压电石英晶体及表面等离子共振器件等。当待测物与分子识别元件特异性结合后,所产生的复合物(或光、热等)通过信号转换器变为可以输出的电信号、光信号等,从而达到分析检测的目的。

10.2.2 生物传感器转换元件

生物传感器的转换部分将生物信息转变成电信号输出。按照受体学说,细胞的识别作用是由于嵌合于细胞膜表面的受体与外界的配位体发生了共价结合,通过细胞膜能透性的改变,诱发了一系列电化学过程。膜反应所产生的变化再分别通过电极、半导体器件、热敏电阻、光敏二极管或声波检测器等,转换成电信号,形成生物传感信息。下面是一些主要的形式。

1.电化学的形式

目前绝大部分的生物传感器工作原理均属于此类。以酶传感器为例,伴随着酶的分子识别,生物体中的某些特定物质的量发生增减。用能把这类物质量的改变转换为电信号的装置和固定化的酶相结合,常用的转换方式是通过适合的电极(如离子选择电极、过氧化氢电极、氢离子电极等)将这种物质的增减变为电信号。另外,细胞传感器和微生物传感器等的工作原理也与此类似。

2.热变化的形式

有些生物敏感膜在分子识别时伴随着有热变化,将热变为电信号,可由生物敏感膜加上热敏电阻构成。大多数酶促反应均有热变化,一般在 $25 \sim 100 \ kJ/mol$ 的范围。

3.光变化的形式

有些生物敏感膜在分子识别时伴随着有发光的现象产生,如过氧化氢酶能催化过氧化氢/鲁米诺体系发光,因此可参照前述的光–电转化的模式将光转换成电信号。例如,将过氧化氢酶膜附着在光纤或光敏二极管等光敏器件的前端,再用光电流检测装置,即可测定过氧化氢的含量。许多酶促反应都伴有过氧化氢的产生;又如葡萄糖氧化酶(GOD)在催化葡萄糖氧化时也产生过氧化氢,因此葡萄糖氧化酶和过氧化氢酶一起做成复合酶膜,则可利用上述方法测定葡萄糖浓度。

4.直接转换的形式

上述三种原理的生物传感器,都是将分子识别元件中的生物敏感物质与待测物发生化学反应,所产生的化学或物理变化量通过信号转换器变为电信号进行测量,这些方式称为间接测量方式。还有一些生物敏感膜在分子识别时会形成复合体,而这一过程可使酶促反应伴随有电子转移、微生细胞的氧化或通过电子传送体作用在电极表面上直接产生电信号,若在固体表面进行,则固体表面的电位发生变化。将此表面电量的变化量检出即为直接转换。将识别元件上进行的生化反应中消耗或生成的化学物质,或产生的光或热等转换为可用信号,并呈现一定的比例。

10.2.3　生物传感器信号处理单元

生物传感器信号处理单元是生物传感器中的一个重要组成部分,用于接收、放大、滤波、处理和解读从生物传感器中采集到的信号。它起着将传感器信号转化为可读、可分析和可操作的形式的作用。

生物传感器信号处理单元的主要功能包括以下几个方面。

1.信号接收

生物传感器通常通过电极、光电探测器、压力传感器等装置采集到生物信号。信号处理单元首先负责接收这些信号,并将其转化为电信号或其他形式的可处理信号。

2.信号放大

生物传感器采集到的生物信号通常非常微弱,需要经过放大处理才能得到足够的信号强度。信号处理单元会对信号进行放大,以增加信噪比和增强信号的可测性。

3.信号滤波

生物传感器所采集到的信号中常常伴随着各种噪声干扰,如电磁干扰、基线漂移等。信号处理单元会对信号进行滤波处理,去除这些干扰噪声,以保证信号的准确性和稳定性。

4.信号处理和解读

信号处理单元会对经过放大和滤波处理的信号进行进一步的处理和解读。这包括对信号的特征提取、峰值检测、时域频域分析等,以获得更详细、更可靠的信息。

5.数据输出和显示

信号处理单元最终将处理后的信号转化为数字信号,并输出给外部设备进行显示、记录和分析。这可以通过计算机、显示器、数据采集卡等来实现。

生物传感器的信号处理方法如表 10-1 所示。

表 10-1 生物传感器的信号处理方法

由生物活性元件引起的变化 （生物学反应信息）	信号处理方法 （换能器的选择）
电极活性物质的生成或消耗	电流检测电极法
离子性物质的生成或消耗	电位检测电极法
膜或电极电荷状态的变化	膜电位法、电极电位法
质量变化	压电元件法
阻抗变化	电导率法
热变化(热效应)	热敏电阻法
光谱特性变化(光效应)	光纤和光电倍增管

生物传感器信号处理单元的设计和实现需要考虑信号处理算法、硬件电路、嵌入式系统等方面的知识和技术。它在生物医学、环境监测、食品安全等领域中起着至关重要的作用，能够实现对生物信号的高效、准确和可靠处理。

10.3 常见的生物传感器

10.3.1 DAN 传感器

DNA 分子制作的传感器称为基因传感器，它是生物传感器的一种。DNA 生物传感器是一种能将目标 DNA 的存在转变为可检测电信号的传感装置。它由两部分组成，一部分是辨认元件，即 DNA 探针，另一部分是换能器。识别元件主要用来感知样品中是不是含有待测的目标 DNA；换能器则将识别元件感知的信号转换为能够观察记录的信号。通常是在换能器上固化一条单链 DNA，经过 DNA 分子杂交，对另一条含有互补序列的 DNA 进行识别，构成稳定的双链 DNA，通过声、光、电信号的转换，对目标 DNA 进行检测。

DNA 传感器的工作原理可以分为三个主要步骤：识别、信号转导和检测。

（1）识别

DNA 传感器首先需要与目标 DNA 序列发生特异性的识别。这通常通过 DNA 的互补配对原理实现。传感器表面通常固定有特定的 DNA 探针，这些探针与目标 DNA 序列的互补序列相匹配。当目标 DNA 与探针发生配对时，会形成稳定的双链结构。

（2）信号转导

一旦目标 DNA 与探针发生配对，传感器需要将这一事件转化为可检测的信号。这通常通过引入荧光染料、电化学反应或光学传感器等技术实现。例如，一些 DNA 传感器使用荧光标记的 DNA 探针，当与目标 DNA 配对时，荧光信号会发生变化，从而可以通过荧光检测设备进行信号测量。

（3）检测

最后一步是对转换后的信号进行检测和分析。这可以通过光谱仪、电化学测量设备或其他相关仪器来实现。传感器可以根据信号的强度、波长、电流等参数来确定目标 DNA 的存在和特征。

然而 DNA 分子十分渺小而脆弱，生物敏感材料的固定化技术是基因传感器钻研的重要一环，也是制备生物传感器的关键。这项技术决定了传感器的性能、性能和质量。还关乎传感器的灵活度、线性范畴、稳定性及使用寿命。如今固定 DNA 探针的技术有共价键结合法、自组装膜法、电集合法、表面富集法等。

共价键结合法是通过共价键使生物活性分子与电极表面结合进行固定的方法。固定电极之前首先要对电极进行活化预处理，再引入活性键合基团，然后进行表面的共价键结合，把含预定性能团的探针分子固定到电极表面。

用自组装法来固定 DNA，这项技术一般利用一段带巯基的 DNA 片段，在金电极表面形成自组装单分子膜来固定核酸探针。

DNA 传感器是一类特别的传感器，它是在生物、化学、物理、医学、电子技术等多种学科相互渗透的基础上成长起来的。它特异性强，DNA 分子双链之间具备非常高的特异性识别能力；剖析速度快，能够在 1 min 得到结果；准确度高，误差极小；操作系统简单，能够实现自动剖析；成本低，在延续使用时，测定价格低廉。特别是它具备高度自动化、微型化与集成化的特点。

随着分子生物学的发展，人们逐步意识到除外伤以外，包括传染性疾病、遗传性疾病及恶性肿瘤等疾病都与基因有关，因此应用在基因检测方面的 DNA 传感器就显得十分重要。

比如，乙型肝炎是乙肝病毒（HBV）所引起的一种传播快、埋伏期长、损害广的传染病，我国慢性无症状 HBV 感化者或慢性无症状 HBV 携带者已超过 1.2 亿，是 HBV 感化者中存在数量最大的群体。假如采用上面介绍过的自组装单分子膜技术，将巯己基润饰的探针的单链 DNA 探针固定在金电极表面，制得 DNA 电化学传感器，以某种电活性物质为批示剂，就能够取得特异性好、灵敏度高、响应时间短的 DNA 传感器。它对血清样品中乙肝病毒 DNA 的响应更理想。换句话说，DNA 传感器能帮助人们正确、快速、高质量地检测出受试者体内是否已经感染慢性无症状 HBV 或者已经携带这种病毒。

10.3.2 酶传感器

酶传感器是一种利用酶作为生物识别元素的传感器，用于检测和测量不同的分析物。它基于酶的高特异性和高效性，能够实现对目标分析物的高灵敏度和特异性检测。

1. 酶传感器的工作原理

（1）选择性识别：酶传感器的首要任务是通过酶与目标分析物的特异性反应实现选择性识别。传感器通常使用特定的酶来与目标分析物发生反应，产生特定的产物或反应物。这种选择性识别可以通过酶与底物的互作用、酶催化反应或酶抑制等方式实现。

（2）信号转导：一旦酶与目标分析物发生反应，传感器需要将这一事件转化为可测量的信号。这通常通过引入信号转导元件实现。常见的信号转导方式包括光学、电化学、电子、压力等。例如,一些酶传感器使用电化学法,通过测量底物与酶催化反应后产生的电流或电位变化来传导信号。

(3)信号检测和分析:最后一步是对信号进行检测和分析。这可以通过相关仪器或设备来实现,如光谱仪、电化学测量设备、传感器阵列等。传感器可以根据信号强度、波长、电流等参数来确定目标分析物的存在和浓度。

2. 酶传感器的组成元件

(1)酶:酶是酶传感器最核心的组成部分。酶的选择取决于目标分析物的特性和传感器的应用需求。常用的酶包括氧化酶、还原酶、酯酶、脱氢酶等。

(2)底物:底物是与酶发生反应的物质。底物的选择应与酶的特异性和底物-产物反应的可测量性相匹配。

(3)信号转导元件:信号转导元件将酶与底物的反应转化为可测量的信号。常见的信号转导元件包括电极、光电探测器、压力传感器等。

(4)信号检测和分析装置:信号检测和分析装置用于对转导后的信号进行检测和分析。这可以是光谱仪、电化学测量设备、传感器阵列等。

酶传感器的优点包括高选择性、高灵敏度、易于操作和实时监测等。它在生物医学、环境监测、食品安全等领域中具有广泛的应用前景。

10.3.3 热敏生物传感器

热敏生物传感器是一种利用生物分子与热敏元件相互作用,通过测量温度变化来检测生物分子的传感器。通过监测生物样本中的热量变化,可以实现对生物分子的定量或定性检测。热敏生物传感器具有灵敏度高、简单易用等优点,在生物医学、环境监测、食品安全等领域应用广泛。

1. 工作原理

(1)生物分子识别阶段:生物样本中的目标分子与生物识别元件(如抗体、DNA 探针等)发生特异性识别结合反应。

(2)热敏元件感应阶段:生物识别元件与目标分子结合后,改变了系统的热容量或热导率,导致温度发生变化。

(3)温度测量与信号处理:热敏元件测量样品温度变化,将温度信号转换为电信号,并通过数据处理单元进行信号放大、滤波和分析,最终得到目标分子的浓度或存在与否的信息。

2. 类型

(1)热电传感器:利用热电效应将温度变化转换为电压信号,用于生物分子的检测。

(2)热敏电阻传感器:利用热敏电阻的温度敏感特性,测量温度变化,实现对生物分子的检测。

(3)热流传感器:测量生物样品中传热过程的变化,用于生物分子的检测。

3. 应用

(1)生物医学:用于检测体液中的生物标志物、药物浓度等,实现疾病诊断和治疗监测。

（2）环境监测：用于检测水质、土壤中的微生物、有机物等，实现环境监测和预警。

（3）食品安全：用于检测食品中的微生物、添加剂、农药残留等有害物质，保障食品安全。

10.4　微生物传感器实例

10.4.1　微生物传感器在发酵工业中的应用

发酵工业各种生物传感器中，微生物传感器最适合发酵工业的测定。因为发酵过程中常存在对酶的干扰物质，并且发酵液往往不是清澈透明的，不适用于光谱等方法测定。而应用微生物传感器则极有可能消除干扰，并且不受发酵液混浊程度的限制。同时，由于发酵工业是大规模的生产，微生物传感器成本低设备简单的特点使其具有极大的优势。

1. 原材料及代谢产物的测定

微生物传感器可用于原材料如糖蜜、乙酸等的测定，代谢产物如头孢霉素、谷氨酸、甲酸、甲烷、醇类、青霉素、乳酸等的测定。测量的原理基本上都是用适合的微生物电极与氧电极组成，利用微生物的同化作用耗氧，通过测量氧电极电流的变化量来测量氧气的减少量，从而达到测量底物浓度的目的。在各种原材料中葡萄糖的测定对过程控制尤其重要，用荧光假单胞菌（psoudomonas fluorescens）代谢消耗葡萄糖的作用，通过氧电极进行检测，可以估计葡萄糖的浓度。这种微生物电极和葡萄糖酶电极型相比，测定结果是类似的，而微生物电极灵敏度高，重复实用性好，且不必使用昂贵的葡萄糖酶。

当乙酸用作碳源进行微生物培养时，乙酸含量高于某一浓度会抑制微生物的生长，因此需要在线测定。用固定化酵母（trichosporon brassicae）、透气膜和氧电极组成的微生物传感器可以测定乙酸的浓度。

此外，还有用大肠杆菌组合二氧化碳气敏电极，可以构成测定谷氨酸的微生物传感器，将柠檬酸杆菌完整细胞固定化在胶原蛋白膜内，由细菌-胶原蛋白膜反应器和组合式玻璃电极构成的微生物传感器可应用于发酵液中头孢霉素的测定等。

2. 微生物细胞总数的测定

在发酵控制方面，人们迫切需要直接测定细胞数目的简单而连续的方法。研究发现，发现在阳极表面细菌可以直接被氧化并产生电流。这种电化学系统已应用于细胞数目的测定，其结果与传统的菌斑计数法测细胞数是相同的。

3. 代谢试验的鉴定

传统的微生物代谢类型的鉴定都是根据微生物在某种培养基上的生长情况进行的。这些实验方法需要较长的培养时间和专门的技术。微生物对底物的同化作用可以通过其呼吸活性进行测定。用氧电极可以直接测量微生物的呼吸活性。因此，可以用微生物传感器来测定微生物的代谢特征。这个系统已用于微生物的简单鉴定、微生物培养基的选择、微生物酶活性的测定、废水中可被生物降解的物质估计、用于废水处理的微生物选择、活性污泥的同化作用试验、生物降解物的确定、微生物的保存方法选择等。

10.4.2 微生物传感器在环境监测中的应用

1. 生化需氧量的测定

生化需氧量(biochemical oxygen demand,BOD)的测定是监测水体被有机物污染状况的最常用指标。常规的 BOD 测定需要 5 天的培养期,操作复杂、重复性差、耗时耗力、干扰性大,不宜现场监测,所以迫切需要一种操作简单、快速准确、自动化程度高、适用广的新方法来测定。目前,有研究人员分离了两种新的酵母菌种 SPT1 和 SPT2,并将其固定在玻璃碳极上以构成微生物传感器用于测量 BOD,其重复性在 10% 以内。将该传感器用于测量纸浆厂污水中 BOD 的测定,其测量最小值可达 2 mg/L,所用时间为 5min。还有一种新的微生物传感器,用耐高渗透压的酵母菌种作为敏感材料,在高渗透压下可以正常工作。并且其菌株可长期干燥保存,浸泡后即恢复活性,为海水中 BOD 的测定提供了快捷、简便的方法。除了微生物传感器,还有一种光纤生物传感器已经研制出来用于测定河水中较低的 BOD 值。该传感器的反应时间是 15 min,最适工作条件为 30 ℃,pH = 7。这个传感器系统几乎不受氯离子的影响(在 1 000 mg/L 范围内),并且不被重金属(Fe^{3+}、Cu^{2+}、Mn^{2+}、Cr^{3+}、Zn^{2+})所影响。该传感器已经应用于河水 BOD 的测定,并且获得了较好的结果。现在有一种将 BOD 生物传感器经过光处理(即以 TiO_2 作为半导体,用 6 W 灯照射约 4min)后,灵敏度大大提高,很适用于河水中较低 BOD 的测量。同时,一种紧凑的光学生物传感器已经发展出来用于同时测量多重样品的 BOD 值。它使用三对发光二极管和硅光电二极管,假单胞细菌(pseudomonas fluorescens)用光致交联的树脂固定在反应器的底层,该测量方法既迅速又简便,在 4 ℃ 下可使用六周,已经用于工厂废水处理的过程中。

2. 各种污染物的测定

常用的重要污染指标有氨、亚硝酸盐、硫化物、磷酸盐、致癌物质与致变物质、重金属离子、酚类化合物、表面活性剂等物质的浓度。目前国内外已经研制出了多种测量各类污染物的生物传感器并已投入实际应用中了。

测量氨和硝酸盐的微生物传感器,多是用从废水处理装置中分离出来的硝化细菌和氧电极组合构成。目前有一种微生物传感器可以在黑暗和有光的条件下测量硝酸盐和亚硝酸盐(NO^{x-}),它在盐环境下的测量使得它可以不受其他种类的氮的氧化物的影响。用它对河口的 NO^{x-} 进行了测量,其效果较好。

硫化物的测定是用从硫铁矿附近酸性土壤中分离筛选得到的专性、自养、好氧性氧化硫硫杆菌制成的微生物传感器。在 pH = 2.5、31 ℃ 时一周测量 200 余次,活性保持不变,两周后活性降低 20%。传感器寿命为 7 d,其设备简单,成本低,操作方便。目前还有用一种光微生物电极测硫化物含量,所用细菌是 Chromatium. SP,与氢电极连接构成。

研究人员在污染区分离出一种能够发荧光的细菌,此种细菌含有荧光基因,在污染源的刺激下能够产生荧光蛋白,从而发出荧光。可以通过遗传工程的方法将这种基因导入合适的细菌内,制成微生物传感器,用于环境监测。现在已经将荧光素酶导入大肠杆菌中,用来检测砷的有毒化合物。

水体中酚类和表面活性剂的浓度测定已经有了很大的发展。目前,有 9 种革兰氏阴性细菌从西西伯利亚石油盆地的土壤中分离出来,以酚作为唯一的碳源和能源。这些菌种可以提高生物传感器的感受器部分的灵敏度。它对酚的监测极限为 $5×10^{-9}$ mol。该传感器工作的最适条件为：pH = 7.4、35 ℃，连续工作时间为 30 h。还有一种假单胞菌属（pseudomonas rathonis）制成的测量表面活性剂浓度的电流型生物传感器，将微生物细胞固定在凝胶（琼脂、琼脂糖和海藻酸钙盐）和聚乙醇膜上，可以用层析试纸 GF/A，或者是谷氨酸醛引起的微生物细胞在凝胶中的交联，长距离地保持它们在高浓度表面活性剂检测中的活性和生长力。该传感器能在测量结束后很快地恢复敏感元件的活性。

还有一种电流式生物传感器，用于测定有机磷杀虫剂，使用的是人造酶。利用有机磷杀虫剂水解酶，对硝基酚和二乙基酚的测量极限为 $10×10^{-9}$ mol，在 40 ℃ 只要 4 min。还有一种新发展起来的磷酸盐生物传感器，使用丙酮酸氧化酶 G，与自动系统 CL-FIA 台式电脑结合，用来检测 $(32\sim96)×10^{-9}$ mol 的磷酸盐，在 25 ℃ 下可以使用两周以上，重复性高。

有一种新型的微生物传感器，用细菌细胞作为生物组成部分，测定地表水中壬基酚（nonyl-phenol etoxylate-NP-80E）的含量。用一个电流型氧电极作传感器，微生物细胞固定在氧电极上的透析膜上，其测量原理是测量毛孢子菌属（trichosporum grablata）细胞的呼吸活性。该生物传感器的反应时间为 $15\sim20$ min，寿命为 $7\sim10$ d（用于连续测定时）。在浓度范围 $0.5\sim6.0$ mg/L 内，电信号与 NP-80E 浓度呈线性关系，很适合于污染的地表水中分子表面活性剂的检测。

综合技能实训

1. 心率血氧传感器实验

（1）所需的材料

①MR 开发板：如图 10-3 所示，MR 开发板是指混合现实（mixed reality）开发板，是一种用于开发和测试混合现实应用程序的硬件设备。混合现实是一种技术，通过将虚拟世界和现实世界结合在一起，使用户可以在现实环境中与虚拟对象进行交互。

图 10-3　MR 开发板

②max30102：max30102 是一个集成的脉搏血氧仪和心率检测仪生物传感器模块（图 10-4）。它集成了一个红光 LED 和一个红外光 LED，光电检测器，以及带环境光抑制的低噪声电路。应用于可穿戴设备进行心率和血氧采集检测，佩戴于手指、耳垂或手腕处等。

图 10-4　max30102 模块

（2）原理说明

①光容积法：利用人体组织在血管搏动时造成透光率不同来进行脉搏和血氧饱和度测量。

②光源：采用对动脉血中氧和血红蛋白（HbO_2）和血红蛋白（Hb）有选择性的、特定波长的发光二极管。

③透光率转化为电信号：动脉搏动充血容积变化导致这束光的透光率发生改变，此时由光电变换器接收经人体组织反射的光线，转变为电信号并将其放大和输出。

（3）接线（表 10-2）

表 10-2　接线表

开发板	心率血氧 max30102
SCL	Y9
SDA	Y10
INT	Y12
3.3v	VIN
GND	GND

（4）测试

按测试键开始测试，手指捏住传感器，等待 10 s。

2. 检测葡萄糖实验

（1）实验材料

葡萄糖氧化酶（glucose oxidase）、辅酶（coenzyme）如辅酶 Q10、电极（如玻碳电极）、电动势计、葡萄糖标准溶液、磷酸盐缓冲液（pH=7）

（2）实验步骤

①在玻璃片上涂覆葡萄糖氧化酶和辅酶的混合物，制备生物传感器电极。

②将制备好的电极插入磷酸盐缓冲液中，确保电极与液体充分接触。

③使用电动势计测量电极的电动势，记录基准值。

④逐渐加入不同浓度的葡萄糖标准溶液到缓冲液中，每次加入后等待电动势稳定，记

录测量值。

⑤根据测量值绘制葡萄糖浓度与电动势之间的标准曲线。

⑥使用标准曲线,可以通过测量未知样品的电动势来确定其中的葡萄糖浓度。

（3）实验原理

在实验中,葡萄糖氧化酶能够催化葡萄糖氧化为葡萄糖酸,并通过氧化还原反应释放电子。这些电子会通过电极传递到电动势计中,产生一个电动势信号。葡萄糖浓度与释放的电子数量成正比,因此可以通过测量电动势来间接测量葡萄糖浓度。

这是一个简单的生物传感器实验,实际应用中会有更多复杂的因素需要考虑,如传感器的灵敏度、特异性、稳定性等。

思考与练习

1. 生物传感器的主要作用是什么？

2. 生物传感器中常用的生物学元件有哪些？它们的特点是什么？

3. 请简要描述生物传感器与传统电化学传感器的区别。

4. 举例说明生物传感器在体外诊断中的应用。

5. 生物传感器如何检测食品中的致病菌？

6. 生物传感器在环境监测中的优势是什么？

7. 简要说明生物传感器的发展趋势。

第11章 智能传感器

随着微电子技术及材料科学的发展，传感器在发展与应用过程中越来越多地与微处理器相结合，使传感器不但有视觉、触觉、听觉、味觉，还有了储存、思维和逻辑判断能力等人工智能功能。由于宇宙飞船在升空过程中需要知道其速度、位置、姿态等数据，宇航员正常生活需要控制舱内温度、气压、加速度、空气成分等，因而要安装各种类型的传感器，同时进行科学研究也需要多种传感器，美国宇航局（NASA）在开发宇宙飞船过程中最早提出智能传感器（smart sensor 或 intelligent sensor）的概念。另外，为了使传感器所采集的大量数据能及时处理并不被丢失，人们提出了分散处理数据的思想，即将传感器采集的数据先进行处理再送出少量数据。于是提出了智能传感器将"电五官"与"微电脑"相结合，把对外界信息有检测、逻辑判断、自行检测、数据处理和自适应能力等集成一体化形成多功能传感器。近几年，智能传感器的种类越来越多，功能也日趋完善，被广泛用于工业自动化、航空航天领域，也越来越被人们所重视。

为了方便读者学习和总结本章内容，作者给出了本章内容的思维导图（图11-1）。

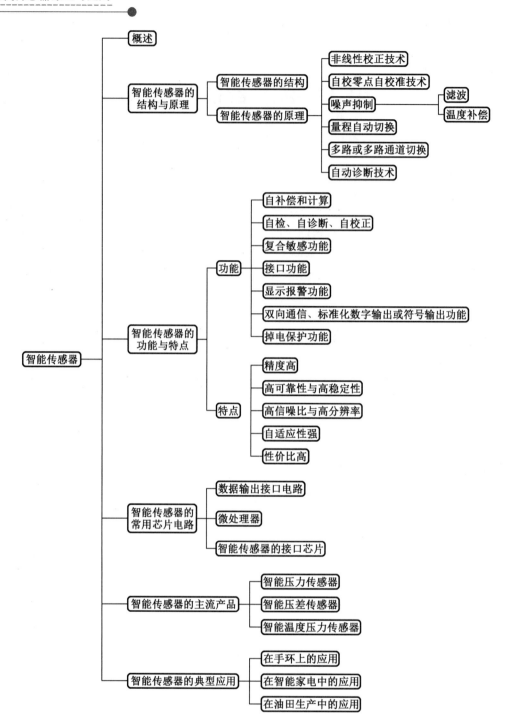

图 11-1 本章内容的思维导图

11.1 智能传感器概述

随着物联网、移动互联网等新兴产业的快速发展,智能传感器的市场份额将以约36%的年均复合增长率增长。智能传感器由传感元件、信号调理电路、控制器(或处理器)组成,具有数据采集、转换、分析甚至决策功能。智能化可提升传感器的精度,降低功耗和体积,实现较易组网,从而扩大传感器的应用范围,使其发展更加迅速有效。

智能传感器主要基于硅材料微细加工和CMOS电路集成技术制作。按制造技术,智能传感器可分为微机电系统(MEMS)、互补金属氧化物半导体(CMOS)、光谱学三大类。MEMS和CMOS技术容易实现低成本大批量生产,能在同一衬底或同一封装中集成传感器元件与偏置、调理电路,甚至超大规模电路,使器件具有多种检测功能和数据智能化处理功能。例如,利用霍尔效应检测磁场、利用塞贝克效应检测温度、利用压阻效应检测应力、利用光电效应检测光的智能器件。智能化、微型化、仿生化是未来传感器的发展趋势。目前,除了霍尼韦尔、博世等老牌的传感器制造厂商外,国外一些主流模拟器件厂商也进入到智能传感器行业,如美国的飞思卡尔半导体公司(Freescale)、模拟器件公司(Analog Devices Incorporated,ADI)、德国的英飞凌科技有限公司(Infineon)、意法半导体公司(ST)等。这些公司的智能传感器已被广泛应用于人们的日常生活中,如智能手机、智能家居、可穿戴装置等,在工控设施、智能建筑、医疗设备和器材、物联网、检验检测等工业领域发挥着重要作用,还在监视和瞄准等军事领域有广泛的应用。

电子自动化产业的迅速发展与进步促使传感器技术、特别是集成智能传感器技术日趋活跃起来,近年来随着半导体技术的迅猛发展,国外一些著名的公司和高等院校正在大力开展有关集成智能传感器的研制,国外一些著名的高校和研究所也积极跟进,集成化智能传感器技术取得了令人瞩目的发展。

大规模集成电路技术和微机械加工技术的迅猛发展,为传感器向集成化、智能化方向发展奠定了基础,集成智能传感器在应用领域成为传感器发展的新趋势。集成智能传感器采用微机械加工技术和大规模集成电路工艺技术,利用硅作为基本材料来制作敏感元件、信号调制电路,以及微处理器单元,并把它们集成在一块芯片上。这样,使智能传感器达到了微型化和结构一体化,从而提高了精度和稳定性。

本章重点介绍智能传感器的结构、工作原理及其应用。

11.2 智能传感器的结构与原理

11.2.1 智能传感器的结构

从结构上来讲,智能传感器是由经典传感器和微处理器单元两个中心部分构成的,图11-2给出一个典型的智能传感器系统的结构框图。其中有信号预处理和模拟信号数字化输入接口;包含 MP、ROM、RAM 信息处理及校正软件的微处理器,它就好像人的大脑。微处理器可以是单片机、单板机,也可以是微型机算机系统;含有 D/A 转换及驱动电路的输出接口。

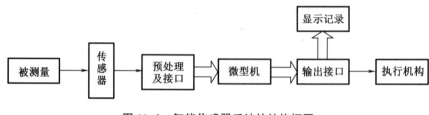

图 11-2　智能传感器系统的结构框图

11.2.2　智能传感器的原理

传感器将被测的物理量转换成相应的电信号,送到信号调理电路中,进行滤波、放大、模/数转换后,送到微计算机中。计算机是智能传感器的核心,它不但可以对传感器测量数据进行计算、存储、数据处理,还可以通过反馈回路对传感器进行调节。由于计算机充分发挥各种软件的功能,可以完成硬件难以完成的任务,从而大大降低传感器制造的难度,提高传感器的性能,降低成本。

智能传感器的结构可以是集成式的,也可以是分离式的,按结构可以分为集成式、混合式和模块式三种形式。集成智能传感器是将一个或多个敏感器件与微处理器、信号处理电路集成在同一硅片上,集成度高,体积小。将传感器和微处理器、信号处理电路做在不同的芯片上,则构成混合式的智能传感器(hybrid smart sensor)。

智能单元(微机或微处理器)在智能传感器中发挥了十分重要的作用,是智能传感器的核心。传感器所接收到的信号经过一定的硬件电路处理后,以数字信号形式进入计算机;计算机可以根据内存中驻留的软件,实现对测量过程中各种控制、逻辑和数据处理以及信号输出等功能,从而使传感器获得智能。

1. 非线性校正技术

现今所采用的电子传感器中大多数使用半导体工艺制造,信号的处理单元希望传感器提供的信号曲线尽可能是线性关系的,但实际情况都不是很理想,是非线性关系。作为智能传感器系统,无论系统前端的传感器及其调理电路至 A/D 转换器的输入-输出特性线性与否,如图 11-3(a)所示,它都能自动按图 11-3(b)所示的反非线性特性进行特性刻度转换,使输出 y 与输入 x 呈理想直线关系,如图 11-3(c)所示。也就是说智能传感器系统能进行非线性转换,图 11-3(d)为其非线性转换框图。

2. 自校零与自校准技术

由于传感器系统存在对非目标参量的交叉灵敏度,因此各种内在和外来的干扰量,如电源电压、工作温度变化等诸多因素作用使传感器系统性能不稳定。若决定放大器增益的外接电阻的阻值随温度而发生了变化,其增益也就会变化,使得传感器系统的零位置和灵敏度发生了变化。

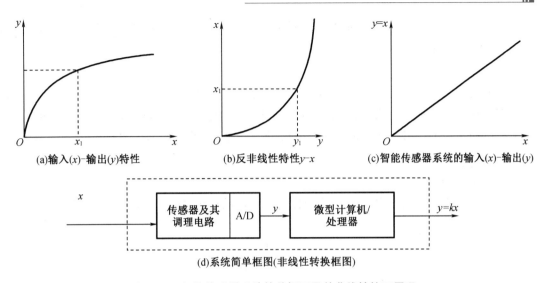

(a)输入(x)-输出(y)特性   (b)反非线性特性y-x   (c)智能传感器系统的输入(x)-输出(y)

(d)系统简单框图(非线性转换框图)

图11-3 智能传感器系统简单框图及其非线性校正原理

由零位漂移将引入零位误差,灵敏度漂移会引入测量误差。通过传统的传感器技术,将零位漂移和灵敏度漂移控制在一定的限度内代价很高。而智能传感器系统则能够自动校正因零位漂移、灵敏度漂移而引入的误差。

自校准功能实现的原理框图如图11-4所示,该实时自校准环节不含传感器。标准发生器产生的标准值U_R、零点标准值与传感器输出参量U_x为同类属性。如传感器输出参量为电压,则标准发生器产生的标准值U_R就是标准电压,零点标准值就是低电平。多路转换器是可传输电压信号的多路开关。微处理器在每一特定的周期内发出指令,控制多路转换器执行三步测量法,使自校准环节接通不同的输入信号,即

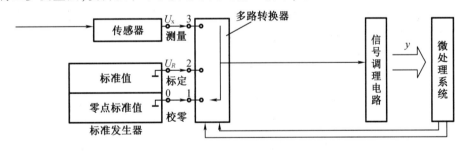

图11-4 智能传感器系统实现自校准功能原理框图

第一步校零:输入信号为零点标准值,输出值为$y_0 = a$。

第二步标定:输入信号为标准值U_k,输出值为y_R。

第三步测量:输入信号为传感器的输出U_o,输出值为y_o。

对于一个宽量程多档多增益系统,一般而言对每档增益值都应实时标定进行自校。因此,标准发生器给出的标准值也应有多个,一个增益值就需设置一个标准值。多个标准值的建立采用经济的方法,如用一个标准值对多个增益实时标定的自校。

3. 噪声抑制

智能传感器系统能从传感器获取的、夹杂着各种干扰噪声的信号中自动准确地提取表征被检测对象特征的定量有用信息。如果信号的频谱和噪声的频谱不重合,则可用滤波器

消除噪声;当信号和噪声频带重叠或噪声的幅值比信号大时就需采用其他的方法来消除噪声,如相关技术、平均技术等。

（1）滤波

智能传感器可以利用数字滤波的方法消除随机噪声的干扰（如尖脉冲）,数字滤波器就是计算机执行的各种运算程序,完全用软件方法滤波、消除或滤除输入信号的干扰,可以对频率很低或很高的信号进行滤波。数字滤波的方法很多,可根据干扰源性质和测量参数的特点来选择。常用的有以下几种。

①算术平均滤波

计算连续 N 个采样值的算术平均值作为滤波器的输出,如第 i 次采样的值为 x,则算术平均值 $y(k)$ 表示为

$$y(k) = \frac{1}{N}\sum_{i=1}^{N} x_i \tag{11-1}$$

它适合于一般具有随机干扰的信号滤波。

②递推平均滤波

把 N 个数据看作一个队列,每次测量得到的新数据放在队尾,扔掉原来队首的一个数据,这样,在队列中始终有 N 个"新数据",然后计算队列中数据的平均值作为滤波结果。每进行一次这样的测量,就可以立即计算出一个新的算术平均值。而算术平均滤波法每计算一次数据,需要测量 N 次,这不适合于测量速度快的实时测量系统。

③加权递推平均滤波

上述递推平均滤波中所有采样值的权系数都相同,在结果中所占比例相等,这会对时变信号产生滞后。为了增加新鲜采样数据在递推滤波中的比重,提高传感器对当前干扰的抑制能力,可以采用加权递推平均滤波算法,对不同时刻的数据加以不同的权,通常越接近现时刻的数据权取得越大,公式为

$$y(k) = \frac{1}{N}\sum_{i=1}^{N} w_i x_i \tag{11-2}$$

这种数字滤波手段是智能传感器系统中主要的滤波手段。

（2）温度补偿

为了进行温度补偿,必须建立温度误差的数学模型,微处理器根据模型进行温度补偿,常用的有插值法、查表法。查表法需要根据实验数据求得校正曲线,然后把曲线上的各个校正点的数据以表格形式存入智能传感器的内存中。一个校正点的数据对应一个（或几个）内存单元。在实时测量中通过查表来修正测量结果,查表法的速度快,但校正表中的校正数据占内存空间和查表时间。如果实测值介于两个校正点之间时,查表只能取其中最接近的值,显然会引入一定的误差,因此利用线性插值或抛物线插值的方法求出该点的校正值,这样可以减少误差,提高测量精度和速度。

4. 量程自动切换

由于在数据采集系统中各测量点的参数变化范围不同,传感器输出信号的电平可能相差很大。为了减少硬件设备,可用一个可编程增益放大器（PGA）,在微型计算机的控制下,根据所连接的传感器输出电平高低来改变 PGA 的增益,使每一路信号都能放大到合适的幅

度,从而提高测量精度。PGA 由运放和一个多路模拟开关切换的电阻反馈网络组成。

目前,一些厂家已经推出了单片集成的 PGA,如美国 AD 公司的 LH0084,它是在测量放大器的基础上发展起来的,增加少量的控制程序,就能很容易地实现自动量程切换,图 11-5 为其利用 PGA 实现量程自动切换原理框图。图中 ADC 可采双积分式 A/D 转换器,如 MC14433,具有溢出或过量标志信号。PGA 的增益可有 1、10、100 三档变化。微型机 MC 通过接口(Interface)实现控制。自动量程切换控制程序流程如图 11-6 所示。

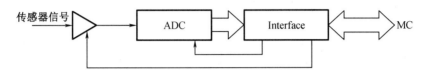

图 11-5 利用 PGA 实现量程自动切换原理框图

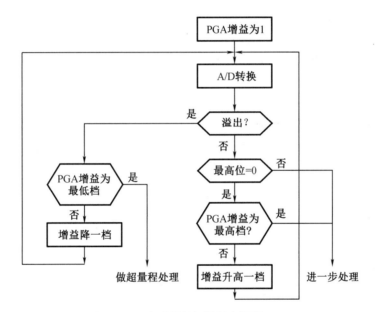

图 11-6 自动量程切换程序框图

传感器信号输入前,由初始化程序设定 PGA 的增益为 1。经采样与 A/D 转换后,判断转换结果是否溢出。若已溢出,而且 PGA 的增益已经降低到最低档,说明被测传感器的信号已超过系统的最高测量范围,这时由微机进行超量程处理及显示;没有溢出,则再判断最高位(其 BCD 码只可能是 0 或 1)是否为 0,而且 PGA 增益尚不是最高档的情况下,将 PGA 增益升高一档。否则,说明增益已切换到合适的一档,微机可进一步对信号做一些预定的处理,如数字滤波、标度变换及其他运算、存储和显示等。利用此方案,最大被测电压与最小感量之比可以达到 2×10^5。如果再要扩大测量的动态范围,可以增加 PGA 增益的档位或改用分辨率更高的 ADC。

5. 多路或多路通道切换

为了节省硬件,多路传感器信号通过一个模拟处理通道分时地进入计算机,以构成多点信号的集中采集系统。这时可利用多路模拟开关,轮流切换各路信号与公共的模拟处理通道的通路。常用的多路模拟开关有电子式和磁电式两种。电子式开关有双极晶体管开关、结型场效应开关及 CMOS 器件构成的集成模拟开关等。电子式开关的特点是速度快、体积小、寿命长,但一般导通电阻较大,驱动部分与开关元件部分不独立。磁电式开关如继电器等,属于机械接触式开关,具有接近理想开关的导通与开断电阻,触点间可承受百伏以上电压的冲击,而且驱动部分与开关动作部分是互相独立的,但它的速度慢、动作时产生振动、寿命有限。通常,当输入模拟信号的信号源阻抗较高,信号电平较微弱,且通道的切换速度可以比较慢(如几十毫秒以上)时,选用继电器为宜;反之,要求高速切换,信号源阻抗又低,信号电平较高时,则应选用 CMOS 多路开关。

6. 自动诊断技术

智能传感器可以通过硬件和软件对测量装置的正常与否进行检验,以便及时发现故障,及时处理。这样做有助于增强操作者对于测量结果的信心。自诊断程序步骤一般可以有两种:一种是设置独立的"自校"功能,在操作人员按下"自校"按键时,系统将按照事先设计的程序完成一个循环的自检,并在显示器上显示自校结果是否正确;另一种是在每次测量之前插入一段自校程序,若程序不能往下执行而停止在自校阶段,则说明系统有故障。

图 11-7 给出一种简便的自校实施方法原理框图。首先在硬件上配置分辨率相等的 A/D、D/A 闭合回路。在系统设计时,可考虑留一路模拟量输入通道作自校用。然后,再编制一段程序来实现自校。程序的执行要经过如下步骤:微型机首先向 D/A 转换口输出一个定值,经 DAC 变换为对应的模拟电压值,再送到 AD 通路的自校输入端。然后,由微机去起动 ADC,待 A/D 转换结束,取回转换结果值,与原送出的代码相比较。若结果相等或误差在允许范围之内,则认为自校正常。若在一点上自校还不够,可以设置 2~3 点,如在其零点、中点及满度点上分三次比较。通过比较、判断输入、输出及接口等是否正常,以确定自校能否通过。

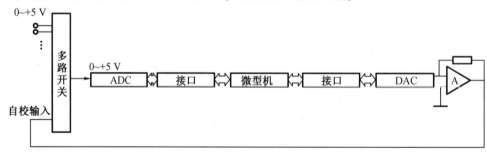

图 11-7　一种简便的自校实施方法原理框图

11.3　智能传感器的功能与特点

11.3.1　智能传感器的功能

智能传感器的功能是通过比较人的感官和大脑的协调动作,即总结长期以来传感器测量的实际经验而提出的。概括而言,主要功能有以下几点。

1. 自补偿和计算

智能传感器的自补偿和计算功能为传感器的温度漂移和非线性补偿开辟了新道路,即使传感器的加工不太精密,只要能保证其重复性好,通过传感器的计算功能也能获得较精确的测量结果。另外还可进行统计处理,如美国凯斯西储大学的科研人员已制造出一个芯片,含有 10 个敏感元件及带有信号处理电路的 pH 传感器,可测量其平均值、方差和系统的标准差;如果某一敏感元件输出的误差大于+3 倍标准差,输出数据就可以将它舍弃,但输出这些数据的敏感元器件仍然是有效的,只是因为某些原因使所标定的值发生了漂移。智能传感器的计算能够重新标定单个敏感元件,使它重新有效。也用于制造对测量对象有不同灵敏度的各种敏感元件组成的装置,如日立公司研究的各种敏感元件,每个元件有相应的电路和处理器,6 个不同的半导体氧化物敏感元件是在铝基片上用厚膜印刷技术制造出来的,其背面有铂加热器使敏感元器件保持在 400C;由于每个敏感元件都是由不同的半导体组成,对各种气体有不同的灵敏度,对每一种气体或气味组合此装置能够形成特殊的"图样",通过比较计算机存储器中各种气体的标准"图样",就不难识别各种气体。对于所识别的气体有相关的最高灵敏度的元件,并能定量地测量气体。用"图样"识别法克服了单个敏感元件选择性的缺点。

2. 自检、自诊断、自校正

普通传感器需要定期检验和标定,以保证它正常使用时有足够的准确度。检验和标定时一般要求将传感器从使用现场拆卸下来拿到实验室进行,很不方便。利用智能传感器,检验校正可以在线进行。一般所要调整的参数主要是零位和增益,智能传感器中有微处理机,内存中有校正功能的软件,操作者只要输入零位和某已知参数,其自校正软件就能将时间变化了的零位和增益校正过来。

3. 复合敏感功能

智能传感器能够同时测量多种物理量和化学量,具有复合敏感功能,能够给出全面反映物质和变化规律的信息。如光强、波长、相位和偏振度等参数可反映光的运动特性;压力、真空度、温度梯度、热量、熵、浓度、pH 值等分别反映物质的力、热、化学特性。

4. 接口功能

由于智能传感器用了微型机使其接口标准化,所以能够与上一级微型机进行接口标准化,这样就可以由远距离中心控制计算机来控制整个系统工作。

5. 显示报警功能

智能传感器的微机通过接口数码管或其他显示器结合起来,可选点显示或定时循环显示各种测量值及相关参数,也可以由打印机输出,并通过与给定值比较实现上下值的报警。

6. 双向通信、标准化数字输出或者符号输出功能

智能传感器可以通过装载传感器内部的电子模块或智能现场通信器(SFC)来交换信息。SFC 的外观像一个袖珍计算机,将它挂在传感器两信号输出线性的任何位置,可通过键盘的简单操作进行远程设定或变更传感器的参数,如测量范围、线性输出或平方根输出等。这样,无须把传感器从危险区取下来,极大地节省了维护时间和费用。

7. 掉电保护功能

由于智能传感器微型机的 RAM 的内部数据在掉电时会自动消失,这将给仪器的使用

带来很大的不便。为此在智能仪表内装有备用电源,当系统掉电时,能自动把后备电源接入 RAM,以保证数据不丢失。

11.3.2　智能传感器的特点

与传统传感器相比,智能传感器具有以下特点。

1. 精度高

有多项功能来保证智能传感器的高精度。如通过自动校零去除零点,与标准参考基准实时对比以自动进行整体系统标定,自动进行整体系统的非线性等系统误差的校正,通过对采集的大量数据的统计处理以消除偶然误差的影响等。

2. 高可靠性与高稳定性

智能传感器能自动补偿因工作条件与环境参数发生变化后引起系统特性的漂移。如温度变化而产生的零点和灵敏度的漂移;在被测参数变化后能自动改换量程;能实时自动进行系统的自我检验,分析、判断所采集到的数据的合理性,并给出异常情况的应急处理(报警或故障提示)。因此,多项功能保证了智能传感器的高可靠性与高稳定性。

3. 高信噪比与高分辨率

由于智能传感器具有数据存储、记忆与信息处理功能,通过软件进行数字滤波、相关分析等处理,可以去除输入数据中的噪声,将有用信号提取出来;通过数据融合、神经网络技术,可以消除多参数状态下交叉灵敏度的影响,从而保证在多参数状态下对特定参数测量的分辨能力,故智能传感器具有高的信噪比与高的分辨率。

4. 自适应性强

由于智能传感器具有判断、分析与处理功能,能根据系统工作情况决策各部分的供电情况与高位计算机的数据传送速率,使系统工作在最优低功耗状态和优化传送速率。

5. 性价比高

智能传感器不像传统传感器那样为追求本身的完善,需对传感器的各个环节进行精心设计与调试,像进行"手工艺品"式的精雕细琢来获得,而是通过与微处理器/微计算机相结合,采用廉价的集成电路工艺和芯片以及强大的软件来实现。所以它具有高的性价比。由此可见,智能化设计是传感器传统设计中的一次革命,是世界传感器的发展趋势。世界各国正在利用计算机和智能技术研究、开发各种其他类型的智能传感/变送器。从 20 世纪 80 年代初期,美国霍尼韦尔公司的压阻式 ST-3000 型压力(差)智能变送器,到后来美国 SMAR 公司生产的 LD302 系列电容式智能压力(差)变送器,日本横河电气株式会社生产的谐振式 EJA 型智能压力(差)变送器都可用于现场总线控制系统。智能传感器可以输出数字符号,带有标准接口,能接到标准总线上,它在工业上有广泛的应用前景。

11.4　智能传感器的常用芯片电路

11.4.1　数据输出接口电路

智能传感器输出的数字信号具有远程通信能力。常规仪器仪表中的传感器将输出信号送入处理显示单元中,工控系统中的传感器则挂在数据总线上,通过总线进行数据传输。目前模拟信号有相应的工业标准,即电压为 $0\sim5$ V,电流为 $4\sim20$ mA。而数字信号无统一标准。为了解决分布式控制和监测问题,现在工控领域出现一种新的现场总线(FieldBus)技术,各大公司都按自己的标准开发产品,但其标准接口及协议各不相同。目前国际有关标准化组织正在积极筹划推出统一的国际标准。作为过渡,现在制定了智能传感器的通信协议 HART,它与现有的($4\sim20$ mA)模拟系统兼容,即在模拟信号上叠加专用频率信号即可使用。因此,按照这个协议模拟信号和数字信号可以同时通信。

11.4.2 微处理器

微处理器是智能传感器的心脏,能控制测量过程并进行数据处理。它的设计和选用要考虑传感器的测量速度、精度、分辨率及数据处理能力。对于集成传感器,设计的微处理器既要考虑产品质量和可靠性,又要考虑降低成本,简化结构,满足芯片尺寸的要求。目前大量实际开发研制的是模块化、积木式结构,一般选用现成的微处理器,即单片机,如 8031、8XC552、PIC 等产品。近年来由于多芯片组件(multi-chip modules, MCM)技术的发展,可将智能传感器分布在几个芯片上的部件组装起来。随着传感器技术、微电子技术、微机械加工技术的发展,智能传感器的集成度将越来越高。

11.4.3 智能传感器的接口芯片

现在已研制出一些专门的集成电路芯片,用来对敏感元件的信号进行放大、滤波、A/D 转换以及数据处理。

1. 通用传感器接口芯片 USIC

USIC 具有智能传感器所需要的各种信号处理能力,并能在大多数场合只需少量的外围元件就可提供复杂的高质量处理能力。图 11-8 为 USIC 的方框图。该芯片中每一部分的输出均有管脚引出,因此可以方便地组成各种电路,由用户选择是否使用运放或多路开关,可以根据自己的需要灵活地组织使用。

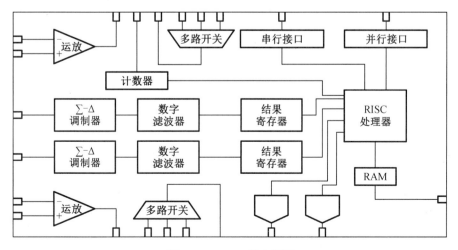

图 11-8 USIC 的方框图

2. 信号调节电路 SCA2095

SCA2095 是利用压阻效应,采用全桥设计的传感器(如压力传感器、应力计、加速度计等)的信号调节电路的集成芯片,如图 11-9 所示。它采用 EEPROM 进行校准、温度补偿,并具有传感器输出保护和诊断的功能,还能够更好地调节增益和传感器电桥偏移,能修正灵敏度误差。芯片的外部数据接口采用三线制,即串行时钟 SLCK、数据输出 D_o、数据输入 D_i。通过 CPU 的操作,设置零位漂移寄存器、温度寄存器、零点温度补偿寄存器、输出基准寄存器、增益温度补偿寄存器等。这些寄存器中的值通过 D/A 转换器变成模拟量叠加在调节电路中,从而改变了传感器特性。

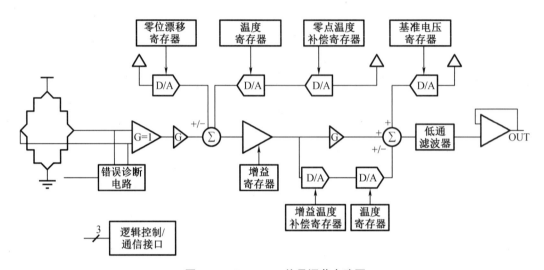

图 11-9 SCA2095 信号调节电路图

3. 其他接口芯片

AD7705 由多路混合器、缓和器、可编程增益放大器、Σ-Δ 转换器以及数字串行界面组成,它具有两路模拟输入,因此可以方便地进行温度补偿。AM401 包括电流输出、电压输出以及比例输出和开关输出,可以同各种气体传感器连接。ESI520 由微处理器和一个混合信号 ASIC 组成,16 脚 DIP 封装。随着对智能传感器的需求越来越多,诸多公司都不断推出和完善自己的产品,因此接口芯片也越来越多而且功能也日趋完善。

11.5 智能传感器的主流产品

11.5.1 智能压力传感器

霍尼韦尔(Honeywell)SF-3000 系列智能压力传感器是由美国霍尼韦尔公司在 20 世纪 80 年代研制的产品,是世界上最早实现商品化的智能传感器。它可以同时测量静压、差压和温度三个参数。图 11-10 给出了其原理图。图中包括检测和变送两部分,被测的力或压力通过隔离的膜片作用于扩散电阻上,引起阻值的变化。扩散电阻在惠斯通电桥中,电桥的输出代表被测压力的大小。在硅片上制成两个辅助传感器分别检测静压力和温度。在同一个芯片上检测出的差压、静压、温度三个信号,经多路开关分时地送到 A/D 转换器中进行模数转换,变成数字信号送到变送部分。由微处理器负责处理这些数字。存储在 ROM 中的主程序控制传感器工作的全过程。PROM 负责进行温度补偿和静压校准。RAM 中存储设定的数据,EEPROM 作为 ROM 的后备存储器。现场通信器发出的通信脉冲叠加在传感器输出的电流信号上。I/O 一方面将来自现场通信器的脉冲从信号中分离出来,送到 CPU 中;另一方面将设定的传感器数据、自诊断结果、测量结果送到现场通信器中显示。SF3000 系列智能压力传感器可通过现场通信器来设定检查工作状态。

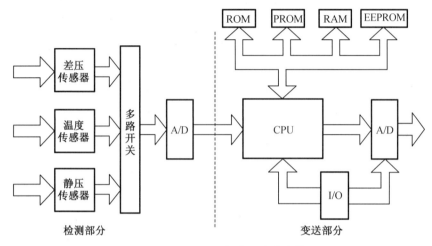

图 11-10 SF-3000 系列智能压力传感器原理图

11.5.2 智能压差传感器

智能差压传感器以 EJA 型为例,EJA 差压传感器是日本横河电机株式会社于1994年开发的高性能式差压传感器。它利用单晶硅谐振式传感器,采用微电子机械加工技术,精度高达 0.075%,具有高稳定性和可靠性。图 11-11 给出了其工作原理图。其核心部分是单晶硅谐振式传感器,它的结构是在一单晶硅片上采用微电子机械加工技术,分别在表面的中心和边缘制作两个形状、大小完全一致的 H 状谐振架,又处于微型真空腔中,使其既不与充灌液接触,又确保振动时不受空气阻尼的影响。谐振梁处于永久磁铁提供的磁场中,与变压器、放大器构成一个正反馈回路而产生振荡。当单晶硅片上下表面受到压力并形成压差时将产生形变,中心受到压缩力,边缘受到张力。因此,两个 H 状谐振梁分别感受不同应变作用,中心谐振架受压缩力而频率减小,边缘谐振架受张力而频率增加,两个频率之差对应不同值的压力信号。将频率信号送到脉冲计数器中,再将频率之差直接送到微处理器中进行数据处理,给 D/A 转换器转换成与输入信号相对应的(4~20 mA)电流信号。

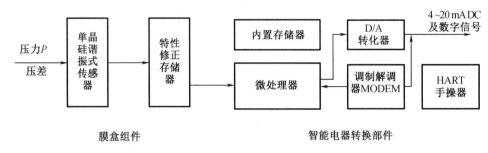

图 11-11　EJA 差压传感器工作原理图

EJA 差压传感器具有很好的温度特性是因为两个谐振架的形状、尺寸完全一样。当温度变化时,一个增加,一个减少,变化量一致,相互抵消。膜盒组件中的特性修正存储传感器的环境温度、静压及输入输出特性的修正数据,微处理器利用它们进行温度补偿,校正静压特性和输入输出特性。EJA 差压传感器具有自诊断和通信功能。手持式终端 BT200 或 275 可预定、修改、显示传感器的参数,监控输入输出值和自诊断结果,设定恒定电流输出。手持式终端接到(4~20 mA)信号线上即可使用。它采用 BRAIN 通信协议。通信期间不会影响电流信号。

11.5.3　智能温度压力传感器

图 11-12 给出了由通用接口(USIC)构成的智能温度压力传感器。在该智能传感器中,利用压阻效应测量压力变化,同时利用半导体 PN 结的温度特性测量温度。压力传感器由具有压阻效应的敏感元件构成测量电桥,当受外界压力作用时,电桥失去平衡,放大输出电压。因为无须使用多路开关,输出信号直接提供给运放 A 构成差动放大电路。其输出通过一个 RC 网络组成的低通的单极点滤波器提供给 A/D 转换器。温度传感器采用 PN 结。电阻 R 和温度传感器(二极管)构成分压电路,当温度变化时,由于 PN 结的正向导通电阻变化,从而使分压电路上的压降有所变化,该信号提供给运放 B 构成的两极点切比雪夫滤波器,其增益达到 4 mV/ ℃。ADC 的精度受到运放 A 的 CMRR 的限制。采用 0.1%的电阻可达到 55 dB。尽管在制作传感器时采用多种手段仍不能消除压力传感器的非线性,特别是热灵敏度漂移,而温度传感器更是一个非线性元件,采用模拟的方法很难修正这些误差,因此,校准、线性化和偏移校准由 RISC 处理器在数字电路中控制,片外 EEPROM 可用来储存数据进行查表处理等工作,从而使传感器的测量精度更高。USIC 通过串行接口 RS485 同现场总线控制器连接,这样,采用通用接口芯片构成的智能压力传感器就通过现场总线连入测控系统。

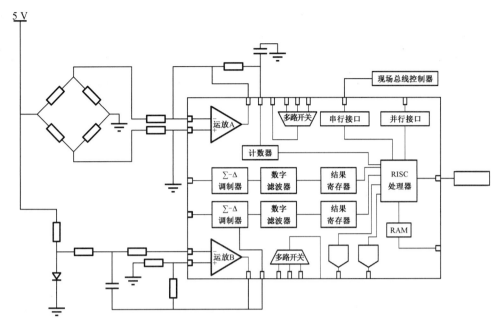

图 11-12 通用接口（USIC）构成的智能温度压力传感器

11.6 智能传感器的典型应用

11.6.1 智能传感器在手环上的应用

手环最开始用于记录运动时间和路程,后来的手环,开始具备了心率检测、睡眠、来电提醒等一系列健康相关的功能,尤其是光电式心率检测功能将智能手环推到了一个新的高度。光电式心率检测结合加速度传感器可以支持运动状态下的心率检测,佩戴手环跑步可以知道心率的变化,指导用户进行科学健身活动。

手环配合智能手机的应用程序可以实现更多更复杂的应用,另外手环也变得更实用,比如说增加一块小的显示屏可以给用户提供直观的运动量以及时间提示等功能。

现在的手环则应用功能更为强大,屏幕更大,显示的内容更多。虽然没有增减新的健康传感应用,但传感器的检测精度进一步提升,用户感受变得越来越好。配套的 App 结合大数据应用让健康和运动配套的功能更加完善。

尽管现在智能手环的功能繁多,检测心率、血压、计步、检测睡眠、来电提醒等,功能也越来越完善、稳定。但是运动记录和心率检测是手环最基础也是最重要的两个功能。另外,手环和手表的界限也越模糊,用户只需要根据功能需求来选择产品即可。

智能手环是利用光电检测原理,通过 LED 光源产生光脉冲,以一定角度射入人体皮肤组织,然后接收端的光敏元件将皮肤反射回来的光信号转换为电信号,再经过信号处理获得心率的数值。由于皮肤组织内的血液流量随着脉搏的变化而周期性地变化,同时血液中的含氧血红细胞的比例也随着脉搏的变化而变化,因此它们对入射光的吸收程度也随着脉搏而呈现周期性的变化,体现在接收端就是接收到的电信号也随着脉搏而变化。通过算法我们可以解调出这个信号,从而算出脉率,脉率等于心率。

以华为手环为例,其手环内部安装了业界领先的光学心率传感器,预置华为自研的心率算法。精密的仪器搭配尖端的技术,可通过腕部血液流量的波动来准确检测心率数据。

11.6.2　智能传感器在智能家电中的应用

随着 5G 时代的到来,智能家电成为大势所趋,深深影响和改变着人们的生活。家电智能化的实现主要依靠智能芯片、智能传感器、智能控制器、物联网模块等核心部件以及物联网、人工智能、云计算等关键技术。其中,智能传感器作为智能家电中最核心的零部件,其质量、可靠性和性能水平将对智能家电品质产生重大影响。

智能压力传感器在日常家用电器中被广泛应用。压力传感器能够精确的检测气压差、液位高度、碰撞和触摸、冷媒液压等,并在洗衣机、热水器、咖啡机、空调、吸尘器、按摩椅等家电中发挥了重要的数据采集作用,在满足家电基本刚需性能的同时,助力在线操控、产品互联、人机交互、无感识别等多个智能场景应用。

温湿传感器可以实现对温度和湿度的同时调节,符合智能家居的理念,且具有体积小和功耗低等特点。温湿传感器来控制室内的温度和湿度,传感芯片可以同时采集温度和湿度信息,在独立系统中对两种物理变量进行分开计算,并且转化成为电信号传输到相应的控制终端,实现智能家居的控制目的。

水浸传感器是基于液体导电原理,用电极探测是否有水存在,再用传感器转换成干接点输出。基于液体导电原理,用电极探测是否有水存在,再用传感器转换成干接点输出,其具有两种输出状态:常开和常闭。接触式水浸探测器利用液体导电原理进行检测。正常时两极探头被空气绝缘;在浸水状态下探头导通,传感器输出干接点信号,当探头浸水高度约1 mm 时,即产生报警信号。

11.6.3　智能传感器在油田生产中的应用

油田生产过程中,机泵作为关键的动力驱动单元,其作用贯穿于油、气、水介质的输送工作,常见机泵包括螺杆泵、离心泵、往复泵、齿轮泵等,目前业内主要利用 SCADA 系统(数据采集与监视控制系统)监测机泵工作状态。SCADA 系统的缺点在于无法精确分析螺杆泵各部位振动是否正常,各连接件及密封件有无失效,定子和转子摩擦温度是否正常。维保人员只有在设备发生严重故障时才能得知情况,容易导致设备宕机,影响生产任务达成,甚至造成经济损失。

温振复合传感器是一种将温度传感器和振动传感器结合起来实现多参数测量的传感器。传感器使用振动传感器和温度传感器来同时测量机械设备的振动和温度。温度传感器通常是一种热电偶,可以通过测量热电势差得到温度值。振动传感器则使用加速度计来测量机械设备的振动情况。这两个传感器的输出信号可以通过微处理器进行融合处理和编码传输。

无线温振传感器可以通过磁吸方式装配于机泵所需检测部位,对机泵坐标轴(X 轴、Y 轴、Z 轴)的机械振动信号每隔 10 min 采集一次数据,并生成振动时域波形和特征曲线,通过波形图判断机泵振动是否处于正常范围,对即将产生故障的设备及时进行监测和预警,同时结合振动曲线变化自主形成数据库,实时将设备故障位置同步维保人员,从而达到故障预警、分析诊断、智能化管理等功能。这种智能传感器可长期在线监测设备健康状况,掌握设备运行状态,有效预判设备运行中可能出现的故障隐患,真正做到故障预诊、状态定级及智能化维护。

综合技能实训

人工神经网络是由大量基本元件——神经元相互连接而成的。每个神经元的结构和功能比较简单,但大量神经元组成的神经网络具有复杂功能。人工神经网络是一个非线性的并行处理系统,采用分布式存储结构,信息分布在神经元之间的连接强度(即权重)上,存储区和计算区合在一起。

查找有关资料,熟悉以人工神经网络和气体微传感器结合的智能传感器的特点和工作原理。重点关注以下三点:

(1)气体微传感器的结构;

(2)循环伏安测量法的工作原理;

(3)进行气体识别的人工神经网络的结构。

思考与练习

1. 什么是智能传感器?画出智能传感器的基本结构图。

2. 智能传感器通常具有什么功能和特点?

3. 传感器的智能化主要包括什么内容?

4. 智能传感器的常用集成芯片有什么特点?

5. 试自行设计一种利用智能传感器的非电量测量系统,并简述其基本结构原理。

第 12 章　网络传感器

12.1　网络传感器概述

在自动化领域,现场总线控制系统和工业以太网技术得到了快速发展。对于大型数据采集系统而言,特别希望能够采用一种统一的总线或网络,以达到简化布线、节省空间、降低成本、方便维护的目的;另一方面,现有的企业大都建立了以 TCP/IP 技术为核心的企业内部网络(Intranet)作为企业的公共信息平台,为建立测控网络奠定了基础,有利于将测控网和信息网有机地结合起来。

网络传感器是指传感器在现场级实现网络协议,使现场测控数据能够就近进入网络传输,在网络覆盖范围内实时发布和共享。简单地说,网络传感器就是能与网络连接或通过网络使其与微处理器、计算机或仪器系统连接的传感器。网络传感器的产生使传感器由单一功能、单一检测向多功能和多点检测发展;从被动检测向主动进行信息处理方向发展;从就地测量向远距离实时在线测控发展;使传感器可以就近接入网络,传感器与测控设备间再无须点对点连接,大大简化了连接线路,节省投资,易于系统维护,也使系统更易于扩充。网络传感器特别适于远程分布式测量、监视和控制。目前,已有多种嵌入式 TCP/IP 芯片可以置入智能传感器中,形成带有网络接口的嵌入式 Internet 网络传感器。

网络传感器的核心是使传感器本身实现网络通信协议。目前,可以通过软件方式或硬件方式实现传感器的网络化。软件方式是指将网络协议嵌入到传感器系统的 ROM 中;硬件方式是指采用具有网络协议的网络芯片直接用作网络接口。

为了方便读者学习和总结本章内容,作者给出了本章内容的思维导图(图 12-1)。

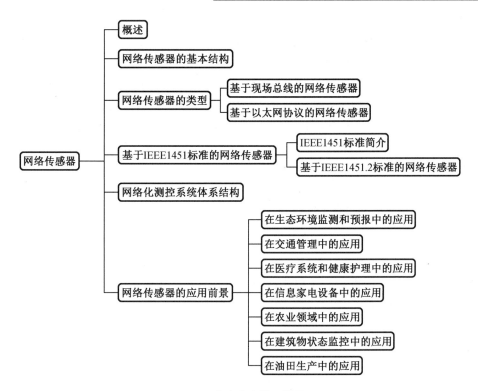

图 12-1 本章内容的思维导图

12.2 网络传感器的基本结构

图 12-2 所示为网络传感器基本结构图,网络传感器主要由信号采集单元、数据处理单元及网络接口单元组成。这三个单元可以采用不同芯片构成合成式的,也可是单片式结构。

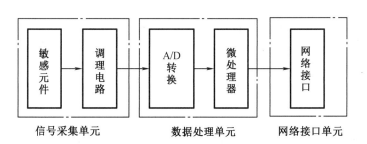

图 12-2 网络传感器基本结构

12.3 网络传感器的类型

网络传感器的关键是网络接口技术。网络传感器必须符合某种网络协议,使现场测控数据能直接进入网络。由于工业现场存在多种网络标准,因此也随之发展起来了多种网络传感器,具有各自不同的网络接口单元类型。目前,主要有基于现场总线的网络传感器和基于以太网协议的网络传感器两大类。

12.3.1 基于现场总线的网络传感器

现场总线正是在现场仪表智能化和全数字控制系统的需求下产生的,连接智能现场设备和自动化系统的数字式、双向传输、多分支结构的通信网。其关键标志是支持全数字通信,其主要特点是高可靠性。它可以把所有的现场设备(仪表、传感器与执行器)与控制器通过一根线缆相连,形成现场设备级、车间级的数字化通信网络,可完成现场状态监测、控制、信息远传等功能。传感器等仪表智能化的目标是信息处理的现场化,这也正是现场总线技术的目标,是现场总线不同于其他计算机通信技术的标志。

由于现场总线技术具有明显的优越性,在国际上已成为热门研究开发技术,各大公司都开发出了自己的现场总线产品,形成了各自的标准。目前,常见的标准有数十种,它们各具特色,在各自不同的领域中得到了很好的应用。但由于多种现场总线标准并存,现场总线标准互不兼容,不同厂家的智能传感器又都采用各自的总线标准,因此,目前智能传感器和控制系统之间的通信主要是以模拟信号为主或在模拟信号上叠加数字信号,很大程度上降低了通信速度,严重影响了现场总线式智能传感器的应用。为了解决这一问题,IEEE 制定了一个简化控制网络和智能传感器连接标准的 IEEE1451 标准,该标准为智能传感器和现有的各种现场总线提供了通用的接口标准,有利于现场总线式网络传感器的发展与应用。

12.3.2 基于以太网协议的网络传感器

随着计算机网络技术的快速发展,将以太网直接引入测控现场成为一种新的趋势。由于以太网技术开放性好、通信速度快和价格低廉等优势,人们开始研究基于以太网(即基于 TCP/IP)的网络传感器。该类传感器通过网络介质可以直接接入 Internet 或 Intranet,还可以做到"即插即用"。在传感器中嵌入 TCP/IP,使传感器成为 Internet/Intranet 上的一个节点。

任何一个网络传感器都可以就近接入网络,而信息可以在整个网络覆盖的范围内传输。由于采用统一的网络协议,不同厂家的产品可以直接互换与兼容。

12.4　基于 IEEE1451 标准的网络传感器

构造一种通用智能化传感器的接口标准是解决传感器与各种网络相连的主要途径。从 1994 年 3 月开始,美国国家标准技术局(National Institute of Standard Technology, NIST)和 IEEE 联合组织了一系列专题讨论会商讨智能传感器通用通信接口问题和相关标准的制定,这就是 IEEE1451 的智能变送器接口标准(Standard for a Smart Transducer Interface for Sensors and Actuators)。其主要目标是定义一整套通用的通信接口,使变送器能够独立于网络与现有基于微处理器的系统,仪器仪表和现场总线网络相连,并最终实现变送器到网络的互换性与互操作性。现有的网络传感器配备了 IEEE1451 标准接口系统,也称为 IEEE1451 传感器。

12.4.1　IEEE1451 标准简介

表 12-1 列举了 IEEE1451 智能变送器接口标准协议族各成员的名称、描述与当前发展状态。

表 12-1　IEEE1451 智能变送器系列标准体系

代号	名称与描述
IEEE1451.0	智能变送器接口标准
IEEE1451.1-1999	网络应用处理器(NCAP)信息模型
IEEE1451.2-1997	变送器与微处理器通信协议和 TEDS 格式
IEEE1451.3-2003	多点分布式系统数字通信与 TEDS 格式
IEEE1451.4-2004	混合模式通信协议与 TEDS 格式
IEEE1451.5	无线通信协议与 TEDS 格式
IEEE1451.6	CANopen 协议变送器网络接口
IEEE1451.7	带射频标签(RFID)的换能器和系统接口

IEEE1451 标准协议簇体系结构和各协议之间的关系如图 12-3 所示。IEEE1451 标准分为面向软件和硬件的接口两大部分。其中,软件接口部分借助面向对象模型来描述网络智能变送器的行为,定义了一套使智能变送器顺利接入不同测控网络的软件接口规范;同时通过定义通用的功能、通信协议及电子数据表格式,以达到加强 IEEE1451 协议族系列标准之间的互操作性;软件接口部分主要由 IEEE1451.1 和 IEEE1451.0 组成。硬件接口部分主要是针对智能传感器的具体应用而提出来的,硬件接口部分是由 IEEE1451.X(X 代表 2~7)协议组成。

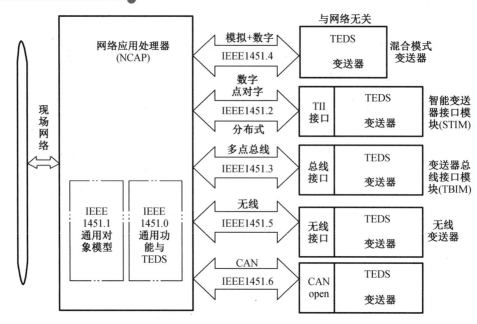

图 12-3　IEEE1451 标准协议簇体系结构

IEEE1451.0 标准通过定义一个包含基本命令设置和通信协议的独立于 NCAP（network capable application processor）到变送器模块接口的物理层，为不同的物理接口提供通用、简单的标准，以达到加强这些标准之间的互操作性。

IEEE1451.1 标准通过定义两个软件接口实现智能传感器或执行器与多种网络的连接，并可以实现具有互换性的应用。图 12-4 为 IEEE1451.1 的实现。

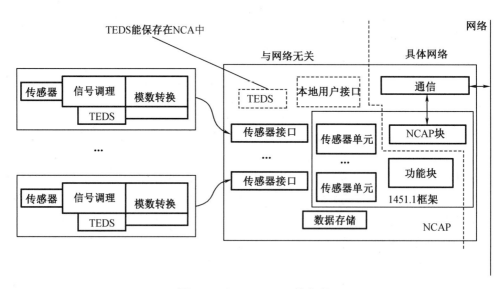

图 12-4　IEEE1451.1 的实现

IEEE1451.2 标准定义了电子数据表格式（TEDS）和一个 10 线变送器独立接口（transducer independence interface，TII）以及变送器与微处理器间通信协议，使变送器具有即插即用能力。图 12-5 为 IEEE1451.2 的实现。

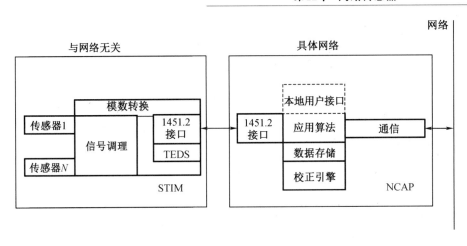

图 12-5 IEEE1451.2 的实现

IEEE1451.3 标准利用局部频谱技术,在局部总线上实现通信,对连接在局部总线上的变送器进行数据同步采集和供电。图 12-6 所示为 IEEE1451.3 的实现。

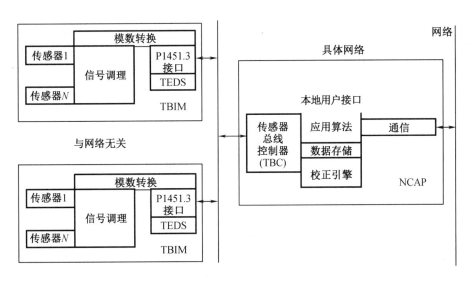

图 12-6 IEEE1451.3 的实现

IEEE1451.4 标准定义了一种机制,用于将自识别技术运用到传统的模拟传感器和执行器中。它既有模拟信号传输模式,又有数字通信模式。图 12-7 所示为 IEEE1451.4 的实现。

IEEE1451.5 标准定义了无线传感器通信协议和相应的 TEDS,目的是在现有的 IEEE1451 框架下,构筑一个开放的标准无线传感器接口。无线通信方式将采用 3 种标准,即 Wi-Fi 标准、蓝牙(Bluetooth)标准和 ZigBee(IEEE.802.15.4)标准。

IEEE1451.6 标准致力于建立 CANopen 协议网络上的多通道变送器模型,使 IEEE1451 标准的 TEDS 和 CANopen 对象字典(Object Dictionary)、通信消息、数据处理、参数配置和诊断信息一一对应,在 CAN 总线上使用 IEEE1451 标准变送器。

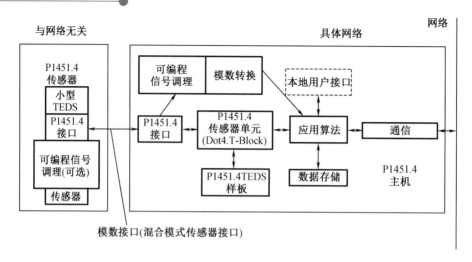

图 12-7　IEEE1451.4 的实现

IEEE1451.7 标准定义带射频标签(RFID)的换能器和系统的接口。

需要注意的是 IEEE1451.X 产品可以工作在一起,构成网络化智能传感器系统,但也可以各个 IEEE1451.X 单独使用;IEEE1451.1 标准可以独立于其他 IEEE1451.X 硬件接口标准而单独使用;IEEE1451.X 也可不需要 IEEE1451.1 而单独使用,但是,必须要有一个相似 IEEE1451.1 的软件结构来实现 IEEE1451.1 的功能。

12.4.2　基于 IEEE1451.2 标准的网络传感器

1. 标准中涉及的相关术语

(1)NCAP:主要执行网络通信、STIM 通信、数据转换等功能。NCAP 是作为标准换能器总线与专用网络总线之间的接口,传感器制造商可以设计出带有标准接口的传感器。

(2)STIM:网络化的智能换能器节点。一个 STIM 能够支持单个或多个通道,它既可与传感器也可与执行器相连接,每一个 STIM 最多可与 255 个换能器通道连接。从 NCAP 的角度看,STIM 像是一个内存设备。

(3)TEDS:STIM 内部的一个写有特定电子格式的内存区,用以描述 STIM 自身以及与之连接的换能器。换能器通道之所以是智能的,是因为它用 TEDS 描述自己,且 TEDS 是 NCAP 可以读出来的。TEDS 的内存区被分成 8 个域,每个域描述 STIM 的不同方面。TEDS 是与换能器相连接的,一旦换能器改变了,TEDS 就改变了。

(4)TII:NCAP 与 STIM 的物理连接是通过 10 针脚的换能器独立接口(TI)进行的,TII 是基于 SPI(serial peripheral interface)协议的串口通信接口。

2. IEEE1451.2 网络传感器模型及其特点

IEEE1451.2 网络传感器模型如图 12-8 所示。传感器节点分成两大模块:以太网络应用处理器模块(NCAP)和智能变送器接口模块(STIM)。NCAP 用来运行经精简的 TCP/IP 协议栈、嵌入式 WEB 服务器、数据校正补偿引擎、TII 总线操作软件、用户特定的网络应用服务程序以及用来管理软硬件资源的嵌入式操作系统。STIM 包括实现功能的变送器、数字化处理单元、TEDS 和 TII 总线操作软件。

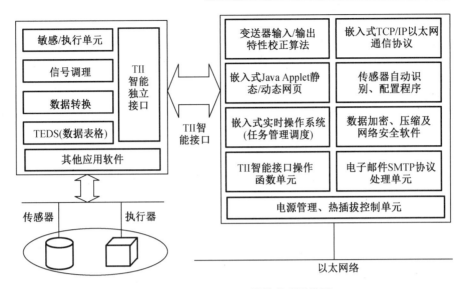

图 12-8 IEEE1451.2 网络传感器模型

IEEE1451.2 网络传感器接口标准的特点可概括如下。

（1）IEEE1451.2 是一个开放、与网络无关的通信接口，用于将智能传感器直接连接到计算机、仪器系统和其他网络。

（2）可以使传感器制造商和系统集成商没有必要对很多复杂的现场总线协议进行研究就能完成各种现场总线测控系统的集成。

（3）加速了智能传感器采用有线或无线的手段连入测控网络系统，建立了智能传感器的"即插即用"标准。

（4）使传感器支持 TEDS，包含足够的描述信息，增强了传感器的"智能"。

（5）定义了传感器模型，包括传感器接口模块（TIM）、网络应用处理器（NCAP）。

3. 基于 IEEE1451.2 标准的有线网络传感器

IEEE1451.2 标准中仅定义了接口逻辑和电子数据表格式（TEDS）的格式，其他部分由传感器制造商自主实现，以保持各自在性能、质量、特性与价格等方面的竞争力。同时，该标准提供了一个连接智能变送器接口模型（smart transducer interface module，STIM）和NCAP 的 10 线变送器独立接口（transducer independence interface，TII），主要定义二者之间的点点连接、同步时钟的短距离接口，使变送器具有即插即用能力，并且使传感器制造商可以把一个传感器应用到多种网络和应用中。

图 12-9 为基于 IEEE1451 标准的有线网络化传感器的典型体系结构图。

其中，变送器模型由符合标准的变送器自身带有的制造商、数据代码、序列号、使用的极限值、未定量以及校准系数等内部信息组成。当 STIM 通电时，这些数据可提供给 NCAP及系统的其他部分。当 NCAP 读入一个 STIM 中的 TEDS 数据时，NCAP 可以知道此 STIM的通信速度、通道数及每个通道上变送器的数据格式（12 位还是 16 位），并且知道所测量对象的物理单位，知道怎样将所得到的原始数据转换为国际标准。

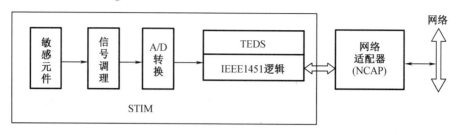

图 12-9　基于 IEEE1451 标准的有线网络化传感器的典型体系结构图

变送器 TEDS 分为可以寻址的 8 个单元部分,其中两个是必须具备的,其他的是可供选择的,主要为将来扩展所用。

(1)综合 TEDS。必备,主要描述 TEDS 的数据结构、STIM 极限时间参数和通道组信息。

(2)通道 TEDS。必备,包括对象范围的上下限、不确定性、数据模型、校准模型和触发参数。

(3)校准 TEDS。每个 STIM 通道包含一个,包括最后校准日期、校准周期和所有的校准参数,支持多节点的模型。

(4)总体辨识 TEDS。提供 STIM 的识别信息,内容包括制造商、类型号、序列号、日期和一个产品描述。

(5)特殊应用 TEDS。每个 STIM 一个,主要应用于特殊的对象。

(6)扩展 TEDS。每个 STIM 对应一个 TEDS,主要用于 IEEE1451.2 标准在未来工业应用中的功能扩展。

另外两个是通道辨识 TEDS 和校准辨识 TEDS。

STIM 中每个通道的校准数学模型一般是用多项式函数来表示的,为了避免多项式的阶数过高,可以将曲线分成若干段,每段分别包括变量多少、漂移值和系数数目等内容。NCAP 可以通过规定的校准方法来识别相应的校准策略。

基于 IEEE1451.2 标准设计网络化传感器非常简便,特别是 STIM 和 NCAP 接口模块,硬件可使用专用的集成芯片(如 EDI1520、PLCC244) ,软件模型采用 IEEE1451.2 标准的 STIM 软件模块(STIM 模块、STIM 传感器接口模块、TII 模块和 TEDS 模块)。

4. 基于 IEEE1451.2 标准的无线网络传感器

无线通信方式主要采用 IEEE802.11、蓝牙和 ZigBee 等三种标准。

蓝牙标准是 1998 年 5 月,由 Ericsson、IBM、Intel、Nokia 和 Toshiba 等公司联合主推的一种低功率短距离的无线连接标准的代称。它是实现语音和数据无线传输的开放性规范,其实质是建立通用的无线空中接口及其控制软件的公开标准,使不同厂家生产的设备在没有电线或电缆互相连接的情况下,能在近距离(10 cm ~ 100 m) 范围内具有互用、互操作的性能。此外,蓝牙技术还具有以下特点:工作频段全球通用、使用方便、安全加密、抗干扰能力强、兼容性好、尺寸小、功耗低,并且可以实现多路方向链接。

图 12-10 为基于 IEEE1451.2 和蓝牙标准的无线网络传感器体系结构,其主要是由 STIM、蓝牙模块和 NCAP 三个部分组成。在 STIM 和蓝牙模块之间是 IEEE1451.2 标准定义的 10 线 TII 接口。蓝牙模块通过 TII 接口与 STIM 相连,通过 NCAP 与 Internet 相连,承担了传感器信息和远程控制命令的发送和接收任务。NCAP 通过分配的 IP 地址与网络相连。

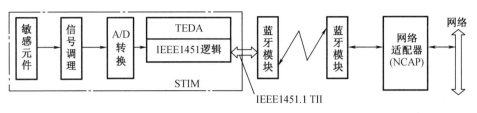

图 12-10 基于 IEEE1451.2 和蓝牙标准的无线网络传感器体系结构

与基于 IEEE1451.2 标准的有线网络传感器相比,无线网络传感器增加了两个蓝牙模块。对于蓝牙模块部分,标准的蓝牙电路使用 RS-232 或 USB 接口,而 TII 是将一个控制链连接到它的 STIM 的串行接口,因此,必须设计一个类似于 TII 接口的蓝牙电路,构造一个专门的处理器来实现控制 STIM 和转换数据到用户控制接口(host control Interface, HCI)的功能。

目前,基于 ZigBee 技术的无线网络传感器的研究和开发已得到越来越多的关注。ZigBee(IEEE802.15.4)标准是 2000 年 12 月由 IEEE 提出定义的一种廉价的固定、便携或移动设备使用的无线连接标准。它具有高通信效率、低复杂度、低功耗、低成本、高安全性以及全数字化等优点。

由于 IEEE802.15.4 满足 ISO 开放系统互连(OSI)参考模式。为有效地实现无线智能传感器,通常将 IEEE1451 标准和 ZigBee 标准结合起来进行设计,其基本方案有无线 STIM 和无线 NCAP 终端两种。其中,方案一:STIM 与 NCAP 之间不再是 TII 接口,而是通过 ZigBee(收发模块)无线传输信息。传感器或执行器的信息由 STIM 通过无线网络传递到 NCAP 终端,进而与有线网络相连。另外,还可在 NCAP 与网络间的接口替换为无线接口。方案二:STIM 与 NCAP 之间通过 TII 接口相连,无线网络的收发模块置于 NCAP 上。另一无线收发模块与无线网络相连,从而与有线网络通信。在此方案中,NCAP 作为一个传感器网络终端。因为功耗的原因,无线通信模块不直接包含在 STM 中,而是将 NCAP 和 STIM 集成在一个芯片或模块中。在这种情况下,NCAP 和 STIM 之间的 TII 接口可以大大简化。

12.5 网络化测控系统体系结构

IEEE1451 的颁布为有效简化开发符合各种标准的网络传感器带来了契机,而且随着无线通信技术在网络传感器中的应用,无线网络传感器将使人们的生活变得更精彩、更富有生命活力。图 12-11 为利用网络传感器进行网络化测控的基本系统结构。其中,测量服务器主要对各测量基本功能单元的任务分配和对基本功能单元采集来的数据进行计算、处理与综合,以及数据存储、打印等。测量浏览器为 Web 浏览器或别的软件接口,可以浏览现场测量节点测量、分析、处理的信息和测量服务器收集、产生的信息。

系统中,传感器不仅可以与测量服务器进行信息交换,而且符合 IEEE1451 标准的传感器、执行器之间也相互进行着信息交换,以减少网络中传输的信息量,这有利于系统实时性的升级。

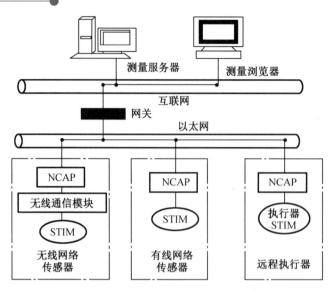

图 12-11　网络化测控系统结构

目前,测控系统的设计明显受到计算机网络技术的影响,基于网络化、模块化、开放性等原则,测控网络由传统的集中模式转变为分布模式,成为具有开放性、可互操作性、分散性、网络化、智能化的测控系统。测控网络具有与信息网络相似的体系结构和通信模型。TCP/IP 和 Internet 成为组建测控网络,实现网络化的信息采集、信息发布、系统集成的基本技术依托。但由此带来的工业测控系统信息安全问题不容小视。

12.6　网络传感器的应用前景

IEEE1451 网络传感器在机床状态远程监控网、舰艇运行状态监视、控制和维修的分布网、火灾及消防态势评估和指挥网络、港口集装箱状态的监控网络以及油路管线健康状况监控网络的组建中均可大展身手。目前,网络传感器的应用主要面向以下两个大的方向。

1. 分布式测控

将网络传感器布置在测控现场,处于控制网络中的最低级,其采集到的信息传输到控制网络中的分布智能节点,由它处理,然后传感器数据散发到网络中。网络中其他节点利用信息做出适当的决策,如操作执行器、执行算法。该方向目前最热门的研究与应用当属物联网。

2. 嵌入式网络

现有的嵌入式系统虽然已得到广泛的应用,但大多数还处在单独应用的阶段,独立于因特网之外。如果能够将嵌入式系统连接到因特网上,则可方便、低廉地将信息传送到任何需要的地方。嵌入式网络的主要优点:不需要专用的通信线路;速度快;协议是公开的,适用于任何一种 WEB 浏览器;信息反映的形式是多样化的等。

12.6.1　在生态环境监测和预报中的应用

在环境监测和预报方面,无线传感器网络可用于监视农作物灌溉情况、土壤空气情况、家畜和家禽的环境和迁移状况、无线土壤生态学、大面积的地表监测等,可用于行星探测、气象和地理研究、洪水监测等。基于无线传感器网络,可以通过数种传感器来监测降雨量、河水水位和土壤水分,并依此预测山洪暴发描述生态多样性,从而进行动物栖息地生态监测。还可以通过跟踪鸟类、小型动物和昆虫进行种群复杂度的研究等。

随着人们对环境的日益关注,环境科学所涉及的范围越来越广泛。通过传统方式采集原始数据是一件困难的工作。无线传感器网络为野外随机性的研究数据获取提供了方便,特别是如下几方面:将几百万个传感器散布于森林中,能够为森林火灾地点的判定提供最快的信息;传感器网络能提供遭受化学污染的位置及测定化学污染源,不需要人工冒险进入受污染区;判定降雨情况,为防洪抗旱提供准确信息;实时监测空气污染、水污染以及土壤污染;监测海洋、大气和土壤的成分。

Crossbow 的 MEP 系列就是其中之一。这是一种小型的终端用户网络,主要用来进行环境参数的检测。该系统包括了 2 个 MEP410 环境传感器节点,4 个 MEP510 湿度/温度传感器。温度压力传感器是由温度敏感元件和检测线路组成的。温度传感器从使用的角度大致可分为接触式和非接触式两大类,前者是让温度传感器直接与待测物体接触,来敏感被测物体温度的变化,而后者是使温度传感器与待测物体离开一定的距离,检测从待测物体放射出的红外线,从而达到测温的目的。传统的热电偶、热电阻、热敏电阻及半导体温度传感器都是将温度值经过一定的接口电路转换后输出模拟电压或电流信号,利用这些电压或电流信号即可进行测量控制。而将模拟温度传感器与数字转换接口电路集成在一起,就成为具有数字输出能力的数字温度传感器。随着半导体技术的迅猛发展,半导体温度传感器与相应的转换电路、接口电路以及各种其他功能电路逐渐集成在一起,形成了功能强大、精确、价廉的数字温度传感器。

12.6.2　在交通管理中的应用

在交通管理中利用安装在道路两侧的无线传感网络系统,可以实时监测路面状况、积水状况以及公路的噪音、粉尘、气体等参数,达到道路保护、环境保护和行人健康保护的目的。

1995 年,美国交通部提出了“国家智能交通系统项目规划”,预计到 2025 年全面投入使用。这种新型系统将有效地使用传感器网络进行交通管理,不仅可以使汽车按照一定的速度行驶、前后车距自动地保持一定的距离,而且还可以提供有关道路堵塞的最新消息,推荐最佳行车路线以及提醒驾驶员避免交通事故等。

由于该系统将应用大量的传感器与各种车辆保持联系,人们可以利用计算机来监视每一辆汽车的运行状况,如制动质量、发动机调速时间等。根据具体情况,计算机可以自动进行调整,使车辆保持在高效低耗的最佳运行状态,并就潜在的故障发出警告,或直接与事故抢救中心取得联系。目前在美国的宾夕法尼亚州的匹兹堡市就已经建成有这样的交通信息系统,并且通过电台等媒体附带产生了一定商业价值。

道路两侧的传感器结点可以实时监测道路破损、路面不平等情况,在暴雨时可以监测路面积水情况,并将这些数据通过无线传感网络实时地发送到相关部门,便于相关部门对道路进行检修或者发布道路积水警报及进行险情排除等工作。道路两侧的传感器结点还可以实时监测公路附近的环境状况,例如噪音、粉尘及有毒气体浓度等参数,并通过无线传感网络系统将这些数据实时发送出去,便于有关部门对道路情况进行监测。

智能交通系统(ITS)是在传统的交通体系的基础上发展起来的新型交通系统,它将信息、通信、控制和计算机技术以及其他现代通信技术综合应用于交通领域,并将"人-车-路-环境"有机地结合在一起。在现有的交通设施中增加一种无线传感器网络技术,能够从根本上缓解困扰现代交通的安全、通畅、节能和环保等问题,同时还可以提高交通工作效率。因此,将无线传感器网络技术应用于智能交通系统已经成为近几年来的研究热点。无线传感器网络在智能交通中还可以用于交通信息发布、电子收费、车速测定、停车管理、综合信息服务平台、智能公交与轨道交通、交通诱导系统和综合信息平台等技术领域。

12.6.3　在医疗系统和健康护理中的应用

当前很多国家都面临着人口老龄化的问题,我国人口老龄化速度更居全球之首。根据2021年国家统计局发布的第七次全国人口普查关键数据显示:中国60岁以上的老年人已经达到2.6亿,约占总人口的18.70%,其中65岁以上的老年人达1.9亿,约占老年人口的总数13.50%。一对夫妇赡养四位老人、生育一个子女的家庭大量出现,使赡养老人的压力进一步加大。"空巢老人"在各大城市平均比例已达30%以上,个别大中城市甚至已超过50%。这对于中国传统的家庭养老方式提出了严峻挑战。

无线传感网技术通过连续监测提供丰富的背景资料并做预警响应,不仅有望解决这一问题还可大大提高医疗的质量和效率。无线传感网集合了微电子技术、嵌入式计算技术、现代网络及无线通信和分布式信息处理等技术,能够通过各类集成化的微型传感器协同完成对各种环境或监测对象的信息的实时监测、感知和采集,是当前在国际上备受关注的,涉及多学科高度交叉、知识高度集成的前沿热点之一。

近年来,无线传感器网络在医疗系统和健康护理方面已有很多应用,例如,监测人体的各种生理数据,跟踪和监控医院中医生和患者的行动,以及医院的药物管理等。如果在住院病人身上安装特殊用途的传感器结点,例如心率和血压监测设备,医生就可以随时了解被监护病人的病情,在发现异常情况时能够迅速抢救。利用传感器网络长时间的收集人的生理数据,可以加快研制新药品的过程,而安装在被监测对象身上的微型传感器也不会给人的正常生活带来太多的不便。此外,在药物管理等诸多方面,它也有新颖而独特的应用。

12.6.4　在信息家电设备中的应用

无线传感器网络的逐渐普及,促进了信息家电、网络技术的快速发展,家庭网络的主要设备已由单一机向多种家电设备扩展,基于无线传感器网络的智能家居网络控制节点为家庭内、外部网络的连接及内部网络之间信息家电和设备的连接提供了一个基础平台。

在家电中嵌入传感器结点,通过无线网络与互联网连接在一起,将为人们提供更加舒适、方便和更人性化的智能家居环境。利用远程监控系统可实现对家电的远程遥控,也可以通过图像传感设备随时监控家庭安全情况。利用传感器网络可以建立智能幼儿园,监测儿童的早期教育环境,以及跟踪儿童的活动轨迹。

无线传感器网络利用现有的因特网、移动通信网和电话网将室内环境参数、家电设备运行状态等信息告知住户,使住户能够及时了解家居内部情况,无线传感器网络由多个功能相同或不同的无线传感器节点组成每个节点,对一种设备进行监控,从而形成一个无线传感器网络,通过网关接入因特网系统,采用一种基于星形结构的混合星形无线传感器网络结构系统模型。传感器节点在网络中负责数据采集和数据中转节点的数据采集,模块采集户内的环境数据,如温度、湿度等,由通信路由协议直接或间接地将数据传输给远方的网关节点。

目前,国内外主要研究无线传感器网络节点的低功耗硬件平台设计和拓扑控制、网络协议、定位技术等。传感器网络综合嵌入式技术、传感器技术、短程无线通信技术有着广泛的应用。该系统不需要对现场结构进行改动,不需要原先任何固定网络的支持,能够快速布置,方便调整,并且具有很好的可维护性和拓展性。

12.6.5 在农业领域的应用

农业是无线传感器网络使用的另一个重要领域。为了研究这种可能性,英特尔率先在俄勒冈州建立了第一个无传感器监测的葡萄园。传感器被分布在葡萄园的每个角落,每隔一分钟检测一次土壤温度,以确保葡萄可以健康生长,进而获得大丰收。以后,研究人员将实施一种系统,用于监视每一传感器区域的温度,或该地区有害物的数量。他们甚至计划在家畜(如狗)上使用传感器,以便可以在巡逻时搜集必要信息。这些信息将有助于开展有效的灌溉和喷洒农药,进而降低成本和确保农场获得高效益。

众多的感知节点实时采集作物生长环境信息,以自组织网络形式将信息发送到汇聚节点,由汇聚节点通过 GPRS 上传到互联网上的实时数据库中。农业专家系统分析处理相关数据,产生生产指导建议,并以短消息方式通知农户。系统还可远程控制温室的滴灌、通风等设备,按照专家系统的建议实行温度、水分等自动化管理操作。

针对优质果业和中草药精准管理,人们建立了生产地气候数据生成模拟模型,以温度、光照为主要驱动因子的发育进程模拟模型,丹参主茎叶龄动态发育模型和丹参光合生产与干物质积累模型等。

我国是一个农业大国,农作物的优质高产对国家的经济发展意义重大。农业想要进一步发展,就必须要求农业转变增长方式,推动农业发展的现代化、信息化。传感器网络的出现为农业各领域的信息采集与处理提供了新的思路和有力手段。

12.6.6 在建筑物状态监控中的应用

建筑物状态监控是指利用传感器网络来监控建筑物的安全状态。由于建筑物不断进行修补,可能会存在一些安全隐患。虽然地壳偶尔的小震动可能不会带来看得见的损坏,但是也许会在支柱上产生潜在的裂缝,这个裂缝可能会在下一次地震中导致建筑物倒塌。用传统方法检查往往需要将大楼关闭数月,而安装传感器网络的智能建筑可以告诉管理部门它们的状态信息,并自动按照优先级进行一系列自我修复工作。

未来的各种摩天大楼可能都会装备这类装置,从而建筑物可自动告诉人们当前是否安全、稳固程度如何等信息。随着社会的不断进步,安全生产的概念已经深入人心,人们对安全生产的要求也越来越高。在事故多发的建筑行业,如何保证施工人员的人身安全,以及工地的建筑材料、设备等财产的保全是施工单位关心的头等大事。

在没有视频监控的工地,由于管理者不能 24 h 监督工地,导致在深夜和凌晨的偷盗现象非常严重。建筑工地最让人担心的就是安全问题。由于大部分的建筑工人都是农民工,他们文化水平有限,安全意识缺乏,很容易在施工时因违规操作造成人身伤害和工程损失。为了避免这些危险,视频监控系统显得尤为重要。

通过 ADSL 或无线接入互联网,在物料存放和施工面等重点部位安装网络摄像机或无线网络摄像机,在保安室的普通电脑上安装客户端软件或浏览器方式即可通过联网进行多画面监控,而且可以直接进行录像文件的保存,以便在有其他情况发生后进行取证。使用浏览器就可以看到各个监控点的实时图像,实现远程监控在车上或在外出差,配备笔记本电脑和无线上网卡,就可以上网随时随地进行监控或巡视。监控现场可实现对画面的任意切换、定时切换、顺序切换及对前端设备的控制。

12.6.7　在油田生产中的应用

储油罐是采油、炼油企业储存油品的重要设备,对储油罐液位、温度的实时数据监测对企业的库存和安全管理有着重大意义。储油罐液位、温度在线监测系统改变了传统采用人工检尺和化验分析的方法,实现了油液的实时动态监测,为生产操作和管理决策提供了准确的数据依据,大大避免了安全事故的发生。

该系统具有低功耗,无须布线,减少运维成本,安装便捷,即插即用等特点,支持 LoRa、433MHZ、GPRS、NB、4G 等无线传输方式,广泛适用于对汽油、溶剂油、异辛烷、混合芳烃、异丁烷、液化石油气、天然气等多种化学物品的储罐安全进行实时远程监测。储油罐液位、温度在线监测系统采用集数据采集和无线传输功能于一体的无线传感器作为监测现场核心设备。XL61 无线温度传感器、XL61 无线液位传感器自动采集液位、温度数据,通过 LoRa、433MHZ 网络实时传送给无线数据采集物联网关,监控中心通过 NB、4G 无线数据采集物联网关接收各现场传回的监测数据,并在计算机的 XL. VIEW 组态监控软件界面上可随时查看各储油罐的液位、温度信息,而且一旦某个储油罐的液位、温度数据超过上限或下限,系统会自动报警。同时通过短信的形式把报警信息发送给相关人员。该系统为保障储油罐和油液的安全发挥了重要作用。

综合技能训练

构建智能家居解决方案中的重要一环是将温度和湿度传感器数据发送到本地或远程服务器。通过这一过程,用户能够高效地跟踪家中、办公室或零售场所的温湿度,从而创造舒适的工作和休闲环境。

Zigbee2MQTT 是一个开源程序,它将 MQTT 支持的平台与 Zigbee 设备连接起来。有了它的帮助,用户可以轻松地收集、发送和存储重要的环境数据到本地或远程云服务器。

本次技能实训,我们将认识 Zigbee2MQTT 的工作原理,以及如何使用它将 Zigbee 温度和湿度传感器数据发送到指定的服务器。

1. 实训所需器材

（1）一个 Zigbee 温度和湿度传感器。温湿度传感器将捕获环境温度和湿度数据并将其发送到 Zigbee 网关。然后，数据将被转发到 MQTT 软件；

（2）Zigbee 网关。使用 DSGW-030-1 Zigbee MQTT 网关，将 Zigbee 协议和 MQTT 协议之间的消息进行转换；

（3）一台 PC 机。使用计算机作为本地服务器并托管 MQTT 软件。

2. 实训步骤

下面通过一系列步骤实现 Zigbee2MQTT 在传感器、网关和 MQTT 服务器之间的通信过程。

（1）步骤 1：找到一个 MQTT 程序并构建 MQTT 服务

使用 Eclipse Mosquito 来构建 MQTT 服务。Mosquito 适用于从低功耗单板计算机到服务器的多种设备。可以从 https://mosquitto.org/download/ 下载并安装 mosquito 程序。其后，使用命令 Mosquitto -p 1888 - v 创建一个 MQTT 服务，确保网关和 MQTT 服务器在同一个局域网内（例如 192.168.1.2）。

（2）步骤 2：设置 Zigbee 网关

通过路由器将 Zigbee 网关和 PC 连接到同一个本地网络。使用 Advanced IP Scanner 程序来找到网关的 IP 地址。在计算机上打开一个网页浏览器>输入网关 IP 地址>输入用户名和密码（默认用户名：root，密码：root）>登录到网关用户界面。

（3）步骤 3：在 Zigbee 网关上配置 MQTT

在网关用户界面上找到 MQTT 配置页面，输入 MQTT 服务器的 IP（192.168.1.2）和服务器端口号（1888）。这样，可以将 MQTT 服务器与在网关上运行的 MQTT 客户端连接起来（确保 MQTT 设置与 MQTT 客户端匹配）。

（4）步骤 4：在网关 Web 界面内为发布消息配置 MQTT 主题

MQTT 主题将用于组织和路由从 Zigbee 网关到 MQTT 服务器的数据。需要选择一个有意义的主题名称，反映在云平台上发布数据的类型。例如，如果网关的 Mac 是 30：ae：7b：64：00：28，那么它将从主题"temperature/30：ae：7b：64：00：28"订阅，并将数据发布到主题"temperature"。

（5）步骤 5：将 Zigbee 温度和湿度传感器与 Zigbee 网关配对

①通过访问网关用户界面添加 Zigbee 传感器

打开网关用户界面，找到 Zigbee3.0 管理网页。然后您可以点击允许按钮，网关将进入配对模式。如果配对过程成功，将在页面上看到温度和湿度传感器。

②通过 MQTT 代理添加 Zigbee 传感器

下面是一个简化的例子，使用代码通过 MQTT 代理将 Zigbee 温度和湿度传感器添加到 Zigbee 网关：

{"data": {"arguments": {"attribute": "mod. add_device", "ep": 1, "value": {"mac": "00158d0001b61234"}, "mac": "00158d0001b61234"}, "id": "eb92016c-320d-4619-aca2-a401352e806f", "command": "setAttribute"}, "from": "CLOUD", "mac": "30:ae:7b:2b:41:60", "messageId": 25607, "time": 1553909170, "to": "NXP", "type": "cmd"}

通过 MQTT 代理添加设备涉及向特定主题发送 MQTT 消息,触发目标设备上的行动。

(6)步骤 6:完成设置过程

当配对成功时,可以在 MQTT 服务器中接收到温度和湿度传感器状态。

附近的温度数据将每 15 min 上传一次,数据包含属性、温度值、设备类型、电池电量、时间戳等。

{"data": {"attribute": "device. temperature", "mac": "842e14fffe1e9bb2", "value": {"value": "29.58", "ep": 1, "zone": "RoomBank-TemperatureHumidity", "unit": "C", "ModelStr": "RoomBank-TemperatureHumidity", "battery": 100}, "ep": 1}, "from": "GREENPOWER", "to": "CLOUD", "time": 1599706766, "deviceCode": "010123f3-c750-43e7-ad41-6672126fa416", "mac": "30:ae:7b:64:00:c6", "type": "reportAttribute"}

附近的湿度数据将每 15 min 上传一次,数据包含属性、湿度值、设备类型、电池电量、时间戳等。

{"data": {"attribute": "device. humidity", "mac": "842e14fffe1e9bb2", "value": {"value": "56.44", "ep": 1, "zone": "RoomBank-TemperatureHumidity", "unit": "%", "ModelStr": "RoomBank-TemperatureHumidity", "battery": 100}, "ep": 1}, "from": "GREENPOWER", "to": "CLOUD", "time": 1599706766, "deviceCode": "010123f3-c750-43e7-ad41-6672126fa416", "mac": "30:ae:7b:64:00:c6", "type": "reportAttribute"}

思考与练习

1. 什么是网络传感器?

2. 网络传感器的基本结构是什么?

3. 网络传感器是如何分类的?

4. 简要介绍 IEEE1451 网络传感器。

5. 无线传感器网络都有哪些应用?

6. 网络传感器的主要发展方向是什么?

第13章 传感器应用案例

人工智能理论可集成和融合油气行业各领域从各类传感器和监控系统中产生的大量数据,包括地质、地震、钻井、测井、试井、采油、管道、炼油和化工等,它可与各种数据库、知识库、数据湖集成或融合,处理和分析复杂的跨域数据集,识别人工难以检测的异常工况和模式,实现各领域生产准确预测。还可与数据可视化工具集成,如Tableau(可视分析数据的商业智能工具)或Power Bl(商业智能数据转换与管理软件),以生成数据的交互式和动态可视化表示。

人工智能理论可集成到油气工业的实时监控系统,和IoT设备连接,以持续收集处理各类油气行业控制系统的数据(例如设备性能、设备运行状况、历史相关数据以及其他关键影响因素的实时反馈数据和分析数据),识别出设备潜在的故障或维护需要的模式,对设备存在的问题提前预警,最大限度减少对生产的影响,降低维护成本。

人工智能理论不仅可以与数据源集成,处理特定数据并进行对应的预测分析,给操作者提供决策建议,而且还可以利用先进的自然语言处理功能,以简单的语言对话方式与系统进行交互,请求特定的数据或寻求解决方案,使油气行业各领域真正实现实时监测和决策优化,提供有价值的行业解决方案,提高油气行业的运营效率。

本章通过三个典型的案例介绍传感器在油气领域和轴承故障诊断中的应用,提升学生们的动手能力,拓展学生们的学术视野。

为了方便读者学习和总结本章内容,作者给出了本章内容的思维导图(图13-1)。

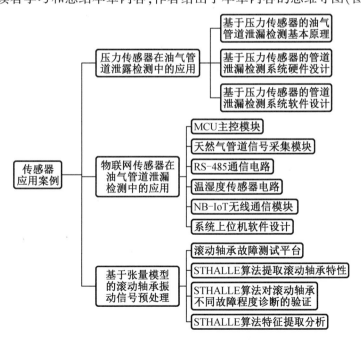

图13-1 本章内容的思维导图

13.1 压力传感器在油气管道泄漏检测中的应用

天然气通过长管道输送这一技术手段运送,解决了天然气输送困难、易燃、易爆炸等难点,使其更利于被运输和存储。天然气管道泄漏事件发生概率虽然相对较低,但如不能及时准确检测出泄漏事件,则后果可能非常严重。

由于实际天然气管道运行过程中很难进行有关泄漏的重复性实验,故对管道泄漏的研究多依据现有泄漏事故数据,研究的全面性不足。建立完备的实验系统是解决这一问题的最佳方案,可以实现不同介质、多参数、不同状态的多次重复性实验,便于在大数据样本下开展研究。

负压波检测技术由于其灵敏度较高、识别准确率较好等特点被广泛应用于天然气输运管道泄漏检测中。本章设计建设基于负压波检测技术的天然气管道泄漏检测实验系统,为进行泄漏检测数据处理和泄漏事件的算法研究提供重要基础。

13.1.1 基于压力传感器的油气管道泄漏检测基本原理

负压波泄漏检测的原理是:管道发生泄漏后,泄漏点产生的负压波会以波动的形式向管道上下游传播,利用安装在管道上下游的压力变送器可以检测到该负压波信号,从而判断管道是否发生泄漏。利用该负压波到达上下游的时间差,可以定位该泄漏点的具体位置。具体来说,就是先在管道首末两端安装上传感器,传感器一直捕捉管道的压力信号,一旦管道某处出现缺口,由于管道内流动物质的压力明显高于管道外大气压力,巨大的压力差使得流动物质喷出,导致管道内流动物质密度变小、压力变小,由于物质的流动性,导致短时间内管道内其他部位的流动物质压力不变,所以高压流体不断向泄漏低压部位填补缺失,这就形成了类似于波的形式不断地向两端传输,这类波便是负压波。

如图 13-2 所示,发生泄漏后,泄漏孔出现小半圆压降范围,与管壁发生相互作用,继而形成 2 个横向波,以泄漏点为起始,分别向管道首末两端传播。通过首末端压力传感器实时采集接收压力信号,一旦捕捉到压力信号的变化就能判断管道发生泄漏。

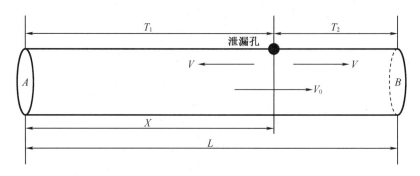

图 13-2 负压波传播示意图

泄漏孔径、管道管径、监测点压力是影响负压波压力大小的关键因素。当泄漏孔径越大、管道管径越大、监测点压力越小时,传感器检测到的信号就越弱;当监测点压力越大、管道管径越小、泄漏孔径越小时,传感器检测到的信号就越强。但是管道输送系统的工况较为复杂,天然气输运过程中会产生噪声,产生的噪声来自设备,很多的天然气罐旁边配有机泵,机泵在运转的过程中会产生噪声,另外,油气在管道中流动的时候也会产生噪声,这些噪声对负压波的提取也会造成干扰;正常的操作例如泵的调节和开闭、阀门的调节与切换等都会引起负压波,使得对于传感器接收的泄漏负压波的判断难上加难。因此,在实际天然气管道运行时,对瞬态负压波信号的捕捉是一个关键性的研究内容,利用现代信号处理技术去除噪声,提高检测灵敏度,是重要的研究方向。

利用天然气管道安装的压力传感器采集到泄漏后产生的负压波信号,经过数据转换后,实时传输到采集系统,利用相关软件读取数据并显示实时和历史数据的波形,便于研究分析压力信号的变化趋势。利用相关方法对管道两端的负压波进行分析,不断对比历史稳定正常信号,由于信号各种特性的变化会表现出压力信号特性的变化,故将每段信号特性差异变化程度作为判断依据,当超过设定的一定范围时,信号进入泄漏段,从而判断管道处于泄漏状态。

系统采集受到噪声干扰可能发生异常或缺失,同时数据具有时变、非平衡和非线性特征,泄漏事件的检测具有较大难度。泄漏事件及时和准确的检测可以有效减少损失和降低不利后果影响,提升天然气管道泄漏系统对于泄漏信号捕捉的灵敏度和准确率是研究的重点。若降低判定标准,则很可能会造成错误警报的情况;若减小泄漏量,管道内的负压波也会表现得十分微弱,使得泄漏检测平台检测到的信号变化不明显。使用多维度和多参数特征提取分析技术,实现实时准确的泄漏判定,可以实现减少漏报或者误报的情况。

13.1.2 基于压力传感器的管道泄漏检测系统硬件设计

围绕天然气管道泄漏检测平台研究内容,开发可以实现模仿天然气或石油传输的油气管道泄漏检测系统,实验平台管道内工作介质为空气和水,能够模拟天然气或石油在管道中不同位置、不同泄漏量情况下的泄漏事件。系统在管道首尾安装压力变送器、温度传感器以及流量传感器等检测传感器单元,对实验过程敏感参数进行连续采集。实验平台需要相关设备如下:304 不锈钢管构成 180 延长米以上管路,在管路中段每 10 m 设置可控泄漏点,实现按需控制泄漏事件的产生;利用气泵产生最大工作压力为 0.6 MPa 的气体;利用泵产生最大压力为 5 MPa 的液体压力;工作环境温度为常温;供电电源为 380 V 及 220 V;实验室地面做全防水处理,保证实验区之外的其他区域不会被漏水浸泡影响。

油气管道泄漏检测系统由高压气系统、高压水系统、控制系统、数据采集与处理系统及附属控制台/柜组成。油气管道泄漏检测系统流程图如图 13-3 所示。

1. 压力传感器选型

压力传感器是系统核心检测设备,关系整个系统的检测精度和稳定度。根据工艺管道和设备结构、开孔情况、安装位置的不同,变送器的选型也不同。由于变送器的类型较多,应用面广,故在变送器选型上,应按通用性、适用范围等原则来统一考量。主要考虑因素如下。

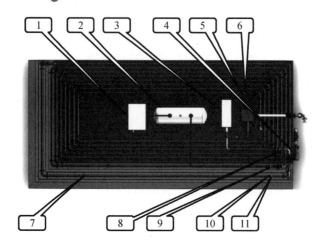

1—气泵;2—储气罐;3—储水罐4,9—出口温度传感器和进口温度传感器;

5,10—出口压力传感器和进口压力传感器;;6—水泵;7—模拟泄漏点;8—气体流量计;11—液体流量计。

图 13-3　油气管道泄漏检测系统装置示意图

(1)测量范围满足要达到的测量功能,并具有测量所需精度。

(2)被测介质的性质不能对变送器产生功能性影响和破坏,要注意介质是否属于强酸、强碱,是否存在黏稠、易凝固、易结晶、易气化等情况。

(3)要考虑仪表使用的环境,是否存在易燃、易爆、有毒、有害气体。

(4)要考虑操作条件变化情况。如生产时压力、温度、介质浓度及密度等变化。

(5)考虑被测对象容器实际属性。如其结构是否复杂,形状和尺寸的符合性。此外,能否对其内部设备附件和工作流程产生影响。

(6)要考虑仪表选型时的通用性,主要应减少规格品种,节约备品备件。

(7)考虑实际工艺情况。如被测对象的设备类型,介质的物理化学方面的性质,洁净程度等。

示例:管道系统设计工作最大压力 5 MPa、室温、工作介质为空气或水,结合其他工作参数、工艺、实验室场地环境,压力变送器选择罗斯蒙特压力变送器,型号 3051GP3A2B21AB4HR5,压力范围 0~5.0 MPa,最大工作压力 5.52 MPa,校验量程 0~5515.806 KPa,精度 0.075%,输出信号 HART,输出信号电流 4~20 mA,电源电压 10.5~42.4 VDC。压力变送器实物如图 13-4 所示。

图 13-4　罗斯蒙特压力变送器

2. 数据采集控制系统

数据采集控制系统以阿尔泰 USB2881 同步多通道采集控制卡为核心构建,将压力变送器送出的输出信号经过变换器转换为采集控制卡的输入电压。同时数据采集控制卡的输出通道对工艺中入口和出口的电动阀门进行控制,实现进气及排气工艺切换。采集控制系统框图如图 13-5 所示。

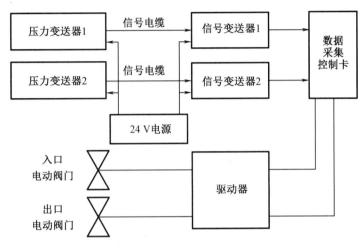

图 13-5　采集控制系统框图

阿尔泰 USB2881 多通道采集控制卡模拟接口主要参数如表 13-1 所示。

表 13-1　阿尔泰 USB2881 多通道采集控制卡模拟接口主要参数

接口类型	参数名称	参数值	
AD 模拟量输入	ADC 分辨率	16 位	
	输入通道	12 路差分	
	输入量程	±10 V、±5 V	
	最高供电电压	24 V	
	校准方式	软件自动校准	
	采样率	最高 250 kHz	
	同步采样	是	
	耦合方式	直流耦合	
	触发源	软件内触发、ATR 触发、DTR 触发	
	触发源输入范围	ATR 输入范围	−10~+10 V
		DTR 输入范围	标准 TTL 电平
	程控增益	1、2、4、8 倍	
	输入阻抗	10 MΩ	
	非线性误差	±1.5 LSB(USB2881)	
	增益误差	±0.25% FSR	
	外时钟输入范围	最大 250 kHz	
	存储器深度	8K 字(点)FIFO 存储器	

阿尔泰 USB2881 多通道采集控制卡数字接口主要参数如表 13-2 所示。

表 13-2　阿尔泰 USB2881 多通道采集控制卡数字接口主要参数

接口类型	参数名称	参数值	
DI 数字量输入	通道数	16 路	
	电气标准	TTL 兼容	
	默认上电状态	低电平	
	输入逻辑电平	高电平最大值	5 V
		高电平最小值	2 V
		低电平最大值	0.8 V
		低电平最小值	0 V
	过压保护	0~5 V	
DO 数字量输出	通道数	16 路	
	电气标准	TTL 兼容	
	默认上电状态	低电平	
	输出逻辑电平	高电平最大值	5 V
		高电平最小值	4.4 V
		低电平最大值	0.4 V
		低电平最小值	0
	单通道驱动能力	±4 mA	
	总电流驱动能力	±25 mA	

3. 多孔径泄漏点设计

实验系统中通过对泄漏点进行开闭实现泄漏工况。在管道三通法兰上安装带有手动球阀的泄放管,通过手工方式进行泄漏实验。在泄放管末端安装带有不同孔径的堵头,实现多孔径泄漏工况。

手工泄漏点如图 13-6 所示。多种孔径的堵头如图 13-7 所示。

图 13-6　手工泄漏点

图 13-7　多种孔径的堵头

4. 硬件系统功能设计

实验平台所用管道总长度为 181.2 m，型号为 DN80，材质为 304 不锈钢，管壁厚度 4 mm，管道上配有 18 个模拟泄漏点（每 10 m 一个），其中 14 个为手动泄漏点（垂直管道安装的手动控制阀门），4 个为自动泄漏点（垂直管道安装的电动阀），管道进口和出口处接有两个三通阀门，以此实现管道运行介质气体介质与液体介质间的切换。管路有弯道和直道，用以模拟不同的泄漏环境。管道两端分别配有压力变送器、液体流量计、气体流量计及温度传感器等。

平台备有一个耐压气罐和蓄水罐。气罐接有一个气泵，可以将空气压缩增压，储存在气罐中，气罐与气体进口间接有一个稳压阀，使得气罐中带有压力的气体能够以恒定压力输出，气体出口装有一个气体开度阀，以此实现气体动态循环下的压力平衡；蓄水罐与液体进气口之间接有一个增压泵，能够将管道中静止状态下的液体压力增高，液体出口接入一个 PVC 闭合管道中，PVC 闭合管道整体低于不锈钢管道，使得喷出的液体能够自动流入排水管道中，排水管道下端接入下水管线，使得实验所用的液体能够顺利排出。在气体进气口与气罐间、气体出口处各装有一个气体流量计，能够实时监测流过管道的气体流量，在水罐与液体进气口间、液体出口处各装有一个液体流量计，能够实时监测流过管道的液体流量，在进口后与出口前，各装有一个温度传感器和压力传感器，能够实时监测管道运行状态下管道内的温度和压力。油气管道泄漏检测实验平台系统如图 13-8 所示。

（a） （b）

图 13-8 油气管道泄漏检测实验平台

13.1.3 基于压力传感器的管道泄漏检测系统软件设计

针对上述设计的油气管道泄漏检测硬件系统，采用 Visual Studio 开发实验平台软件环境，开发了油气管道泄漏检测系统软件，使用环境是 Windows 1064 位。系统软件具有以下优点：采集模块通过阿尔泰数据采集控制卡实时采集各传感器参数，并将数据存储到 MS SQL Server 数据库。采集模块监测系统设备运行状态，组态设备工作状态，在组态图上能够清晰显示设备各部分实时状态和采集到的数据。用户管理模块管理多个层级的用户，可以设置访问不同时间节点的数据，具有不同的操作权限，能够显示历史数据的波形，进行保存和打印,其中历史数据可以按时间检索过滤,能够设置检测系统的管道参数、数据采集参数,具有丰富的参数保存及一键调用功能。报警模块具有丰富的报警功能,能够根据监测到的管道数据进行泄漏检测和判断,输出结果。设置模块能够对数据采集通道进行设置,可以增加或者减少采集设备及端口,设置数据采集的频率、量程、比例、算法等。控制模块能够控制实验平台上各个电动球阀、进出口电动总阀以及出口的开度阀。软件工作界面如图 13-9 所示。

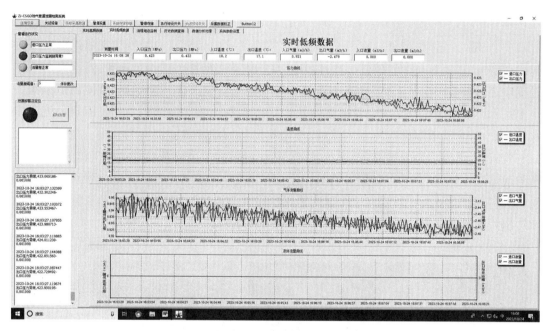

图 13-9 软件工作界面

实验平台系统开始工作后,管道系统进出口压力传感器开始采集数据并进行显示,由 PC 终端把相关数据及数据附属的时间等参数记录储存到数据库中。本系统利用油气管道泄漏监测系统采集的信号为研究对象,融合传感器技术、物联网技术、现代信号处理方法、机器学习等智能科学,探究利用人工智能理论的新思路、新方法,在结合国内外学者关于信号处理和深度学习方法研究成果的基础上,立足于工程实际需求,设计实现了油气管道泄漏信号预处理、特征提取和智能检测方法,为油气管道的泄漏智能检测提供理论依据,提升天然气管道的智能化和可靠性。

本节主要设计了基于压力传感器的油气管道泄漏检测系统。研究了基于负压波的油气管道泄漏信号检测原理,分析了负压波信号的捕捉、泄漏的判断和提高系统的检测灵敏度及准确率的有关问题。根据负压波检测的原理,选择了压力传感器、流量传感器、气体压缩机、水泵、电动阀门等相关设备,引入人工智能技术构建了油气管道泄漏检测系统的硬件部分。根据油气管道泄漏检测系统的硬件结构和功能,开发了油气管道泄漏检测系统的上位机软件,具有参数设定、数据采集和历史数据记录查询等功能。

13.2　物联网传感器在油气管道泄漏检测中的应用

物联网(internet of things,IoT)是指通过信号采集传感器、无线射频识别和定位系统等各种传感技术与装备,实现物理信号的采集,并转换成为电信号,并按照一定的协议,将信号传至网络,以实现对环境与产品的智能化监控和管理,最终将各种信息、设备通过互联网实现"万物互联"。物联网技术是建立在互联网的基础之上,并通过蓝牙、Wi-Fi 和蜂窝网络等无线通信技术使物联网设备进行信息的互相通信,并将通信的信息通过互联网集中于服务器和云平台。近些年物联网的迅猛发展,以及各类物联网平台的出现,传统的感知层、传输层和应用层已经不适合新的物联网运行模式,在各大物联网平台均将物联网重新分为了四个级别,包括感知层、传输层、平台层和应用层。

物联网应用的无线通信技术的选择取决于应用的具体要求。一些应用可能需要远程通信,而其他应用可能需要低功耗。安全性和成本也是需要考虑的重要因素。相对于局域网的仅分布在特定区域内,广域网通信技术则具有分布区域广,没有特定区域限制,同时具有可移动性与灵活性等特点,使其成为无线通信的一大趋势。在广域网通信技术中分为两类,通信网络处于授权频段或者非授权频段,非授权频段为工作在非标准的频段上,可以灵活定义,但是会降低抗扰性与安全性;授权频段为工作在标准的授权频段上,在特殊的频段下具有传输速率高、时间延时低以及具有较高的抗干扰性、数据安全性。

NB-IoT 是一种专门为物联网设备设计的低功耗广域通信技术(LPWA)。它是一种基于蜂窝的技术,在许可的频谱上运行,并针对低数据速率和长电池寿命进行了优化。NB-IoT 使用带宽为 200 kHz 的窄带载波,这可以比传统蜂窝网络更有效地利用频谱和更大的覆盖范围,并且支持一系列部署选项。旨在具有挑战性的环境下运行,例如室内深处和地下区域,并且可以与同一频谱波段的其他蜂窝技术共存。它提供了一系列安全特性,包括端到端加密、相互身份验证和安全密钥管理。NB-IoT 的三种工作模式为独立、保护带和带内。独立模式运行在单独的运营商上,而保护频段模式运行在现有 LTE 运营商之间的未使用频谱上。

总体而言,NB-IoT 是一种可靠、安全、高效的物联网设备通信技术,具有广泛的覆盖范围、长电池寿命和低部署成本。它非常适合广泛的物联网应用,包括智能城市、工业自动化和智能管道。因此利用 NB-Iot 开发了天然气管道泄漏监测系统。该系统由 MCU 主控模块、信号采集模块、NB-IoT 无线传输模块和电源供电模块四部分构成。其中 MCU 主控模块主要由 STM32L151RCT6 主控芯片及相关外围电路、RTC 供电电路、LED 状态指示电路和OLED 显示屏接口电路构成;信号采集模块主要由管道压力变送器、485 通信电路、温湿度传感器电路、GPS/北斗定位器构成;NB-IoT 无线传输模块主要由 BC20 无线芯片及接口控制电路、串口电平转换电路、SIM 卡槽电路和天线接口电路构成;电源供电模块主要由 EMC 电源防护电路和各级稳压电路构成。整个系统通过 RS-485 通信电路与压力变送器相连接对天然气管道压力信号数据进行采集,通过温湿度传感器电路进行天然气管道外部温度和湿度采集,通过 GPS/北斗定位器获取天然气管道设备位置信息,经过 MCU 主控模块对天然气管道数据进行整合与打包,最终通过 NB-IoT 无线传输模块将天然气管道数据传输至 ONENET 物联网云平台,基于物联网的天然气管道泄漏监测系统硬件整体结构图如图 13-10 所示。

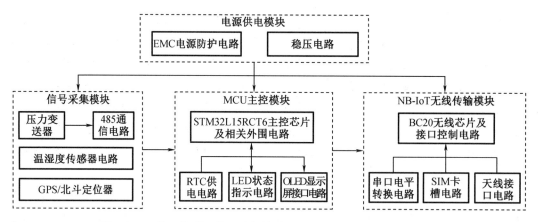

图 13-10　基于物联网的天然气管道泄漏监测系统硬件整体结构图

13.2.1　MCU 主控模块

由于天然气管道分布广泛且铺设距离较远,其硬件分布也将会是多变的,当供电方式变为电池或者太阳能电池板时,则设备的功耗是一大重点。系统的主控芯片作为能耗的主要单元的选型尤为重要,本系统选用 ST 厂商推出的超低功耗系列芯片 STM32L151RCT6 作为信号处理单元,其相对于 STM32F 系列具有超低功耗的优势。STM32L151RCT6 芯片是以 32 位 ARM® Cortex® -M3 为内核,工作频率为 32 MHz,闪存可达 128 kB 和 32 kB,内存保护单元(MPU),通用串行总线(USB),两条 APB 总线以及增强 I/O 口。芯片提供了 2 个 16 位基本定时器,1 个 12 位的 ADC 和 2 个 DAC,2 个超低功耗比较器,6 个通用计时器。此外还提供了丰富的外部接口:2 个 I2C 和 SPI,3 个 USART 和 1 个 USB。并且可以提供高达 20 个可添加触摸传感功能的电容传感通道,还包括一个具有亚秒计数的实时时钟和一组在待机模式下保持供电的备份寄存器。芯片在 BOR 下从 1.8～3.6 V 电源(断电时降至 1.65 V),在没有 BOR 选项的情况下从 1.65～3.6 V 电源运行,芯片可在 −40～+85 ℃的温度范围内使用。

本系统设计的 MCU 主控模块主要包含 STM32L15RCT6 主控芯片及相关外围电路、RTC 供电电路、LED 状态指示电路和 OLED 显示屏接口电路。

13.2.2　天然气管道信号采集模块

本系统的天然气管道压力传感器选用的是星仪 CYYZ18 系列压力变送器,其信号的测量元件采用了高质量的不锈钢隔离膜片 OEM 压力传感器,激光调阻工艺可为其提供宽温度范围内的零点和灵敏度温度补偿,从而使其具备了宽供电电压、抗干扰、过载和抗冲击能力强、温度漂移小、稳定性高、精度高和防爆等一系列优点。图 13-11 所示为压力变送器接线安装示意图,管道压力通过压力变送器将管道压力信号变为数字信号,并通过 RS-485 进行数字信号的输出,接线图中红线接正极,蓝线接负极,黄线与 RS-485 通信电路的 A 线相连,白线与 RS-485 通信电路的 B 线相连,同时压力变送器的 4 条线都需要进行接地,以保护采集段电路。

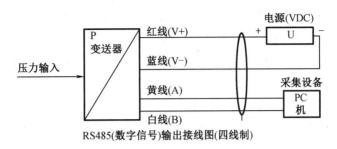

图 13-11　压力变送器接线安装示意图

如图 13-12 所示,为压力变送器实际天然气管道安装图。

图 13-12　压力变送器实际安装图

本系统所采用的传感器参数如表 13-3 所示。

表 13-3　压力变送器参数表

变送器型号	量程范围	测量精度	连接方式	供电电压	输出数据
CYYZ18-X	0~3.5 MPa	0.25%FS	M20×1.5	12-36VDC	RS-485(0-2000)

压力变送器通过 RS-485 总线与主控芯片进行数据传输,其 AB 差分双绞线传输,具有传输距离长达 1 000 m,最多可接 32 路,硬件方面设计方面不需要增加新的数模转换及信号处理电路,更加准确保证了信号的真实性。

压力变送器遵循 Modbus-RTU 通信协议标准,传输波特率为 9 600 bps,无校验位,8 位数据位和 1 位停止位的传输格式。

13.2.3　RS-485 通信电路

在硬件 RS-485 电路设计中采用 MAX3485EESA 芯片将 TTL 电平的 RX 和 TX 转换成 RS-485 的差分电平的 AB 线,其供电电压为+3.3 V,具有±15 kV 的静电放电(ESD)保护,半双工通信。RS-485 通信电路采用三端控制 RS-485 接口电路,如图 13-13 所示,主控芯片的 UART 串口的 RX 与 MAX3485EESA 的 R 引脚相连,TX 与 MAX3485EESA 的 D 引脚相连,由主控芯片通过 PC4_485_EN 引脚控制控制 MAX3485EESA 芯片的 RE/DE 进行发送与接收的使能:当 PC4_485_EN 的电平为高电平时,MAX3485EESA 芯片的发送使能,接收无效,此时主控芯片可以进行数据字节的发送;当 PC4_485_EN 的电平为低电平时,则 MAX3485EESA 芯片的发送无效,接收器使能,此时主控芯片可以接收数据字节。由于在同一时刻 MAX3485EESA 芯片的"发送器"和"接收器"只能有一个处于工作状态,因此主控芯片的接收与发送不能同时进行。

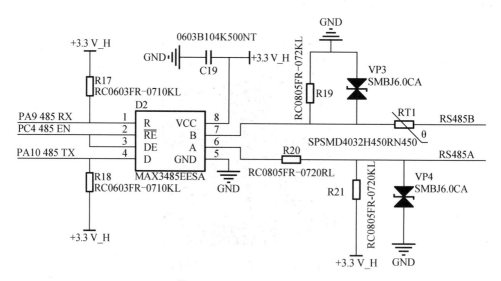

图 13-13　RS-485 通信电路

在电路可靠性与防护方面,在 A 线加入上拉电阻,B 线加入下拉电阻用于保证 AB 线在无连接时,使 MAX3485EESA 芯片处于空闲失效保护状态,从而提高 RS-485 节点与网络的可靠性。同时加入了双向 SMBJ6.0CA 的 TVS 瞬变抑制二极管 VP3 和 VP4 以及压敏电阻 RT1 用于保护 RS-485 总线,避免受到外界干扰(雷击、浪涌)产生的高压损坏 RS-485 收发器及主控单元,保护了设备的安全性。

13.2.4　温湿度传感器电路

当天然气管道在采集设备周围发生泄漏时,由于离采集设备过于接近,因此对于管道压力信号的采集会出现一定的偏差,同时由于天然气管道低温高压的运行环境,当天然气管道发生泄漏时会导致泄漏位置周围的环境温度和湿度发生剧烈变化,因此需要加入对设备周围温度和湿度的监测传感器。本设计采用 DHT11 温湿度采集和数字信号输出的复合传感器,其内部含有一个电阻式感湿元件和一个 NTC 测温元件,实物图如 13-14 所示。

图 13-14 DHT11 实物图

DHT11 采用单线串行方式与主控芯片通信,工作电压采用 3.3 V,工作电流为 0.5 mA, 湿度测量范围为 5%~95%RH,温度测量范围为-20~60 ℃,精度可分别达±5%RH、±2 ℃。 DHT11 在读取数据时,需要主控芯片首先通过 PB8_DHT11 引脚上发送 18 ms 以上的低电 平再发送 20~40 μs 高电平作为开始信号,然后 PB8_DHT11 引脚设为输入并等待 DHT11 响 应,当 DHT11 数据引脚接收到主控芯片的开始信号后,先发送 80 μs 低电平再发送 80 μs 高 电平进行应答,主控芯片受到应答后进行数据的采集。DHT11 采集一次数据为 40 bit,数据 格式为 8 bit(湿度整数)+8 bit(湿度小数)+8 bit(温度整数)+8 bit(温度小数)+8 bit(校 验),其中数据检验方式为校验位之和与前 4 个字节之和相同。

DHT11 为单总线进行数据交换,需要在单总线外接一个约 1 kΩ 的上拉电阻,将空闲时 的引脚拉至高电平,当主控芯片再次发出开始信号时,并不会出现时序混乱问题。如图 13-15 所示,为 DHT11 的电路图。

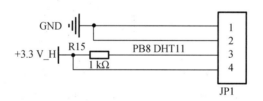

图 13-15 DHT11 电路

13.2.5 NB-IoT 无线通信模块

由于天然气管道的分布广泛,且在管道泄漏后使用负压波法对泄漏点进行定位时,需 要准确获取准确的泄漏点到压力采集点的距离信息,因此对于系统的天然气管道压力采集 节点需要进行准确的定位。对于本设计采用移远的 BC20 芯片,该芯片是一款集成了 NB- IoT 和 GNSS(GPS/BeiDou)双系统,具有高性能、低功耗、多频段的特点,能够通过导航系统 解调算法,在网络进行数据交互的同时,实现了快速、精准定位,比传统的单一 NB-IoT+GPS 设备具有更加紧凑的尺寸,具有低功耗、抗干扰、高精度的特点,在相同环境下能够使用卫 星的数量更多,搜星时间更短,加快定位速度,提高定位精度。同时 BC20 模块内置 LNA 和 低功耗算法,保证了高灵敏度的同时使系统在低功耗模式下具有更低的能耗。另外 BC20

提供了丰富的外部接口,内嵌的扩展 AT 命令可以使用户更容易地连接到中国移动 OneNET 云和阿里云等物联网云平台,使开发更加便利。

1. BC20 无线芯片电路

如图 13-16 所示,为 NB-IoT 无线通信模块 BC20 的引脚定义与引脚接线电路。

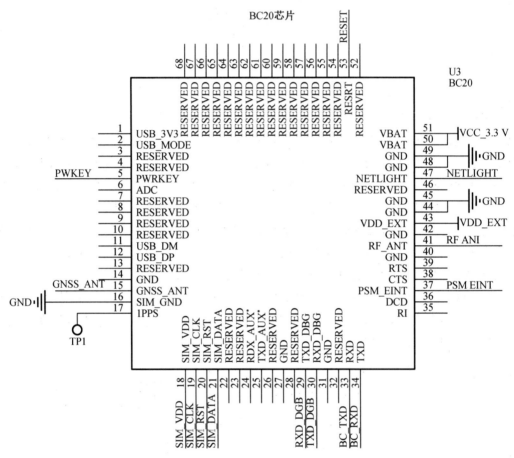

图 13-16 BC20 的引脚定义与引脚接线电路

BC20 芯片的外围控制电路(图 13-17),其中电路(a)为模块开机电路,主控芯片通过引脚 PWKEYIO 控制三极管导通,使 BC20 的 PWKEY 引脚拉低超过 500 ms 时模块开机;电路(b)为模块复位电路,主控芯片通过 RESETIO 控制三极管导通,使 BC20 的 RESET 引脚拉低模块复位,同时提供了 SW1 按键同时使其复位;电路(c)为模块唤醒电路,主控芯片通过 PSM 引脚控制三极管导通,使 BC20 的 PSM_EINT 引脚拉低模块唤醒;电路(d)为模块网络状态指示电路。

由于 BC20 芯片的串口电压域为 1.8 V,主控芯片使用的 STM32 系列单片机的供电电压为 3.3 V,因此需要在 BC20 和主控芯片的串口连接中使用电平转化器,以确保其电压域相同,从而保证串口信息传递的准确性。主控芯片和 BC20 芯片的串口电平转换电路,如图 13-18 所示。

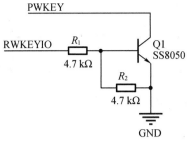

(a) 模块开机电路

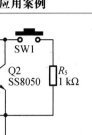

(b) 模块复位电路

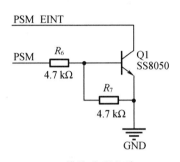

(c) 模块唤醒电路

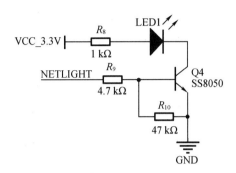

(d) 模块网络状态指示电路

图 13-17　BC20 外围控制电路

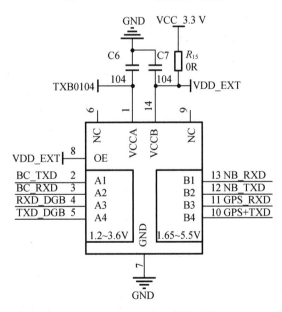

图 13-18　串口电平转换电路

2. 天线接口电路

图 13-19 所示为天线接口电路,其中 RF_ANF 为蜂窝网络天线接口电路,GNSS 为北斗和 GPS 双模定位的天线接口电路。

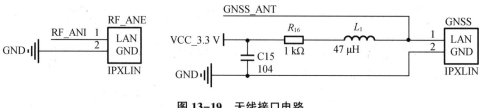

图 13-19　天线接口电路

3. SIM 卡槽电路

由于 BC20 模块需要通过 SIM 卡接入相应的运营商网络,因此需要 BC20 芯片对 SIM 卡进行身份识别,运营商进行授权,最终通过 NB 蜂窝网络结构和窄带物联网进行数据的订阅与发布。SIM 卡槽电路如图 13-20 所示。

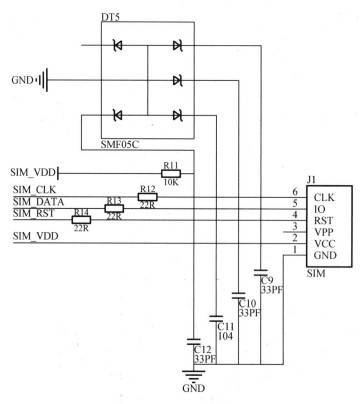

图 13-20　SIM 卡槽电路

本节主要对基于物联网的天然气管道泄漏检测系统进行硬件设计。包括整体结构划分,MCU 主控电路模块、信号采集模块、NB-IoT 无线通信模块和电源供电模块硬件设计。最后将所设计的电路原理图进行整合,根据整体原理图绘制了系统设备的 PCB 电路板,最后通过硬件的焊接与测试完成对系统硬件设备设计工作,为本系统的软件功能实现提供了硬件基础。

13.2.6　系统上位机软件设计

WEB 端设计:打开并登录 OneNET 物联网云平台,使用平台中的增值服务的数据可视化 View 功能对数据可视化平台进行设计,设计步骤如下。

步骤 1:首先建立天然气管道泄漏监测系统的可视化项目。

步骤 2:项目建立完成后,在项目列表中点击编辑相应项目,直接跳转至可视化界面,通过拖拽顶部列表的组件添加至可视化编辑页面。

步骤 3:完成组件拖拽后,双击对应组件,点击右侧弹出的[数据]标签即可管理数据源、配置数据过滤器。

步骤 4:点击[管理数据源],在弹出的界面中,选择[新增数据源],选择数据类型后,填写对应信息,即可完成数据源新增创建。[数据源列表]可将数据源保存为[数据源模板],便于其他项目使用。

步骤 5:组件调整完毕,页面搭建结束,点击页面右上方的[预览]进行预览展示,预览完毕后,点击[保存]项目将存储在[项目列表]中。

步骤 6:项目可视化设计完成后可以通过发布生成网页连接,用户可通过连接对系统的可视化平台进行查看。

通过正确的登录密码可以登录物联网云平台查看天然气管道泄漏监测系统的可视化界面,如图 13-21 所示,对管道监测设备数及设备上的传感器数量进行了统计,显示了当地目前的时间与天气状况,显示了四台设备的管道压力、温度、湿度以及地理位置的实时数据。

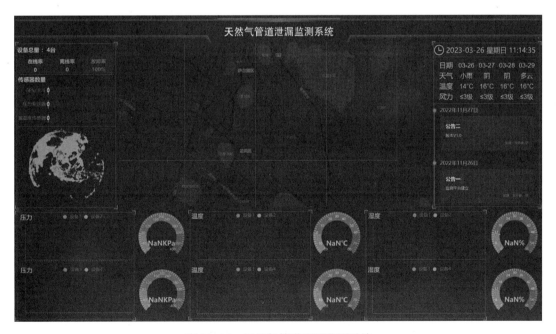

图 13-21 天然气管道泄漏监测系统

为了方便更多用户移动端数据的查看,这里基于 OneNET 物联网云平台的数据可视化 View 功能,设计了适合移动端查看的网址版系统数据流显示,如图 13-22 所示。

图 13-22　移动端网址数据流查看

　　本节主要对基于物联网的天然气管道泄漏监测系统进行软件设计。设计了系统下位机主控程序、采集程序和无线通信程序；设计了物联网云平台设备连接管理和应用使能；把上一节开发的相关算法引入到本系统中，设计了系统上位机的 WEB 端和移动端。完成了管道数据的采集，并将管道数据上传至物联网云平台，在物联网云平台进行了设备的连接和管理、数据流管理和使能，最后基于云平台实现了 WEB 端数据可视化，API 接口将数据从云端存到本地数据库等功能。

13.3 基于张量模型的滚动轴承振动信号预处理

滚动轴承的故障诊断与其他传统机械设备的故障诊断相类似,主要包括滚动轴承信号的特征提取与故障识别两个部分。

特征提取是滚动轴承故障诊断方法的基础,好的特征能够使得数据的类内间距具有较好的聚类性,而类间间距具有较大的可分性,用数据少量的特征就能够达到较高的识别准确率,且极大地简化了数据的复杂度,有助于提升后续识别算法的计算速度。针对滚动轴承特征提取过程中遇到的问题,给出相应的解决方案。滚动轴承运行状态的识别是故障诊断方法的核心,高性能的识别算法能够从复杂的数据中快速、准确地区分出各种数据所属的类型,而低性能的识别算法会降低故障的识别准确率。因此识别算法是影响故障诊断性能的另一重要因素,在实际工程应用中应依据信号的特点选择适合的故障识别算法。

故障识别算法的种类有很多,从是否使用数据类别信息的角度,故障识别算法可分为无监督识别算法和有监督识别算法两大类。无监督识别算法主要用于无标签的数据中,典型的算法包括K-均值聚类算法、K-中心点聚类算法、高斯混合模型和隐马尔可夫模型等。算法以"物以类聚"的原理,通过数据某一种或几种属性的相似程度,将数据聚集成不同的簇,在同一簇中的数据被认为具有相同标签。这类方法的优势在于无须数据的标签信息,这为工程应用提供了极大的方便,但这类方法实际上只能实现数据的聚类,无法判别出数据的真实类别,在实际工程中应用较少。基于监督的识别算法被广泛地应用于故障诊断中,技术也相对较为成熟,其核心思想是通过大量已知类别信息的样本训练一个映射模型f,通过模型f实现数据从特征空间到类别空间的投影。因此基于监督的识别算法主要涉及模型构建以及相应参数的估计两个问题。典型的监督识别算法主要有 K 近邻(K-nearestneighbor, KNN)算法、神经网络算法以及支持向量机(SVM)等。KNN 算法的优点是易于实现,但其计算量大,分类精度严重依赖特征的显著性。神经网络算法特别适合于处理复杂度较高的数据,理论上已经证明了神经网络能够实现任意复杂的非线性映射,但其在训练时需要大量带有标签的样本,实际应用的局限性较大,并且神经网络的学习速度和训练精度受初始值影响较大,很容易陷入局部最小点,导致训练失败。SVM 算法是以 VC(vapnik-chervonenkis, VC)理论为基础,具有严格的数学证明,具有较好的鲁棒性。SVM 算法决策面的确定最终只依赖少量的支持向量,很好地解决了小样本问题,在分类领域中SVM 算法要明显优于 KNN 算法和神经网络算法。SVM 算法的主要缺点在于其属于二分类算法,即每次操作只能识别出两类,但现在已经有众多解决方案。因此本章采用 SVM 识别算法结合改进的 LLE 降维方法,实现对滚动轴承故障类型的确定。

13.3.1 滚动轴承故障测试平台

为了验证 ALLE 算法、STH 算法以及 LPALLE 算法和 BPALLE 算法在实际滚动轴承故障诊断中的实用性,作者在本节将所研成果应用于实验室的滚动轴承故障平台中,滚动轴承故障诊断系统分为硬件部分和软件部分,如图 13-23 所示。

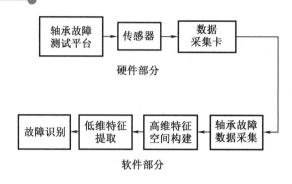

图 13-23　滚动轴承故障诊断系统

1. 工作原理

本节采用的测试系统是由江苏千鹏诊断工程有限公司开发的 QPZZ-Ⅱ 型旋转机械振动分析及故障试验平台,如图 13-24 所示。

图 13-24　QPZZ-Ⅱ型旋转机械振动分析及故障试验系统

该平台主要通过一个变频器调节电机转速;电机可通过左右平移,分别驱动滚动轴承及齿轮工作,电机转速范围为 50~2 800 r/min,功率为 0.55 kW,扭矩为 4.7 N·m;轴系由轴、滚动轴承、保持架以及负载转盘组成。滚动轴承各种故障的模拟,可通过在实验平台上安装不同故障滚动轴承实现,滚动轴承的安装位置如图 13-24 所示。实验系统提供的被测部件主要包括故障滚动轴承、有缺陷的齿轮和一个每 10° 就有一安装孔的旋转圆盘,可模拟故障类型如表 13-4 所示。

表 13-4　故障测试平台可模拟的故障类型

故障类型	具体故障
滚动轴承故障	内圈损伤、滚动体损伤、外圈损伤、保持架损伤
轴系故障	轴不对中、不平衡、轴的安装不良和松动
齿轮故障	齿形误差、齿轮磨损、齿轮偏心、局部异常

转轴上固定有两个转盘和一个压力加载装置,转盘外面有一个加厚的塑料保护罩,转轴通过两端的底座固定,中间的滚动轴承底座安装的是正常滚动轴承,边缘的底座安装的是故障滚动轴承,便于不同类型的故障滚动轴承拆卸和更换。工作时,驱动电机通过皮带轮和联轴器带动转轴旋转,当调节变频器输出频率为 40 Hz 时,可使电机转速达到 1 200 r/min,若采样频率为 10 kHz,则电机每旋转一圈将采集到 500 个点。

对实验平台工作状态的监测有多种手段,如检测电机的电压、电流、平台的水平及垂直方向的振动信号等。电压、电流信号容易受电网波动以及各种元器件的噪声等因素的干扰,分析难度较大。在滚动轴承故障监测中常测量振动信号作为监测参数,振动测量参数主要包括位移 $s(t)$、速度 $v(t)$ 和加速度 $Q(t)$。

设振动的位移信号表示 $s(t)$ 为

$$s(t) = A\sin(wt+\varphi) \tag{13-1}$$

振动的速度信号是位移信号 $s(t)$ 的导数,可通过如下公式计算:

$$v(t) = Aw\cos(wt+\varphi) \tag{13-2}$$

振动的加速度信号为速度信号 $v(t)$ 的导数:

$$a(t) = -Aw^2\sin(wt+\varphi) \tag{13-3}$$

由式(13-1)至式(13-3)可知,当振动信号的幅值比较微弱时,位移信号和速度信号幅值较小,但由于频率的作用,加速度信号的幅值则较大,尤为重要的是加速度信号对高频信号更为敏感。因此本节通过安装在平台基座表面上的一个三轴加速度传感器、多通道模拟采集卡以及 LABVIEW 软件,实现对平台 x 轴、y 轴、z 轴方向的加速度进行实时测量。

2. 数据采集系统

本试验振动传感器采用美国 PCB 公司生产的 356A16 三轴加速度传感器,其灵敏度为 100 mV/g,频率范围为 0.5 Hz 5 000 Hz,加速度传感器固定在故障端滚动轴承座的轴向上,其中 z 轴垂直于滚动轴承座的平面。采集卡为 NI 公司型号为 USB-4431 的 4 通道输入、单通道输出的模拟量采集卡。该采集卡能够设置的采集频率范围为 20 Hz~20 kHz,分辨率为 24 位。所选的加速度传感器和模拟量采集卡如图 13-25 所示,参数指标完全能够满足实验要求。经过多次试验发现传感器安装在水平位置时采集到的信号强度最大。

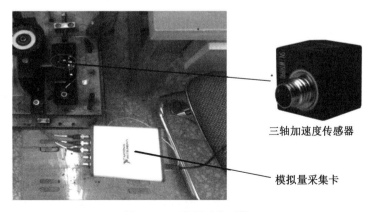

三轴加速度传感器

模拟量采集卡

图 13-25 数据采集系统

试验中使用的滚动轴承型号为 N205,基本参数如表 13-5 所示。故障滚动轴承有滚动体故障、内圈损伤和外圈损伤三种,如图 13-26 所示。

表 13-5　滚动轴承参数

内径/mm	外径/mm	节圆直径/mm	滚动体直径/mm	接触角/°	滚动体个数/个
25	52	38.5	6.75	0	12

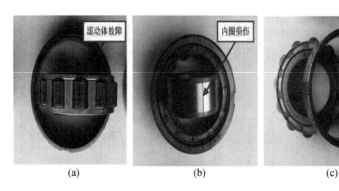

图 13-26　故障滚动轴承

滚动轴承转速分别为 500 r/min、1 000 r/min、1 400 r/min 时,根据公式计算出不同转速下内圈、滚动体、外圈故障的故障频率如表 13-6 所示,故障信号的最大频率为 165 Hz,根据采样定理当采样频率大于或等于信号最高频率的两倍时,采样值就可以包含原始信号的所有信息,被采样的信号就可以不失真地还原原始信号,但在实际工程应用中通常需要采样率能够达到信号最高频率的 3~5 倍以上。因此实验中采样频率分别选择 1 kHz、5 kHz 和 10 kHz,每个状态的数据包括 x 轴、y 轴、z 轴三个方向,采集了 4×3×3×3 共 108 组数据,其中 4 表示数据类型包括三种故障数据和正常数据,第一个 3 为三种转速,第二个 3 为三种采样率,第三个 3 代表 x 轴、y 轴、z 轴三个方向。

表 13-6　不同转速下对应的滚动轴承故障频率

转速/(r/min)	转频/Hz	内圈频率/Hz	滚动体频率/Hz	外圈频率/Hz
500	8.33	58.77	23.03	41.23
1 000	16.67	117.53	46.07	82.47
1 400	23.33	164.55	64.50	115.45

13.3.2　STHALLE 算法提取滚动轴承特征

为了全面检验所提滚动轴承故障诊断方法的综合性能,将故障诊断方法应用于在不同转速、不同采样率以及不同方向上采集到的滚动轴承数据中,并与现有文献较为典型的故障诊断方法从特征的可视化、Fihser 度量以及识别准确率等方面进行对比分析。

由于原始数据的维度过高,且其内部分布较为复杂,而非线性降维方法处理复杂数据的鲁棒性又相对较差,直接将其降到期望的维度难以取得良好的效果。一个较为有效的方式是首先将原始数据变换到一个相对平坦的空间中,再运用流形降维方法得到数据的显著特征。实际上 STHALLE 算法就是采用了这种设计策略,STHALLE 算法的特征提取方法主要包括 STH 和 ALLE 两个过程,首先采用 STH 算法完成了对数据的一次空间变换并实现对数据复杂度的初步简化,值得注意的是,STH 算法处理的对象是单一样本,能够很好地消除其余样本对特征计算的影响。虽然采用传统能量准则方法能较为有效地估计数据的重要分布方向,但阈值的确定仍需通过人工依据实际情况主观判定,如何合理确定阈值仍然是一个开放性的问题,阈值过大无法起到特征选择的效果,而较小的阈值又会漏失一些重要的特征,算法缺乏自适应性。张量在每个模展开时的奇异值体现了对应子空间中各正交基间的关联关系,奇异值的大小决定了对应正交基的重要程度,每个子空间中非零奇异值的数目与模展开矩阵的秩相等,其数目要远远小于子空间的维数。因此直接采用奇异值作为信号的初步特征,实现张量特征的自动确定,并且能够以一种更加简洁的形式展现出原始数据的真实分布,在此基础上采用 ALLE 算法继续学习数据内在结构信息,使得嵌入结果具有较高的可识别性。

基于 STHALLE 算法的特征提取流程如图 13-27 所示。

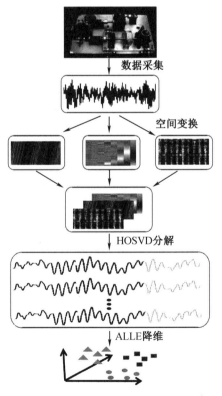

图 13-27　STHALLE 算法计算流程

3. 具体实现步骤

Step1:从监测的滚动轴承设备中采集原始振动信号,并依据故障信号的最高频率、采样频率以及转速等参数合理地确定每个样本的长度,采集不同故障类型的滚动轴承振动信号,构建一个完整的滚动轴承数据集。

Step2:利用前文提出的 STH 算法提取滚动轴承振动信号的初步特征。首先分别将每个样本投影到相空间、EMD 空间和小波空间中;其次利用三个子空间建立滚动轴承振动信号的三阶张量模型 $R^{I_1 \times I_2 \times I_3}$;最后采用 HOSVD 方法对所建张量模型进行分解,将每个维度中的奇异值作为滚动轴承故障新的初步特征,并利用所有样本的特征创建新的滚动轴承故障数据集。

$$X = \begin{bmatrix} \sigma_{11} & \sigma_{12} & \cdots & \sigma_{1N} \\ \sigma_{21} & \sigma_{22} & \cdots & \sigma_{2N} \\ \vdots & \vdots & \ddots & \vdots \\ \sigma_{L1} & \sigma_{L2} & \cdots & \sigma_{LN} \end{bmatrix} \tag{13-4}$$

其中,L 为每个样本的奇异值总数目;N 为样本总数。

Step3:选择适合的嵌入维数 d 与近邻点个数 k,采用 ALLE 算法对数据集 X 进行维数约简获得滚动轴承数据的最终特征。

13.3.3 STHALLE 算法对滚动轴承不同故障程度诊断的验证

为了验证 STHALLE 算法对滚动轴承不同故障程度诊断的有效性,本节选用 CWRU 滚动轴承数据集中驱动端故障轴承在载荷为 0HP、转速为 1 797 r/min 不同故障尺寸下测得的振动信号,具体包括故障尺寸为 0.007 in、0.014 in、0.021 in、0.028 in 的内圈和滚动体故障数据,故障尺寸为 0.007 in、0.014 in、0.021 in 的外圈故障数据,和基座端测得的一组正常轴承数据,共 12 种类型的数据。每种数据截取 100 个样本,每个样本的长度为 1 024。

对于不同故障尺寸、相同故障类型的滚动轴承信号,采用传统的时频域分析的方法计算出的故障频率相同,不能判断出不同故障尺寸的故障类型。利用本文提出的 STHALLE 算法对 12 种类型的数据进行低维映射,得到其三维映射结果,如图 13-28(a)所示。

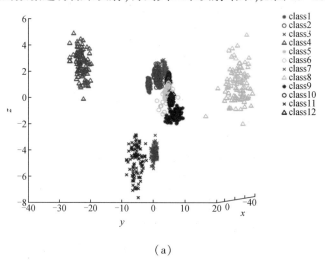

(a)

图 13-28　STHALLE 算法对 12 种不同故障程度滚动轴承数据的低维映射结果

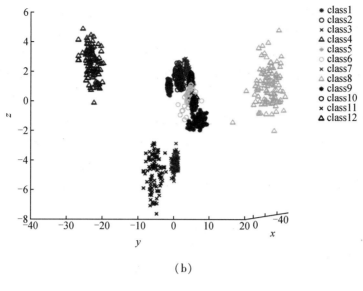

（b）

图 13-28（续）

对比相关文献中提出的反馈包装方法得到的故障特征，如图 13-28（b）所示，明显能够看出本章提出的 STHALLE 算法对各类故障的低维映射可区分性更好。对于相同故障类型不同故障尺寸的内圈和外圈故障都可以完全区分开，对于不同故障尺寸的滚珠故障，也可以将 0.028 in 的滚珠故障完全区分开，证明了 STHALLE 算法对滚动轴承故障程度诊断的有效性。

13.3.4 STHALLE 算法特征提取分析

采用滚动轴承数据集作为研究对象，分别将每个样本投影到相空间、EMD 空间以及小波空间中，其中相空间的嵌入维数为 6，延迟时间为 2，则相空间的维数为 $R \in 6 \times 1\ 014$，由于所提张量模型要求同一信号在不同子空间中具有相同的维数，信号经 EMD 和小波分解后的维数与相空间维数相同，则每个样本的张量模型维数为 $R^{6 \times 1\ 014 \times 3}$，其中 6 代表每个子空间的行维数，1 014 为每个子空间的列维数，3 表示子空间的数目。采用 HOSVD 算法对每一个样本进行分解，并将每个维度的奇异值作为特征，所得特征如图 13-29 所示。从图中可看出，只有特征 21、22、23 和 24 波动较大，稳定性不够，其余特征曲线几乎是条直线，保持了良好的稳定性。另外各特征对外圈故障信号的区分性较好，外圈故障信号能够很容易地从数据中区分出来，而其余三类数据特征也具有一定的可区分性，所提特征具有良好的显著性，尤为重要的是本节所提取的特征是通过矩阵分解自动获取得到的，而不是通过人工选择的。

从上述所得特征来看，虽然 STH 特征能够有效地揭示出 CWRU 滚动轴承数据集中各类数据的主要特点，但它们自身维数仍很高，且大部分特征对正常数据、内圈故障数据或滚动体故障数据的区分度较小，很容易导致后续错误的分类，因此有必要对现有数据进一步地分析，挖掘出能够反映各类数据独有的典型特征。在实验基础上，引入 ALLE 算法对已有特征进行降维处理，选择近邻点 k 为 12，为从可视化的角度直观地评估特征的显著性，设置

嵌入维数 d 为 3,并引入经典的 MPCA 张量降维算法进行比较。MPCA 属于全局张量降维方法,计算时需要将整个数据集构成一个大的张量形式,因此采用相同数目子空间构建张量模型时,MPCA 算法构建的张量模型要比 STHALLE 算法多一个样本数目维度。MPCA 算法与 PCA 算法相类似,通过寻找数据在空间中的最大方差方向实现数据的维数约简,不同点在于 MPCA 计算的方向体现了数据不同子空间的一个整体分布趋势,而 PCA 只是体现了数据的单一子空间的主要分布。同时为了验证 STHALLE 算法在样本表现形式较少时仍然能够具有较强的特征提取能力,分别对数据集中的每个样本构建单一的相空间、EMD 空间和小波空间的张量模型,共计三种张量模型进行特征提取,STHALLE 算法与 MPCA 算法特征提取所得结果分别如图 13-30 和图 13-31 所示。

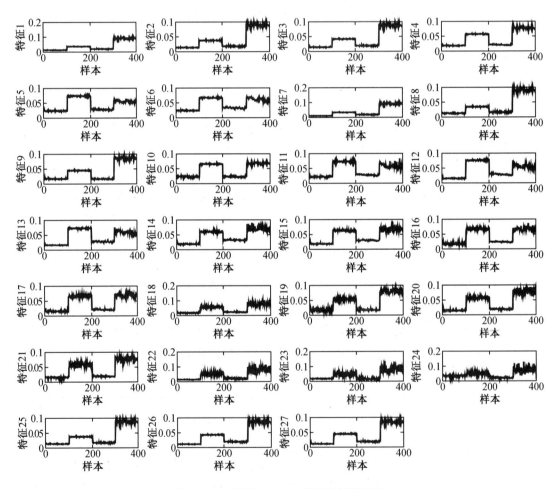

图 13-29 基于 HOSVD 的滚动轴承特征

(1~100 为正常数据;101~200 为内圈故障数据;201~300 表示滚动体故障数据;301~400 表示外圈故障数据)

从图 13-31 可看出,MPCA 特征的显著性极差,几乎所有的数据都重叠在三维空间中无法区分,该结果甚至要远差于采用向量方法获得的特征。主要原因在于,张量模型虽然能够融合更多的先验信息,但同时也极大地提高了数据维数,增加了信号在空间分布的复杂性,并且 MPCA 是在整个样本集上估计每个维度的重要方向,属于全局方法,因此采用

MPCA 难以对复杂数据集获得良好的降维效果。从图 13-30 可看出,从只采用单一 EMD 空间构建的张量模型提取的特征中有部分滚动体故障数据和正常数据重叠在一起,无法全部被识别,从其余张量模型中提取的不同数据类型的特征在三维空间中完全分离出来,并且展现了良好的类内间距和类间间距,尤其是多子空间张量模型的特征具有最优的类内间距,更进一步验证了所提 STHALLE 算法的特征提取能力。

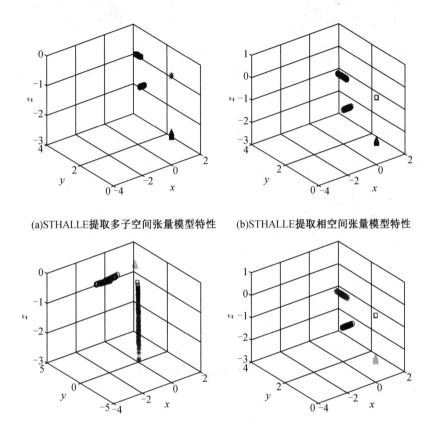

(a)STHALLE提取多子空间张量模型特性　　(b)STHALLE提取相空间张量模型特性

(c)STHALLE提取EMD空间张量模型特征　　(d)STHALLE提取小波空间张量模型特征

图 13-30　STHALLE 提取不同张量模型特征

(红色"＊"表示正常数据;绿色"△"为内圈故障数据;蓝色"□"表示滚动体故障数据;黑色"○"为外圈故障数据)

　　为了评估 STHALLE 算法的计算效率,改变数据集中样本数目从步长 50 增加到 400,统计 STH 算法、ALLE 算法、STHALLE 算法和 MPCA 算法的计算时间与样本数目间的关系。从图 13-32 可看出,MPCA 算法所对应的曲线最为陡峭,说明 MPCA 算法的运行时间受样本数目变化的影响较大。原因在于 MPCA 算法对整个数据集进行整体操作,其效率要远低于对单一数据进行操作的 STHALLE 算法,可见,采用全局张量建模势必会增加算法的计算量。STHALLE 算法的计算时间主要由 STH 算法和 ALLE 算法两部分构成,而 STH 算法的计算时间要远大于 ALLE 算法,STH 算法计算 400 个样本大约需要 3 min 左右,主要是由于构建张量模型需要耗费大量时间。但值得注意的是 STH 算法对每一个样本单独处理,其计算一个样本的时间不超过 0.6 s,在数据处理量不大的情况下,完全能够满足对滚动轴承数据实时处理的要求。综上所述,STHALLE 算法的计算速度要快于 MPCA 算法,说明本节所提出的对单一样本进行张量处理的方法能够提高算法的计算速度。

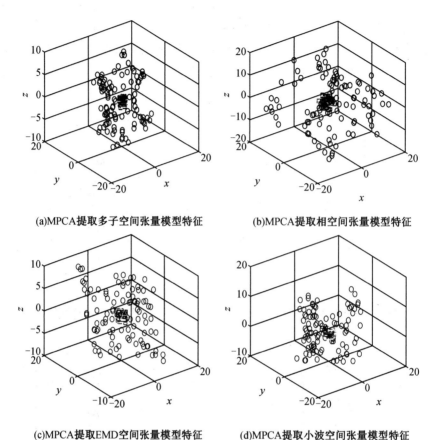

(a)MPCA提取多子空间张量模型特征　　　(b)MPCA提取相空间张量模型特征

(c)MPCA提取EMD空间张量模型特征　　　(d)MPCA提取小波空间张量模型特征

图 13-31　MPCA 提取不同张量模型特征

（红色"＊"表示正常数据；绿色"△"为内圈故障数据；蓝色"□"表示滚动体故障数据；黑色"○"为外圈故障数据）

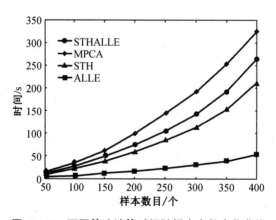

图 13-32　不同算法计算时间随样本个数变化曲线

本节详细地阐述了利用振动传感器测量滚动轴承故障的检测方法,从测量原理、测量系统以及相关算法实现上进行了探讨,详细介绍了的 QPZZ-Ⅱ 型旋转机械振动故障模拟平台,采用三轴加速度传感器采集了不同转速和不同采样率下的滚动轴承数据。将所提方法应用于所采数据中,确定选用 SVM 识别算法与所研特征提取成果相结合,实现一套完整的滚动轴承故障诊断方法。实验结果表明当转速为 1 000 r/min,采样率为 5 kHz 时,在 x 轴、y 轴、z 轴以及 xyz 三轴上采用 STHALLE 算法获得的特征比采用 LLE 算法获得的特征其故障识别准确率高。

参 考 文 献

[1] 王庆有. 图像传感器应用技术[M]. 2版. 北京:电子工业出版社,2013.

[2] 罗昕. CMOS 图像传感器集成电路:原理、设计和应用[M]. 北京:电子工业出版社,2014.

[3] 太田淳. 智能 CMOS 图像传感器与应用[M]. 2版. 史再峰,高静,徐江涛,译. 北京:清华大学出版社,2023.

[4] 赵静. 传感器技术及其应用研究[M]. 西安:西安电子科技大学出版社,2020.

[5] 何兆湘,黄兆祥,王楠. 传感器原理与检测技术[M]. 武汉:华中科技大学出版社,2019.

[6] 路敬祎. 传感器原理及应用[M]. 哈尔滨:哈尔滨工程大学出版社,2013.

[7] 吕勇军. 传感器技术实用教程[M]. 北京:机械工业出版社,2012.

[8] 何道清,张禾,石明江. 传感器与传感器技术[M]. 4版. 北京:科学出版社,2020.

[9] 高晓蓉,李金龙,彭朝勇,等. 传感器技术[M]. 3版. 成都:西南交通大学出版社,2021.

[10] 陈庆. 传感器原理与应用[M]. 北京:清华大学出版社,2021.

[11] 岳继康. 基于 VMD 的天然气管道泄漏检测关键技术研究[D]. 大庆:东北石油大学,2021.

[12] 张彦生. 基于局部线性嵌入的滚动轴承故障特征提取技术研究[D]. 哈尔滨:哈尔滨工业大学,2020.

[13] 彭杰纲. 传感器原理及应用[M]. 2版. 北京:电子工业出版社,2017.

[14] 唐文彦,张晓琳. 传感器[M]. 6版. 北京:机械工业出版社,2021.

[15] 吕泉. 现代传感器原理及应用[M]. 北京:清华大学出版社,2006.

[16] 陈裕泉,葛文勋. 现代传感器原理及应用[M]. 北京:科学出版社,2007.

[17] 王汝传,孙力娟. 无线传感器网络技术及其应用[M]. 北京:人民邮电出版社,2011.

[18] 王化祥. 传感器原理与应用技术[M]. 北京:化学工业出版社,2018.

[19] 胡向东,李锐,徐洋,等. 传感器与检测技术[M]. 3版. 北京:机械工业出版社,2018.

[20] 安春燕,陆阳,翟迪,等. 电力智能传感器及传感网安全防护技术[J]. 中国电力,2023,56(11):67-76.

[21] 李亚,杜彬,魏鹤怡,等. 智能压力传感器补偿方法研究[J]. 自动化与仪器仪表,2022(2):18-21.